高等院校"十三五"规划教材

微机原理与接口技术

辛 博 王 博 朱张青 主编

扫码进入读者圈
轻松解决重难点

南京大学出版社

图书在版编目(CIP)数据

微机原理与接口技术 / 辛博,王博,朱张青主编
—— 南京:南京大学出版社,2019.7
ISBN 978 - 7 - 305 - 21637 - 4

Ⅰ.①微… Ⅱ.①辛… ②王… ③朱… Ⅲ.①微型计
算机－理论－高等学校－教材②微型计算机－接口技术－
高等学校－教材 Ⅳ.①TP36

中国版本图书馆 CIP 数据核字(2019)第 017777 号

出版发行 南京大学出版社
社　　址 南京市汉口路 22 号　　　　邮　编　210093
出版人　金鑫荣
书　　名 **微机原理与接口技术**
主　　编 辛　博　王　博　朱张青
责任编辑 吴　华　　　　　　　　编辑热线　025 - 83596997
照　　排 南京南琳图文制作有限公司
印　　刷 徐州新华印刷厂
开　　本 787×1092　1/16　印张 16.75　字数 387 千
版　　次 2019 年 7 月第 1 版　2019 年 7 月第 1 次印刷
ISBN 978 - 7 - 305 - 21637 - 4
定　　价 45.00 元

网址:http://www.njupco.com
官方微博:http://weibo.com/njupco
微信服务号:njuyuexue
销售咨询热线:(025) 83594756

☞ 教师微信扫码可免费
申请教学资源

前　言

　　"微机原理与接口技术"是大多数工程类专业的相关课程,更是电气信息类各专业的核心必修课程,也是工程技术人员必须熟练掌握的知识体系中重要的基础,本课程的知识的应用是自动化和智能化系统的关键。在各种新理论、新技术快速发展的今天,所产生的众多改变人们生活、工作方方面面,以及服务于国家重要需求的实际成果,往往离不开"微机原理与接口技术"中基础理论和技术的支撑。

　　本书是作者多年在教学和科研第一线的经验积累和总结,并参考了大量的相关文献和教材,本书有利于广大学生和工程技术人员系统全面地了解和掌握"微机原理和接口技术"的基础理论和应用技术,并可供相关领域读者学习参考。

　　本书有下列特点:

　　1. 系统阐述了"微机原理和接口技术"的理论和技术,取材着重于基本概念、基本理论和基本方法。

　　2. 着重从应用角度出发,突出理论联系实际,兼顾本科生教材和工程技术人员参考资料的特点。

　　3. 结构合理,力求深入浅出,便于自学。

　　由于时间仓促,加上作者水平所限,书中缺点和错误在所难免,热忱欢迎广大教师和学生等读者批评指正。

编　者

2019 年 1 月

目　录

第一章　微型计算机概述…………………………………………………………… 1

1.1　微型计算机的发展概况 ……………………………………………………… 1

1.2　微型计算机系统的组成与主要技术指标 …………………………………… 2

1.3　计算机中的信息的表示和运算 ……………………………………………… 6

习　题 ………………………………………………………………………………… 25

第二章　8086/8088 微处理器 …………………………………………………… 27

2.1　CPU 的结构 …………………………………………………………………… 27

2.2　总线与总线缓冲器……………………………………………………………… 30

2.3　寄存器阵列……………………………………………………………………… 31

2.4　8086/8088 微处理器 …………………………………………………………… 34

2.5　8086/8088 的存储器和输入/输出接口管理 ………………………………… 40

2.6　浮点协处理器 8087 简介 ……………………………………………………… 43

2.7　8086/8088 操作和时序 ………………………………………………………… 45

2.8　指令的执行方式………………………………………………………………… 51

2.9　先进的计算机体系结构………………………………………………………… 53

习　题 ………………………………………………………………………………… 53

第三章　8086/8088 指令系统 …………………………………………………… 55

3.1　指令与寻址方式 ……………………………………………………………… 55

3.2　8086/8088 指令系统 …………………………………………………………… 63

习　题 ………………………………………………………………………………… 92

第四章　汇编语言程序设计 ……………………………………………………… 94

4.1　汇编语言 ……………………………………………………………………… 94

4.2　伪指令语句……………………………………………………………………… 95

4.3　汇编语言源程序结构 ………………………………………………………… 103

4.4 　汇编语言中的数据定义 ································· 104

4.5 　汇编语言程序设计的基本技术 ····················· 107

4.6 　DOS 操作系统及 DOS 中断系统简介 ············ 124

习　题 ··· 127

第五章　存储系统 ··· 129

5.1 　存储器概述 ·· 129

5.2 　存储器与 CPU 的接口 ·································· 134

5.3 　高速缓存系统 ··· 140

5.4 　虚拟存储器概念 ·· 145

习　题 ··· 149

第六章　中断技术 ··· 150

6.1 　中断和中断系统 ·· 150

6.2 　中断的处理过程 ·· 152

6.3 　中断控制器 8259A ······································ 156

6.4 　外部中断服务程序 ······································· 168

习　题 ··· 168

第七章　输入输出和接口技术 ······························ 170

7.1 　接口的基本概念 ·· 170

7.2 　简单的输入输出接口芯片 ······························ 172

7.3 　并行接口电路 8255A ···································· 175

7.4 　8255A 的应用 ··· 185

习　题 ··· 190

第八章　直接存储器访问(DMA)技术 ················· 191

8.1 　直接存储器访问技术 ····································· 191

8.2 　DMA 控制器 8237A ····································· 192

8.3 　8237A 的工作时序 ······································· 195

8.4 　8237A 的工作方式 ······································· 197

8.5 　8237A 的寄存器 ·· 200

8.6 　8237A 的软件命令 ······································· 204

8.7 8237A 的编程 ······ 206

习 题 ······ 208

第九章 定时器计数器 ······ 210

9.1 8253/8254 的内部结构和引脚 ······ 210

9.2 8253/8254 的工作方式 ······ 212

9.3 8253 编程 ······ 218

9.4 8253 应用举例 ······ 220

习 题 ······ 220

第十章 串行通信接口 ······ 222

10.1 串行通信基本概念 ······ 222

10.2 串行通信的校验 ······ 226

10.3 通用串行接口芯片——8251A ······ 230

10.4 RS - 232C 接口 ······ 237

10.5 RS - 423A、RS - 422A、RS - 485 接口 ······ 241

习 题 ······ 242

第十一章 数模变换和模数变换 ······ 244

11.1 DAC(数模变换)原理 ······ 244

11.2 D/A 转换器的主要性能指标 ······ 245

11.3 DAC0832 简介及应用 ······ 246

11.4 A/D 变换原理 ······ 249

习 题 ······ 254

附表 MCS - 51 指令集 ······ 256

参考文献 ······ 260

第一章

🖥️)) 微型计算机概述

1.1 微型计算机的发展概况

微型计算机是以微处理器为核心，由内/外存储器、键盘、显示器和系统总线等构成。微型计算机的发展通常以微处理器的升级来反映。

微处理器的问世是以 1971 年美国 Intel 公司生产的 4004 微处理器为标志。4004 微处理器采用了 PMOS 技术，在 4.2 mm×3.2 mm 的硅片上集成了 2 250 个晶体管，可进行 4 位二进制的并行处理。后来 Intel 公司开始正式生产通用的 4040 微处理器。这种 4 位的微处理器以体积小、价格低而引起人们的兴趣，以 4004 为核心组成的 MCS－4 开创了微型计算机时代。

1974 年~1978 年，Intel 公司推出了 8080/8085，Zilog 公司推出了 Z80，Motorola 公司推出了 MC6800/6802 等型号的微处理器，这一代微处理器采用 NMOS 电路，集成度超过 5 000 个晶体管，字长 8 位，时钟频率为 2~4 MHz。这个阶段微处理器的设计和生产技术已趋向成熟，出现了以苹果机为代表的 8 位机时代，标志着家用计算机（个人计算机）时代的到来。

到 1978 年，以 Intel 的 8086、Zilog 的 Z8000 和 Motorola 的 MC68000 为代表的 16 位微处理器标志着 16 位微型计算机时代的到来。芯片的集成度达到 20 000~60 000 个晶体管，字长为 16 位，时钟频率为 4~8 MHz。

1985~1992 年是以 80386/80486、68020/68030、z80000 等为代表的 32 位微处理器时代。

1993 年 Intel 公司推出了 Pentium 微处理器，标志微处理器开始向 64 位发展，除了芯片集成度达到 5×10^6~9.3×10^6 个晶体管外，还采用了新的体系结构，时钟频率达 150~300 MHz。到 2004 年，PentiumⅣ 微处理器的时钟频率已达 3 GHz。

在微处理器及组成微型机计算机的芯片组等硬件飞速发展的同时，计算机软件系统也在飞速发展。就 PC 机操作系统而言，就有最初的磁盘操作系统（DOS Disk Operating System）、OSⅡ 及各种版本的 Windows、UNIX（XINIX）等软件和更为丰富的各种应用软件及应用开发支持环境。

在微处理器迅速发展的同时，另一类处理器芯片单片微型计算机（简称单片机）也在迅速发展,并且在计算机应用的另一大领域系统控制中获得广泛的应用。单片微型计算机是将一台完整功能意义上的计算机系统组成部件集成在一个芯片上,因此,只要很少量的外围器件就可组成一套专用系统,如检测仪表、控制器等。生活中常见的手机、MP3、数字电视机顶盒、交通灯控制器等也都是以单片机为核心组成的。因此,今天可以说(微型)计算机无处不在。

可以预见的是更高性能的微处理器、各种应用系统都还将不断推出,微型计算机的应用领域必然越来越广泛。

1.2　微型计算机系统的组成与主要技术指标

现代计算机的基本原理是遵循美国数学家冯·诺依曼(Von Neumann)教授提出的"存储程序"方案构成的,图1-1-1为这种计算机的基本组成结构,也称为冯·诺依曼计算机。它的工作原理是把复杂的运算过程表示成一系列顺序执行的基本步骤。每一条基本步骤称为指令,顺序执行的一系列指令组成了程序,预先存入存储器中,当接收启动命令后,计算机按程序所规定的顺序,一条条地执行指令,完成所需的计算,通过输入设备将程序和数据输入计算机,输出设备取出执行结果。

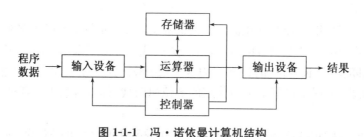

图1-1-1　冯·诺依曼计算机结构

任何一台计算机系统都由硬件(hardware)和软件(software)两部分组成。图1-1-1表示了计算机最基本的硬件组成部分:运算器、控制器、存储器、输入设备、输出设备,其中带箭头的线条表示系统总线。

1.2.1　运算器

运算器又称为算术逻辑单元(ALU:Arithmetical/Logical Unit),完成算术和逻辑运算以及移位等操作。它是一个数据处理部件,数字计算机中的数据用二进制表示,所以运算器均采用二进制运算。

运算器中有一个若干位的二进制累加器,它的位数称为运算器的字长(实际上就是计算机字长),一般为8位、16位、32位或64位等。8位运算器可同时进行8位二进制数的运算,一般而言,字长越长,运算速度越快,当然,硬件电路也越复杂。

1.2.2　控制器

控制器(Control Unit)是计算机系统的指挥部件,它由指令计数器、指令寄存器、指令译码电路、时钟节拍电路和控制逻辑电路(常称为微操作电路)等组成。

控制器的任务是根据指令发出相应的控制(电)信号。CPU 的每一条指令完成一个特定的操作,如一次算术运算或逻辑运算,或是从内存中取一个数据等操作。CPU 全部指令的集合称为它的指令系统,不同的 CPU 具有不同的指令系统,为完成某个特定的功能缩写的指令序列称为程序。

1.2.3 存储器

它存储计算机工作时的命令信息(指令)和被处理的信息(数据),以及中间结果和最终结果等。命令信息就是通常说的程序,它是一系列指令的有序集成,用以指挥计算机系统工作,完成所要求的任务。这类信息存放的存储器称为代码区或程序区。被处理的信息是被处理的对象或者处理结果,这类信息存放的存储器称为数据区(当然在某些情况下命令也可存放到数据区,而数据也可能存放到代码区)。

1.2.4 系统总线

所谓"系统总线",是指传递信息的一组公用导线,是计算机系统中的高速公共信息通道,通过它们实现计算机内各部分之间,以及计算机系统内、外的信息交换。根据传送信息的类型,系统总线可分为地址总线、数据总线和控制总线三类。

一、地址总线(Address Bus,AB)

传送地址信息。地址总线上传送的是 CPU 将要访问的内存单元或 I/O 端口的地址。地址总线为单向总线,CPU 地址总线引脚为输出。CPU 地址总线的位数决定了可以直接寻址的内存单元数。例如,16 位地址总线总共可表示 2^{16} 种不同的状态,每一种状态代表一个不同地址的单元,可直接寻址 2^{16} 个单元。

二、数据总线(Data Bus,DB)

传送数据信息。CPU 执行读操作时,CPU 的引脚为输入,指定的内存单元或 I/O 端口的数据通过数据总线送往 CPU 内部;当 CPU 执行写操作时,CPU 的引脚为输出,CPU 通过数据总线,将 CPU 发出的数据送到指定的内存单元或 I/O 端口。因此,数据总线为双向总线。

三、控制总线(Control Bus,CB)

传送控制信息和表示 CPU 或其他部件工作状态的信息。微处理器的控制信号分为两类:一类是对指令的译码,由 CPU 内部产生。这些信号由 CPU 送到存储器、输入/输出接口电路等其他部件。另一类是微型计算机系统的其他部件产生、送到 CPU 的信号,如中断请求信号、总线请求信号等。个别控制信号线兼有以上两种情况。所以在讨论控制总线的传送方向时要具体到每一个信号,它们可能是输出、输入或者双向的。

在微机系统中,除了 CPU 具有控制总线的能力外,某些其他芯片也有控制总线的能力,如 8087 浮点协处理器、8237DMA 控制器等。具有总线控制能力的芯片,称为"总线控制芯片"或"总线请求芯片"。

总的来说,系统总线作为传送信息的公用通道,其特点如下:

① 在某一时刻,只能由一个总线控制芯片控制系统总线,其他总线控制芯片必须放弃总线控制权。

② 在连接系统的各个设备中,任一时刻只能有一个发送者,但可以有多个接收者,并且它们可以同时接收总线上的数据。

"总线结构"是微机系统的一大创新特色,采用这种结构,微机系统具有组成灵活、扩展方便的特点。实际上,各类计算机主板上都有若干个总线插槽,根据应用需要可插入不同的外设控制器,组成不同的专用系统。

1.2.5　输入输出接口

输入输出接口是计算机与外界联系和交换信息的通道,通用微机系统必需的标准外部设备至少包括键盘(鼠标)、显示器以及硬盘(软盘驱动器)。其他外围设备可通过各种输入输出接口与计算机相连,输入输出接口有时也称为适配器。

1.2.6　主要技术指标

不同的应用领域,衡量微机系统性能的技术指标也不同。对于通用微机系统,可由它的系统结构、硬件组成、外部设备接口及系统软件配置等反映。

一、字长

字长是指微机系统的中央处理单元(CPU)每次执行一条指令时,能够处理的二进制代码的位数,比如 CPU 内部处理器为 16 位,则称字长为 16 位;若内部处理器为 64 位,则称字长为 64 位。一般微处理器内部寄存器的位数,微处理器内部数据总线的宽度都与字长一致。大多数微处理器的内部数据总线还与微处理器的外部数据引脚(即数据总线)宽度相同,但也有例外情况,如 Intel 8088 微处理器内部数据总线为 16 位,而芯片外部数据总线却只有 8 位,这类 CPU 称为"准"16 位微处理器。字长是计算机处理数据的能力的一个重要指标。

二、主存容量

主存储器常称为内部存储器(简称内存),也就是冯·诺依曼计算机结构中的存储器,是指 CPU 通过系统总线可以直接访问的存储单元。它用于计算机工作时存储程序、要处理的原始数据、结果以及处理过程中的所有中间结果。主存储器与 CPU 工作密切相关,属于联机存储器,CPU 可直接对它的每一个单元进行读、写操作。主存容量从一个方面反映了计算机系统能处理问题的复杂程度(程序的长度)和处理问题的规模(数据量)。主存储器的另一个特点是一旦断电,其中的所有信息将丢失。

主存容量指主存储器能够存储二进制信息的总量,它反映微机可容纳数据的能力。现代计算机存储器都以 8 位二进制位作为基本单位,8 位二进制代码称为一个字节。主存容量通常以字节(Byte, B)为单位,并定义 1 KB = 1 024 B,1 MB = 1 024 KB(1 024 ×

1 024 B),1 GB＝1 024 MB,1 TB＝1 024 GB。

三、外存容量

CPU 执行的程序、处理的数据及结果都存在内存中。要求内存速度与 CPU 处理速度相匹配,因此,存取速度快,但价格相对也高,一般容量较小。外存储器可以提高计算机系统存储信息的能力。外存储器的容量与主存储器表示相同,也以字节(Byte)为单位定义其容量。但 CPU 不能直接按字节访问它的存储单元,而是按某一规定的基本单位(如128 字节、256 字节),通过特定的接口芯片进行读、写。外存储器不参与 CPU 数据处理过程,但可以提高计算机系统存储信息能力,因此,容量是主要考虑的因素,速度是次要因素,外存储器的容量远远超过主存储器的容量。常见的外存储器有硬盘、磁带、光盘、u 盘等等。作为信息存储设备,外存储器断电后,保存的数据不会丢失,是一种数据永久保存设备。此外磁带、光盘和 u 盘等还可以根据需要更换,从理论上讲存储容量可无限大。因此,作为计算机性能指标的外存常用容量以及所使用的接口来表示。

四、运算速度

计算机的运算速度以每秒钟能处理的指令数量来表示,不同的 CPU 具有不同的内部结构和指令系统,处理指令的能力也不同。此外,不同类型的指令执行时间也不同,因而有几种不同的速度计算方法:

1. MIPS(百万条指令/秒)法

根据不同类型指令出现的频度,乘上不同的系数,按统计平均值定义运算速度,用 MIPS 作单位衡量。

2. 最短指令法

以执行时间最短的指令(如传送指令、加法指令)为标准来计算速度。

3. 直接计算法

给出 CPU 的主频和每条指令执行所需要的时钟周期,直接计算出每条指令执行所需的时间。

计算机处理速度不单由 CPU 运算速度决定,还受到内存储器和外部设备性能的影响,特别是内存的速度和容量。

五、系统总线宽度

系统总线的位数反映了计算机系统的性能:数据总线的宽度(组成总线导线的位数)反映能同时传送数据的位数,也从一个侧面反映了系统数据处理速度;地址总线宽度反映了可直接访问的地址单元数量,也就是计算机系统的寻址处理能力;而控制总线反映 CPU 的控制能力。

六、系统主频

系统主频也是反映计算机性能的一个重要指标,频率越高,信息处理速度越快。

七、系统软件

"软件"是与组成计算机系统的微处理器、存储器、输入输出设备等"硬件"所对应的概念，它是微机系统中所有程序的集合。软件分为系统软件和应用软件两大类：

系统软件是指管理、控制和维护计算机的各种硬件资源，扩大计算机功能和方便用户使用计算机的各种通用程序，它是构成计算机系统必备的软件。系统软件通常包括操作系统、语言处理程序、工具软件和数据管理系统软件等4类，是面向计算机系统的软件。应用软件是为了解决各种实际问题的计算机程序，是面向应用的软件。

与上述硬件指标不同，软件反映了计算机的通用性，市场上能获得的软件种类越多，反映这种计算机越通用。

1.3　计算机中的信息的表示和运算

进位制是计数方法的统称。例如，一天24小时，一小时60分，一年12个月，一年365天（闰年366天）等，都是不同计数制。人们最熟悉、最常用的是十进制。十进制共有十个基本的数字，用0,1,2,3,4,5,6,7,8,9表示。在十进制体系中，一位十进制数能表示十种状态。为了能表示更多的不同状态，就要采用多位数的十进制数，若采用两位十进制，则可表示00～99一百种状态；采用三位十进制，则可表示一千种状态；……。对于任意大小的一个数，都可以用十进制形式近似表示为：

$$fa_n a_{n-1}\cdots a_1 a_0 a_{-1}\cdots a_{-m} \tag{1-3-1}$$

其展开式是：

$$fa_n 10^n + a_{n-1}10^{n-1}\cdots a_1 10^1 + a_0 10^0 + a_{-1}10^{-1}\cdots a_{-m}10^{-m} \tag{1-3-2}$$

f 为符号位，a_i 为0～9的十个数码之一，10^i 代表该位数码的权值，其误差不大于 $\frac{10^i}{2}$。例如：12 345.67的展开式为：

$$1\times10^4 + 2\times10^3 + 3\times10^2 + 4\times10^1 + 5\times10^0 + 6\times10^{-1} + 7\times10^{-2}$$

一般来说，对基数为 r 的 r 进制数，其展开式可表示为：

$$a_n r^n + a_{n-1}r^{n-1} + \cdots + a_0 r^0 + a_{-1}r^{-1} + \cdots + a_{-m}r^{-m} \tag{1-3-3}$$

在日常生活中，还有一种常见的情况，它只有两种不同的状态：如开关的闭合、断开；灯的亮、灭；有、无；正、反；……。比照十进制，我们也可采用多个二值状态位的组合来表示任意多个状态，如两个二值状态位可表示4种不同状态，三个则可表示8种不同状态，……。其中每一位只有两种取值，用0或1来表示，这种计数制称为二进制。

目前，数字计算机都采用二进制，其基本原因是便于电路实现。二进制数的基数为2，每位的权值是 2^i。二进制数 $a_n a_{n-1}\cdots a_1 a_0 a_{-1}\cdots a_{-m}$ 的展开式为：

$$a_n 2^n + a_{n-1}2^{n-1}\cdots + a_1 2^1 + a_0 2^0 + a_{-1}2^{-1}\cdots + a_{-m}2^{-m} \tag{1-3-4}$$

例如，$(10110011)_2 = 1\times2^7 + 0\times2^6 + 1\times2^5 + 1\times2^4 + 0\times2^3 + 0\times2^2 + 1\times2^1 + 1\times2^0 = (179)_{10}$

上例中的下标表示该数的进位制。采用二进制的缺点是书写和阅读不方便，因此，在计算机数制的表示方法上，又常用八进制(0～7)和十六进制(0～9、A、B、C、D、E、F)两种计数制来表示。1 位八进制数可代表 3 位二进制数，而 1 位十六进制数可代表 4 位二进制数。值得注意的是，不管采用什么进制数来书写，目前数字计算机在电路实现上全部采用的是二进制。

为了区别不同的进位制数，一般在数的右下角加一字母，如十进制数加 D，二进制数加 B，十六进制数加 H，而八进制数加 O(或 Q)。在一般情况下，若没有下标，则表示为十进制数。

一、二进制数、八进制数和十六进制数间的相互转换

十六进制数与二进制数，以及八进制数与二进制数为整倍数关系，转换简单。二进制数转换为十六进制数，其方法是以小数点为基准，向左和向右，分别将二进制数分为每 4 位一组。最后一组若不足 4 位，则整数部分在左边添 0，小数部分在右边添 0，以凑成 4 位一组。每组用一位十六进制数表示，如：

$$11111.11000111_{(B)} \rightarrow 1,1111.1100,0111_{(B)} \rightarrow 0001,1111.1100,0111_{(B)} \rightarrow 1F.C7_{(H)}$$

这里要强调的是对整数可以不补 0，而小数必须补足 0，补 0 的原则是"数值不变，又便于计算"。

十六进制数转换为二进制数，只需用四位二进制数代替一位十六进制数即可，如：

$$7E.0F_{(H)} \rightarrow 0111,1110.0000,1111_{(B)} \rightarrow 111,1110.0000,1111_{(B)} \rightarrow 1111110.00001111_{(B)}$$

八进制数和二进制数的相互转换，与十六进制数类似，只是用三位二进制数表示一位八进制数，如上面的二进制数转换为八进制数：

$$11111.11000111_{(B)} \rightarrow 11,111.110,001,11_{(B)} \rightarrow 011,111.110,001,110_{(B)} \rightarrow 37.6160_{(O)}$$

八进制数和十六进制数间的相互转换，可采用类似方法，先将它转换成二进制数，再转换成十六进制数或八进制数。

二、二进制数和十进制数间的相互转换

八进制数和十六进制数与二进制数之间是整倍数关系，因此，相互之间的转换相对简单。十进制数与二进制数不成整倍数关系，因此，不能采用上述办法。

1. 二进制数转换成十进制数

二进制数可用(1-3-4)式来表示，将各位数按其权值相加，即可得它的十进制数。例如，$(111.1001)_2$ 用(1-3-4)式可写成：

$$(111.1001)_2 = 1 \times 2^2 + 1 \times 2^1 + 1 \times 2^0 + 1 \times 2^{-1} + 0 \times 2^{-2} + 0 \times 2^{-3} + 1 \times 2^{-4}$$
$$= 4 + 2 + 1 + 0.5 + 0.0625 = (7.5625)_D$$

2. 十进制数转换成二进制数

十进制数转换成二进制数，要将整数部分与小数部分分别转换。整数部分采用除 2 取余法，小数部分采用乘 2 取整法。最后合并成二进制数。

例 1-3-1　$(67.54)_D$ 转换成二进制数。

解 整数部分：67/2＝33 ……1   小数部分：.54×2＝1.08 ……1

     33/2＝16 ……1   .08×2＝.16 ……0

     16/2＝8 ……0   .16×2＝.32 ……0

     8/2＝4 ……0   .32×2＝.64 ……0

     4/2＝2 ……0   .64×2＝1.28 ……1

     2/2＝1 ……0   .28×2＝.56 ……0

     1/2＝0 ……1   .56×2＝1.12 ……1

 整数部分得：1000011   …………………………

             小数部分得：1000101……

  因此，$(67.54)_D ＝ (1000011.1000101\cdots)_2$。这里要注意一个问题，十进制小数转换为二进制小数时，往往会产生无穷位二进制小数，不管取到某一位总有误差。在实际中往往根据需要，保留足够位的小数部分，比如 8 位、16 位二进制小数部分，被截断的部分称为截断误差。

  3. 任意进制数之间的转换

  总结上述十进制数与二进制数之间的转换，我们可得规律：小进制数转换成大进制数，用(1-3-3)式展开，再求和即可；大进制数转换成小进制数，整数部分和小数部分要分别转换，整数部分用除基数取余数的方法，小数部分用乘基数取整数的方法，然后将整数部分与小数部分合并。

三、无符号二进制数的运算

  十进制数进行加法运算时，由于有十种表示状态，因此，要记住：1＋1＝2,1＋2＝3,…；用十进制数做乘法时，必须要熟记九九乘法表。而在二进位制中，由于仅有 0、1 两个数，它的基本运算规则十分简单：

    加法：   乘法：

    0＋0＝0   0×0＝0

    0＋1＝1   0×1＝0

    1＋0＝1   1×0＝0

    1＋1＝0(产生进位)   1×1＝1

  因此，一位二进制数的运算比一位十进制数的运算规则要简单得多，实现二进制运算的逻辑电路比实现十进制运算的逻辑电路也简单得多。以下以 4 位二进制数运算为例，说明二进制数的四则运算。

  1. 加法运算

  例 1-3-2 用二进制算法求 5＋7＝？

  解 5 的二进表示是 0101B,7 的二进表示是 0111B

  所以   0101B

     + 0111B

      1100B ＝   12

  例 1-3-3 用二进制算法求 8＋0C＝？(用字母 A～F 表示 16 进制数时前要加 0)

解 8＝1000B,0C＝1100B

所以   1000B
     ＋ 1100B
     ‾‾‾‾‾‾‾‾‾‾‾
     <u>1</u>0100B   ＝   4   （进位1）

例 1-3-3 的计算结果错。其实不难理解,用 4 位二进制数,只能表示 0000B～1111B 十六个不同的数,对应的十进制数的范围是 0 到 15,而 8＋12＝20,超出了 4 位二进制数所能表示的数值范围,产生第 5 位二进制数位。结果 0100B 只是计算结果的一部分,根据二进制的权可知,上例中的第 5 位(进位1)在二进制数位中的权为 16。在上例中,若将带下划线的 1 也视为计算结果,则计算结果正确。

因此,两个 n 位二进制数相加,结果可能为 n＋1 位。假定寄存器的位数为 n,则不能存储 n＋1 位结果,这种现象称为"溢出"。判断这种类型"溢出"的关键在于看计算机结果寄存器是否有足够的位数存储结果。

2. 乘法运算

例 1-3-4 求二进制数 1011B 和 1101B 的乘积。

解 先清零结果单元

被乘数：1011B   结果单元：   0000B
 乘数：110<u>1</u>B   结果单元：   1011B
                  0101<u>1</u>B   结果单元中数右移一位
 乘数：11<u>0</u>1B   结果单元： 00101<u>1</u>B   结果不加直接再右移一位
 乘数：1<u>1</u>01B   ＋1011B   结果加被乘数
                  1101<u>1</u>1B
                 0110<u>111</u>B   结果单元中数右移一位
 乘数：<u>1</u>101B   ＋1011B
           结果单元： <u>10001111B</u>   ＝(8F)$_H$＝(143)$_D$

由上可见,二进制数乘法过程是通过一系列的相加和移位来实现的。乘数有几位,就要执行几次加法(包括加 0)和移位。

二进制乘法的规则是:首先清 0 结果。从低位到高位,依次看乘数的各位值,若该位为 1,则结果单元加上被乘数,将结果单元内容(部分积)右移一位;若该位为 0,则结果单元不加被乘数,直接右移一位。最后一位相加后,不再移位。

值得注意的是,在 CPU 的设计中,乘数和被乘数使用 n 位寄存器存储,而乘积,也就是结果,则使用 2n 位寄存器存储。因此,两个 4 位二进制数相乘得到 8 位二进制数结果,是完全正常的,不是"溢出"。

3. 减法运算

例 1-3-5 求二进制数 1001 减 0100 的结果和 0100 减 1001 的结果。

     9－4   4－9
     1001   0100
   － 0100   － 1001
   ‾‾‾‾‾‾‾‾   ‾‾‾‾‾‾‾‾
     0101   <u>1</u>1011
   结果对   结果错

由上例可见,在减法中大数减小数时,结果正确;小数减大数时,结果错误。实际上,我们知道,此时结果应为负数(如例中,结果中带下划线的1),超出了数的表示范围。

4. 除法运算

除法是乘法的逆运算,两个4位二进制数相乘得到的结果为8位二进制数。作为逆运算,8位二进制数除4位二进制数,结果也应是4位。

例 1-3-6　求十进制数96除7的结果(其二进制形式分别为01100000、0111)。

解　01100000

```
  01100000
  0111        ……0    不够减,商 0
  1100               不减,除数右移一位
  0111        ……1    够减,商 1
  1010               被除数减去除数,除数右移一位
  0111        ……1    够减,商 1
  0110               被除数减去除数,除数右移一位
  0111        ……0    不够减,商 0
  1100               不减,除数右移一位
  0111        ……1    够减,商 1
  0101        ……        余数为 5
```

结果为$(1101)_B$,$(13)_D$,正确。

例 1-3-7　求十进制数96除5的结果(其二进制形式分别为01100000、0101)。

解　01100000

```
  01100000
  0101        ……1    够减,商 1
  0010               被除数减去除数,除数右移一位
  0101        ……0    不够减,商 0
  0100               不减,除数右移一位
  0101        ……0    不够减,商 0
  1000               不减,除数右移一位
  0101        ……1    够减,商 1
  0110               被除数减去除数,除数右移一位
  0101        ……1    够减,商 1
  0001               余数
```

结果为$(0011B)_B$,$(3)_D$,错误,这种情况也称为"溢出"。

比较上面两种情况,在无符号二进制除法中,第一次若不够减(商为0),则结果正确;若够减(商为1),则结果错误。我们可以这样来理解除法中出现的"溢出"现象,假定上面两数均为小于1的数(纯小数),$(.01100000 = 0.375$、$.0101 = 0.3125)$。两个小数相除,其结果可能大于1(1.2),而在数字计算机中,定义的定点数只有纯整数或纯小数两种表示形式。第一次若够减,则结果为大于1的数,结果既有整数部分,又有小数,这种类型的数在计算机定点数的定义中不存在。

这里还需要说明一点,二进制除法往往除不尽,因此最后结果应该用多少位表示? 在

计算机中最基本的单位为字节(8 位二进制数)。除法为乘法的逆运算,两个 8 位二进制数相乘的结果是 16 位二进制数。因此,在除法运算时,一般被除数应该为 16 位,除数为 8 位,结果商为 8 位。若除数为 16 位,则被除数应为 32 位。

> **注意:**不同的微处理器的设计不同,除法指令执行时,被除数、除数、商及余数存储寄存器的位数不尽相同,判断除法是否溢出,关键是看商的位数是否小于等于结果单元的位数。

四、基本逻辑运算

所谓逻辑变量,是只有两种状态的变量。因此,1 位二进制数可以表示 1 个逻辑变量。算术变量与逻辑变量的区别是:算术变量各位之间有固定的权值关系,任意一个二进制数都可用(1-3-4)式表示,一个字节(8 位)变量若表示二进制数,其范围为 0~255;而逻辑变量各位之间并无权值关系,一个字节(8 位)表示逻辑变量只能是 8 个,比如我们可用一个字节变量来表示下述各类事物的状态。

状态	门	窗	灯	锁	硬币	电视机	空调	空调
1	开	开	亮	关	正	开	起动	制热
0	关	关	灭	开	反	关	停止	制冷

可见逻辑变量各位之间没有关系(位与位之间相互独立)。逻辑运算的特点在于:逻辑运算只在对应的位之间进行,各位之间不存在进位、借位等关系,即本位的运算结果不影响其他位,也就是说,逻辑运算都是按位运算。

常见的逻辑运算有逻辑与运算(AND)、逻辑或运算(OR)、逻辑非运算(NOT)和逻辑异或运算(EOR 或 XOR:Exclusive OR)。

若 A,B 是两个逻辑变量,并且"1"表示变量是"真","0"表示变量是"假",则运算规则如下。

1. 与运算

$Y = A$ and B,表示只有 $A = 1$ 和 $B = 1$ 时,才有 $Y = 1$。

2. 或运算

$Y = A$ or B,表示只要 $A = 1$ 或 $B = 1$,就有 $Y = 1$。

3. 非运算

$A = 1$,则 $not(A) = 0$;反之,$A = 0$,则 $not(A) = 1$。

4. 异或运算

$Y = A$ xor B,表示只要 A 不等于 B,就有 $Y = 1$。

例 1-3-8 已知 $A = 1101b$,$B = 1000b$,求 $Y = A$ and B,$Y = A$ or B,$Y = A$ xor B 及 $not A$。

解

```
        1101          1101          1101
and     1000    or    1000    xor   1000      not(A) = 0010
        ────          ────          ────
        1000          1101          0101
```

五、数的定点表示法和浮点表示法

数学上,数分为自然数、(正、负)整数、有理数、实数、复数等等。数字计算机由一系列逻辑电路构成,一般规定高电平为"1",低电平为"0"。逻辑电路所表示的"数"称为机器数。为了能表示上述不同的数,就要给电路状态赋予不同的意义。比如式(1-3-4)中符号位 f,用最高一位二进制数来表示。这时,如果我们仍用一个字节的变量,则数的范围成为 ± 127。

1. 数的定点表示法

所谓定点数是指小数点的位置已被固定的数。在数字计算机中,规定定点数只有两种情况:定点整数和定点小数。若小数点的位置被固定在机器数的最低位之后,称为"定点整数";若小数点的位置被固定在机器数的最高位之前,称为"定点小数"。但我们必须明白,在数字计算机中,实际上并不存在表示小数点位置的电路。因此,一个机器数是定点整数还是定点小数,是人为约定的。

数有正负之分,同样定点数也有带符号和无符号之分,对无符号定点数,所有位均代表数码位。而对有符号数,规定最高位为符号位,并且"0"代表正数,"1"代表负数。因此,对一个字节(8位二进制)带符号和无符号的整数和小数的格式分别为:

8 位定点带符号小数   8 位定点带符号整数

$\pm.XXXXXXX$ $\pm XXXXXXX.$

8 位无符号定点小数   8 位无符号定点整数

$.XXXXXXX$ $XXXXXXXX.$

16 位、32 位、64 位二进制定点数的格式与 8 位相同,只是表示数字的位数不一样。

2. 数的原码、补码和反码表示

数字计算机的运算逻辑电路由一组全加器组成,前面我们已经看到,乘法是用一系列的加法和移位构成。为了简化电路,数字计算机中没有减法电路,要将减法转化为加法。数的原码、补码和反码等不同表示就是为此目的而设计的。

(1) 原码。正数符号位用 0 表示,负数的符号位用 1 表示,数码位表示方式不变,这样表示的二进制数就称为原码。因此,正数的原码表示就是它本身。而负数的原码表示,数码位与正数相同,只有符号位与正数不同,为 1。

例 1-3-9 用一个字节表示十进制整数 ± 105 的原码。

解 正数:$X_1 = +105 = (+1101001)_B$ $[X_1]_原 = (01101001)_B$

负数:$X_2 = -105 = (-1101001)_B$ $[X_2]_原 = (11101001)_B$

其中,最高位是符号,后面 7 位是数值。用原码表示时,$+105$ 和 -105 的数值部分相同,仅符号位相反。同样的表示形式,$[X_1]_原 = 01101001B$,假定我们定义为小数,则为:$+0.828125$(小数点在符号位后,最高数码位之前)。

8 位原码整数的数值范围为 FFH~7FH(-127~$+127$):原码数 00H 和 80H 的数值部分相同,符号位相反,它们分别表示 $+0$ 和 -0。16 位原码整数的数值范围为 FFFFH~7FFFH($-32\,767$~$+32\,767$)。原码数 0000H 和 8000H 的数值部分相同,符号位相反,它们也分别表示 $+0$ 和 -0。

注意：原码小数的数值范围都为 ± 1，只是表示的精确程度不一样，如 8 位原码小数 $(7F)_H = 0.9921875$，而 16 位原码小数 $(7FFF)_H = 0.999969482421878$，8 位原码小数 $(01)_H = 0.007,812,5$，16 位原码小数 $(0001)_H = 0.000,030,517,578,125$。

　　由于整数与小数的表示范围不同，当要用更多位的二进制数来表示原二进制数时，就要对数码位数进行扩展。二进制带符号数的扩展是指从较少位数扩展到较多位数的过程，扩展的原则是保持数值大小不变，如从 8 位（字节）二进制数扩展为 16 位二进制数（字），或从 16 位二进制数扩展到 32 位二进制数（双字）。对于用原码表示的数，数值部分的表示均相同，只是符号不同。因此，原码整数的扩展是将其符号位向左移至最高位，最高位与原数值位之间的所有扩充的位都填入 0。例如，十进制数 $+68$ 用 8 位二进制表示为 $(01000100)_B = (44)_H$，用 16 位二进制表示，成为 $(0000000001000100)_B = (0044)_H$；十进制数 -68 用 8 位表示为 $(11000100)_B = (C4)_H$，用 16 位表示，成为 $(1000000001000100)_B = (8044)_H$。原码小数扩展不是在前面，而是在其尾部添上相应个数的 0。

　　二进制数的原码表示简单易懂，但若两个异号数相加或两个同号数相减，要做减法运算。为简化运算器的结构，将减法运算转换为加法运算，发明了数的反码表示法和补码表示法。

　　(2) 反码。二进制数的反码表示形式为：数的符号位表示与原码表示相同，即正数的符号仍为 0，负数的符号仍为 1；数码位采用这样的表示形式：正数的反码与原码相同，而负数的反码则逐位按位取反，即原来为"0"的改为"1"，原来为"1"的改为"0"。

　　例 1-3-10　十进制整数 ± 105 的反码表示。

　　解　正数：$X_1 = +105 = (+1101001)_B$　$[X_1]_反 = (01101001)_B$
　　　　　负数：$X_2 = -105 = (-1101001)_B$　$[X_1]_反 = (10010110)_B$

　　因此，用反码表示的机器数，若最高位为 0（正数），则其余位即为该数的绝对值；若最高位为 1（负数），其余位不是该数的绝对值，要将该数求反后，才得到它的绝对值。采用反码表示的目的是将减法计算变成加法计算。

　　例 1-3-11　用 8 位二进制表示 -0、-1、-126 和 -127 的反码。

　　解　$[-0]_原 = 10000000$，$[-0]_反 = 11111111$
　　　　　$[-1]_原 = 10000001$，$[-1]_反 = 11111110$
　　　　　$[-126]_原 = 11111110$，$[-127]_反 = 10000001$
　　　　　$[-127]_原 = 11111111$，$[-127]_反 = 10000000$

　　例 1-3-12　用二进制反码计算 $13-7$、$7-13$、$10-7$ 和 $7-10$。

　　解　13、7 和 10 的原码和反码，以及它们的负数的反码分别为：

　　$13_原 = 0000\ 1101$　　　$7_原 = 0000\ 0111$　　　$10_原 = 0000\ 1010$
　$+13_反 = 0000\ 1101$　　$+7_反 = 0000\ 0111$　　$+10_反 = 0000\ 1010$
　$-13_反 = 1111\ 0010$　　$-7_反 = 1111\ 1000$　　$-10_反 = 1111\ 0101$

$13-7$	$7-13$	$10-7$	$7-10$
$0000\ 1101$	$0000\ 0111$	$0000\ 1010$	$0000\ 0111$
$+\ \ 1111\ 1000$	$+\ \ 1111\ 0010$	$+\ \ 1111\ 1000$	$+\ \ 1111\ 0101$
$\underline{1\ 0000\ 0101}$	$\underline{0\ 11111\ 001}$	$\underline{1\ 0000\ 0010}$	$\underline{0\ 1111\ 1100}$
5	-6	2	-3

反码运算可以将减法运算变为加法运算。两数相减,当结果为负时,计算正确;但当结果为正时,结果总少1。采用反码进行减法运算时,要判断结果是否为正,若是,则最后结果应再"补"上一个1;若结果为负,则不需再补1。运算不方便,为了克服反码运算的这个不便,发明了数的补码表示。

(3) 补码。二进制数的补码表示形式为:符号位的表示仍与原码表示相同,即正数的符号仍为0,负数的符号仍为1;数码位的表示,正数的补码形式与原码相同,而负数的补码形式为将该数按位取反后,再在最低位加1。因此,负数的补码与反码相比,最后一位多加了1。若反码最低位原为1,加1后进位到次低位,若次低位也为1,继续运算,直到无进位为止。

例 1-3-13　十进制整数 105 的补码表示。

解　$X_1 = +105 = (+1101001)_B$　　$[X_1]_补 = (01101001)_B$

　　　　$X_2 = -105 = (-1101001)_B$　　$[X_1]_补 = (10010111)_B$

例 1-3-14　在补码定义中,固定 8 位二进制数的 $(1000\ 0000)_B$ 表示 -128。下面从两个角度理解 -128 补码的表示方法。

解　(1) 一个负数的补码是其绝对值的补数

以 8 位二进制数为例,其模为 256,即使用一个 8 位二进制数,可以表示 256 种状态,因此,-128 的补码为 128 的补数,

$$[-128]_补 = 256 - 128 = (128)_D = (1000\ 0000)_B$$

故规定 -128 的补码为 1000 0000。

(2) 8 位二进制数的组合序列

二进制数码	真　值			
	无符号数	原码	反码	补码
0000 0000	0	+0	+0	0
0000 0001	1	+1	+1	+1
0000 0010	2	+2	+2	+2
0111 1101	125	+125	+125	+125
0111 1110	126	+126	+126	+126
0111 1111	127	+127	+127	+127
1000 0000	128	-0	-127	-128
1000 0001	129	-1	-126	-127
1000 0010	130	-2	-125	-126
...	...	...	...	...
1111 1101	253	-125	-2	-3
1111 1110	254	-126	-1	-2
1111 1111	255	-127	-0	-1

由上表可知,8 位二进制补码中,除 $(1000\ 0000)_B$ 外,表示范围为 $-127\sim+127$,因此,该数值多余出来,可以根据补数原理,规定其表示 -128,是符合补码计算原则的。

用补码表示的机器数,若最高位为 0,则其余位即为此数的绝对值;若最高位为 1(负数),其余位不是此数的绝对值,把该数求补后(即取反加 1 后),才得到它的绝对值。

例 1-3-15　用二进制补码计算 $13-7$、$7-13$、$10-7$ 和 $7-10$。

解　13、7 和 10 的原码和反码,以及它们的负数的反码为:

$13_原 = 0000\ 1101$　　$7_原 = 0000\ 0111$　　$10_原 = 0000\ 1010$

$13_补 = 0000\ 1101$　　$7_补 = 0000\ 0111$　　$10_补 = 0000\ 1010$

$-13_补 = 1111\ 0011$　　$-7_补 = 1111\ 1001$　　$-10_补 = 1111\ 0110$

$13-7$	$7-13$	$10-7$	$7-10$
0000 1101	0000 0111	0000 1010	0000 0111
+ 1111 1001	+ 1111 0011	+ 1111 1001	+ 1111 0110
1 0000 0110	0 1111 1010	1 0000 0011	0 1111 1101
6	-6	3	-3

采用补码表示,同样可以把减法转换为加法。比较补码运算和反码运算,可见补码运算不再需要根据运算结果判断是否要补 1,运算更方便、统一。反码与补码的实质区别是两者的模不同。例如,对 $+0$,用 8 位反码表示时,为 00000000,而 -0 的表示为 11111111。正数与负数的数值位的模不同;而 $+0$,用 8 位补码表示为 00000000,-0 的补码表示为 1 00000000。

> **注意**:用 8 位二进制表示,最高的进位自动消失。正数与负数的数值位的模相同。对负数取补码的过程是取反码再加 1(同样,若要求负数的原码也是采用取反加 1)。

二进制正数的三种编码相同。采用补码运算时,减法可转化为加法,并且符号位也可与数码位一样参加运算,简化了逻辑判断过程。由于补码的这个特点,数字计算机中的数都采用补码形式表示。

二进制补码整数扩展时,正数的扩展在其前面补 0;负数的扩展,只需在前面补 1。例如:$+68_D$ 用 8 位二进制数表示为 01000100B = 44H,用 16 位表示为 0044H。-68_D 用 8 位表示为 10111100B = BCH,用 16 位表示为 FFBCH。同样二进制补码小数扩展时,只需在其后添相应个数的 0。

定点除法的改进

在例 1-3-6 所示的除法运算中,每一步计算要进行这样几个步骤(从最高位对准开始):

第一步　被除数减除数;

第二步　判断是否够减;

第三步　若够减,商上 1,转第五步;

第四步　若不够减,商上 0,并将除数加回到余数;

第五步　将除数右移一位;

第六步　判断是否计算完成,若未完成转第一步继续。

　　在除法中,每执行一次减法后,要进行一次判断是否够减的过程,并且若不够减,还要将减去的除数加回去(恢复余数)。运算过程不统一,导致除法运算逻辑电路复杂。

　　由于二进制数的特点,每一位的权值是其低一位的二倍关系。因此,左移一位,相当于原数值乘以 2,而右移一位,相当于原数值除以 2。以 X 和 Y 表示除法过程中的被除数(余数)和除数,当(X−Y)不够减时,由第四步恢复原 X,并由第五步左移一位,余数成为 2X。此时再执行减 Y,实际执行的是(2X−Y)的过程。

　　假定修改上述除法运算过程,当(X−Y)不够减时,不恢复 X 原来的值,而将(X−Y)直接左移一位。这时,执行的是 2(X−Y)=2X−2Y,结果多减了 Y。若在此时,再加上 Y,结果仍为 2X−Y。

　　这样,修改除法运算过程,当不够减(余数为负)时,不做恢复 X 的运算,继续将除数右移一位,下一次执行加法。这样的除法运算称为不恢复余数法。它的运算步骤为:

第一步　第一次被除数减除数。

第二步　判断上次是否够减,若够减,结束(溢出)。

第三步　若够减,商上 1,执行减法,转第五步。

第四步　若不够减,商上 0,执行加法。

第五步　除数右移一位。

第六步　若未完成转第三步继续。

第七步　最后一次上商,并确定余数。若够减商上 1;若不够减商上 0,并且余数要加上除数(恢复最后的余数)

　　例 1-3-16　设 x = 0.10010000,y = 0.1011,用恢复余数法求 x ÷ y。

　　解　$[x]_补 = [x]_补 = 00.1001$,$[y]_补 = 00.1011$,$[-y]_补 = 11.0101$(注:这里用两位符号位)

被除数 x/余数 r	商数 q
00.1001	
+$[-y]_补$　11.0101	
11.1110	不够减
+$[y]_补$　00.1011	
00.1001	恢复原数
←0　01.0010	商　0
+$[-y]_补$　11.0101	
00.0111	够减
←0　00.1110	商　1
+$[-y]_补$　11.0101	
00.0011	够减
←0　00.0110	商　1
+$[-y]_补$　11.0101	
00.0110	
+$[-y]_补$　11.0101	

	11.1011	不够减
+[y]补	00.1011	
	00.0110	恢复原数
←0	00.1100	商　0
+[−y]补	11.0101	
	00.0001	够减
←0	00.0001	商　1

得：商00.1101，余数00.0001。

例 1-3-17　用不恢复余数法计算例1-3-16。

解　$[x]_原=[x]_补=x=00.10010000,[y]_补=00.1011,[-y]_补=11.0101$

被除数 x/余数 r	商数 q
00.1001	
+[−y]补　11.0101	
11.1110	不够减
←1　11.1100	商　0,未恢复余数
+[y]补　00.1011	加除数
00.0111	为正,够减
←0　00.1110	商　1
+[−y]补　11.0101	减除数
00.0011	为正,够减
←0　00.0110	商　1
+[−y]补　11.0101	
11.1011	不够减
←1　11.0110	商　0
+[y]补　00.1011	
00.0001	为正,够减　商　1　最后余数

同样得结果：商00.1101，余数00.0001。

采用不恢复余数法进行除法运算的优点是每步除法的运算过程都相同，只是根据余数(最高位)的状态，确定下一步是执行减法还是加法，因此，电路实现简单。

(4) 偏移码。偏移码是补码的一种变形。偏移码的最高位也是符号位，但与补码不同，偏移码的符号位(最高位)为1表示正数，而为0表示负数，其他位与补码表示相同。因此，要求得一个数的偏移码，只需将其二进制补码的符号位取反即可。以8位二进制数为列：

补码	偏移码
$(+5)_补=00000101,$	$(+5)_移=10000101$
$(+127)_补=01111111,$	$(+127)_移=11111111$
$(0)_补=00000000,$	$(0)_移=10000000$
$(-128)_补=10000000,$	$(-128)_移=00000000$

实际上,偏移码是将一个数在数轴上往正方向平移了 2^{n-1}。对 8 位二进制数平移了 2^7(128),因此,被称为偏移码。偏移码也称为余码、增码或偏移二进制码等。

六、数的浮点表示法

计算机中,将 8 位二进制数称为一个字节,16 位二进制数称为字,32 位二进制数称为双字。若用它们来表示整数时,也分别称为短整数、整数和长整数(目前,将 64 位二进制数称为双精度型)。

对不同长度的定点数,能够表示的整数范围是

	带符号数	无符号数
字节	-128~+127	0~255
字	-32768~+32767	0~65535
双字	-2147483648~+2147483647	0~4294967295

有时这样的范围还满足不了需要。为了用同样位数的二进制数表示更大范围的数,产生了数的浮点表示法。

与定点数的小数点位置固定不变不同,浮点数的小数点位置是不固定的,它可随数的大小而变化。浮点数的一般表示如下:

$$N = R^{\pm E} \times (\pm M)$$

其中,M 是数 N 的尾数部分,而 R 是数的基数,数字计算机中 R 为 2。E 表示数的阶次(exponent)。在浮点表示法中,M 和 E 本身均用定点整数表示。

(a) 单精度(32位)浮点数格式

(b) 双精度(64位)浮点数格式

图 1-3-1   IEEE754 标准浮点数格式

早期计算机厂家生产的机器的浮点表示法各不相同,尤其是阶码的表示和规格化浮点数的定义有差异。而近期设计的处理器通常都支持 IEEE 标准的浮点数格式(IEEE754),图 1-3-1(a)为 32 位(4 字节)IEEE754 标准浮点数格式,(b)为 64 位(8 字节)IEEE754 标准浮点数格式。

32 位 IEEE754 标准浮点数格式中,Eb 字节的最高位 s 为尾数的符号位。Eb 字节的后 7 位加上 f0 字节的最高位(图中用 y 表示),共 8 位为浮点数的阶码位(E)。阶码采用偏移码表示,阶码字节=7FH,代表 0 阶;阶码字节=01H,代表 -126 阶。这里的偏移码是在偏移量为 127 的情况下,与前述偏移码不同。

用上述范围表示阶码,用到了除"全 0""全 1"以外所有可能的数值编码。无论用多

少位二进制数,在数值上都只能表示正负轴上一个范围,并且不包括原点(0),也不能表示无穷大($\pm\infty$)。再比如,若有函数$f(x)\to0$和$g(x)\to0$,当x趋向极限时,$f(x)/g(x)$可能为任何值。如$f(x)=\sin(x)$,$g(x)=x$,当$x\to0$,$f(x)/g(x)\to1$。当$f(x)=1-\cos(x)$时,$f(x)/g(x)\to0$。如果$0/0$表示为极限情况,则两个很小的数可能表示任何值。此外,在数学运算中还可能出现许多例外情况,比如$0/0$,$\sqrt{-1}$,这时为了能表示这种运算结果,就必须引进一个非数值(NaN Not a Number)概念。为了能处理上述这些情况,IEEE754浮点标准将阶码的全"1"进行了特殊规定。这样IEEE754 32位浮点数的范围为$-126\sim+127$阶。

小数点的位置在f0字节的y位与x位之间,并且规定,规格化后,定点尾数的绝对值范围为$1\sim2$之间,即在阶码的最低位(y位)的位置上隐含了尾数的最高位"1"。此时,尾数能表示的范围是:

$1.18\times10^{-38}\sim3.4\times10^{38}$

因此,采用32位IEEE标准浮点数格式表示一个数时,尽管尾数只有23位,实际上可表示24位有效数字。

IEEE浮点数格式的双精度数由64位(8字节)组成,图1-3-1(b)格式与32位相同,只是阶码占11位,尾数占53位。双精度浮点数的阶码有11位,当阶码是3FFH时,表示次阶为0,尾数要乘以2^0;当阶码为00时,表示阶为-1022,尾数要乘以2^{-1022};阶码是7FEH时,表示$+1023$阶,尾数要乘以2^{1023}。

64位浮点数尾数能表示的范围是:

$2.2\times10^{-308}\sim1.8\times10^{308}$

下面是一些单精度浮点数的例子:

(1)　$+1.0=1.0\times2^0$表示为:

$$0\ 011\ 1111\ 1000\cdots\cdots0000B=3F800000H$$

(2)　$-3.0=-1.5\times2^1$,表示为:

$$1\ 100\ 0000\ 0100\ 0000\cdots\cdots0000B=C0400000H$$

(3)　$-128.0625=-1.00000000001\times2^7$,规格化表示为:

$$1\ 100\ 0011\ 0000\ 0000\ 0001\ 0000\ 0000\ 0000B=C3001000H$$

IEEE754的几个数特殊规定:数字0,除了符号位外,所有其他数码位都为0,而符号位可以为逻辑1,代表一个负0。正无穷和负无穷为:阶码为全1,有效数字为全0,符号位表示正或负。一个NaN(非数)表示一个无效浮点数结果,其阶码为全1,而有效数字不为全0,因此,NaN有许多个不同的表示。

将一个十进制数转换为IEEE754格式的浮点数步骤:

第一步　将十进制数转换为二进制数。

第二步　规格化二进制数。

第三步　计算出阶码。

第四步　以浮点数格式存储该数。

表 1-3-1　IEEE754 定义的几个特殊的数(32 位)

0	0′00000000′000……000000000000
−0	1′00000000′000……000000000000
∞	0′11111111′000……000000000000
−∞	1′11111111′000……000000000000
NAN	x11111111′xxx……xxxxxxxxxxx

23 位

例 1-3-18　用以上 4 个步骤将十进制数 $100.25_{(10)}$ 转换为一个单精度(32 位)浮点数。

解　$100.25 = 1100100.01$

$1100100.01 = 1.10010001 \times 2^6$

$110 + 01111111 = 10000101$

符号位 $= 0$

阶码 $= 10000101$

有效数字 1001 0001 0000 0000 0000 000

0	1	0	0	0	0	1	0	1	1	0	0	1	0	0	0	1	0	0	0	0	0	0	0	0	0	0	0	0	0	0	0

注意尾数最高位"1"隐含在阶码最低位后。

浮点数转换为十进制数的步骤如下:

第一步　分离符号位、阶码和有效数字。

第二步　通过减去偏移量,将阶码转换为真正的指数。

第三步　将尾数写为规格化的二进制数形式:1.xxxxxxxxxx……。

第四步　根据指数,将规格化二进制数转换为非规格化二进制数。

第五步　将非规格化二进制数转换为十进制数。

例 1-3-19　有浮点数如下:

1	1	0	0	0	0	0	1	1	1	0	0	1	0	0	1	0	0	0	0	0	0	0	0	0	0	0	0	0	0	0	0

(1) 符号位 $= 1$

阶码 $= 1000001\ 1$

有效数字 $= 1\ 1001\ 0010\ 0000\ 0000\ 0000\ 000$

(2) $1000011 - 01111111 = 00000100$

(3) $1.1001\ 001 \times 2^4$

(4) -25.125

七、浮点数的规格化与对阶

1. 规格化

移动小数点的位置,使其尾数变成标准格式的过程。

相同的浮点数,可有不同的表示方法。

例 1-3-20　浮点数 1234.56 可表示为：

$$10011010010.100011110101 \times 2^0 = 1001101001.0100011110101 \times 2^1$$
$$= 100110100.10100011110101 \times 2^2 = \cdots\cdots$$

它也可以表示为：

$$10011010010.100011110101 \times 2^0 = 100110100101.00011110101 \times 2^{-1}$$
$$= 1001101001010.0011110101 \times 2^{-2} = \cdots\cdots$$

同一个数用浮点格式表示时，可以有许多种表示方法，而计算机中并没有表示小数点的电路存在，因此，必须规定一种标准格式。标准格式要求能够表示这个数的最多的位有效数字，也就是选择浮点数的各种表示方法中精度最高的一种。这样的浮点数称为规格化浮点数。

我们知道，一个数的前导 0 是无意义的，而后随的 0 是有意义的。因此，所谓浮点数的规格化，实际就是消除前导 0 的过程，也就是说，尾数的最高位恒为 1。上例的规格化浮点数为：

$$1.0011001010100011110101 \times 2^{10}$$

用 32 位 IEEE754 标准格式来表示：

s 阶码　　　尾数

$$0\ 10001001\ 00110100101000111101010 = 449A51EA(H)$$

2. 对阶

移动一个浮点数的小数点位置，使两个数的小数点对齐（阶码相同）的过程称对阶。浮点数之所以要对阶，是为了进行两个数的相加减。

两个浮点数的对阶过程是将阶次低的数，通过尾数右移和阶次增加实现。尾数每右移一位，阶次增加 1，直到两个浮点数的阶次相同。对 IEEE754 标准来讲，y 位是阶码的最低位，同时，它又隐含了尾数的最高位（规格化时恒为 1）。因此，在对阶时，尾数第一次右移时，要补上"1"；随后的右移，则补上"0"，这一点必须注意。

八、浮点数运算

1. 加/减法运算步骤

第一步　对阶：使两个操作数的小数点对齐（使阶码相同），对阶的原则是"小阶向大阶看齐"。

第二步　尾数相加/减。

第三步　结果规格化：将最高位"1"移到阶次最低位，即"y"位（注意该位的"1"为隐含位）。

第四步　舍入处理：在对阶过程中，要进行尾数的右移。当有效位数移出最后一位的位置时，本位将被舍弃，为减小误差，需要按照一定的规则（例如 0 舍 1 入、末位恒置 1 或截断等），修正最终结果。

第五步　溢出判断：如果阶码发生了上溢出，那么浮点数本身就发生了上溢出，在得到最终结果时必须要对此进行判断。

2. 乘/除法运算

乘/除运算不需要对阶。

（1）尾数相乘/除，得出积/商及余数的尾数。

（2）阶码相加/减，得出积/商的阶码。

（3）对积/商和余数规格化。

（4）添上符号位。

（5）舍入处理。

（6）溢出判断。

在字节数相同时，浮点数比定点数表示的数值范围大得多。

九、关于溢出问题

如前所述，由于计算机字长有限（或说计算机只能表示一定范围内的数），当数超出计算机能表示的范围时，称为溢出。

例 1-3-21   用 8 位二进制加法计算十进制数 156 和 120。

解   [156]＝9CH＝10011100B

[120]＝78H＝01111000B

$$\begin{array}{r}
10011100B \\
+\ 01111000B \\
\hline
1\ 00010100B \quad =114H
\end{array}$$

两数相加的结果为 9 位二进制数，当采用 8 位二进制数时，最高一位丢失，结果为 14H，不正确。这种由于运算结果超出了运算器位数所能表示的范围，称为**"溢出"**。

浮点数由尾数和阶码两部分组成，进行浮点数运算时，尾数和阶码分别计算，因此，两者都存在溢出问题。当尾数运算发生溢出时，可通过调整阶码来处理。当阶码大于所能表示的最大值，称为"上溢"；小于运算器所能表示的最小值，称为"下溢"。当阶码超出计算机所能表示的最小负数时，此时浮点数绝对值很小，即发生"下溢"时，做"0"处理，称为机器 0。当阶码超出计算机所能表示的最大正数时，此时浮点数绝对值很大，称为"上溢"，此时要做"中断"处理。

十、BCD 码

计算机中采用二进制系统是电路实现需要，人们习惯使用的是十进制，因此，要求用二进制编码来表示十进制。四位二进制可有 16 种不同的编码，可从中选出 10 种表示十进制数。常用的一种二进制数表示十进制数的编码称 BCD 码。BCD 码取 16 进制 0～9 表示，其余的 A～F 这六个未定义。一个字节有 8 位二进制位。如果用一个字节来表示一位十进制数，称非压缩 BCD 码，此时高 4 位恒为 0；若用一个字节来表示两位十进制数，称压缩 BCD 码。

在压缩 BCD 码中，每位 BCD 码的 4 位之间仍是二进制关系，但低位 BCD 码与高位 BCD 码之间是"逢十进一"，而不是二进制数的逢"十六进一"。也就是说，16 进制的 A～F 这六个数，在 BCD 码中不允许出现。

1. BCD 数加法

两个 BCD 数相加,若相加各位的结果都在 0~9 之间,则其加法运算规则与二进制数的加法规则相同;若结果大于 9,则应对其进行加 6 调整。例如,48+59,低 4 位相加,和为 17 大于 9,因此,高 4 位相加时,还要加上低 4 位的进位,此时为 10,也大于 9。因此,两位都应进行加 6 调整,其运算和调整过程如下:

```
      0100 1000
  +   0101 1001
      1010ˆ0001
  +   0110 0110
    1 0000 0111
```

结果为 107。

2. BCD 数减法

两个 BCD 数相减,若同一位的被减数大于或等于减数,则减法规则与二进制数运算完全相同。当该位被减数小于减数就要向高位借位。十进制数向高位借 1 作 10。而按二进制运算规则,借 1 作 16。因此,在进行 BCD 码减法时,要进行减 6 调整。例如,28-19,低位 8 减 9,向高位借位,故应进行减 6 调整,具体运算与调整过程如下:

```
      0010 1000
  −   0001 1001
      0000 1111
  −   0000 0110
      0000 1001
```

结果为 9。

十一、字符和汉字的编码

计算机在各个领域中都获得了广泛的应用,然而在计算机内部,所有的信息都是用二状态数表示。在各种应用场合,需要各种不同的表现形式。所有不同的表现形式在计算机内部都有明确规定的格式,即有各种各样的编码。比如,在我国为了应用计算机,最基本的一种编码是字符和汉字编码。

同样,为方便人们使用计算机,定义计算机系统最基本的字符编码,称美国信息交换标准代码 ASCII(American Standard Code for Information Interchange)。标准 ASCII 码是 7 位码,共有 128 个代码,见表 1-3-2 所示。

表 1-3-2　美国信息交换标准代码表

ASCII MSB	0	1	2	3	4	5	6	7
LSB	000	001	010	011	100	101	110	111
0　0000	NUL	DEL	SP	0	@	P	、	p
1　0001	SOH	DC1	!	1	A	Q	a	q

（续表）

ASCII MSB		0	1	2	3	4	5	6	7
LSB		000	001	010	011	100	101	110	111
2	0010	STX	DC2	"	2	B	R	b	r
3	0011	ETX	DC3	#	3	C	S	c	s
4	0100	EOT	DC4	$	4	D	T	d	t
5	0101	ENQ	NAK	%	5	E	U	e	u
6	0110	ACK	SYN	&	6	F	V	f	v
7	0111	BEL	ETB	‘	7	G	W	g	w
8	1000	BS	CAN	(	8	H	X	h	z
9	1001	HT	EM	)	9	I	Y	i	y
A	1010	LF	SUB	*	:	J	Z	j	z
B	1011	VT	ESC	+	;	K	[	k	{
C	1100	FF	FS	,	<	L	\	l	|
D	1101	CR	GS	−	=	M	]	m	}
E	1110	SO	RS	。	>	N	?	n	~
F	1111	SI	VS	/	?	O	?	o	DEL

　　表 1-3-2 中的 128 个代码中，从第 3 列到第 8 列，96 个称为图形字符代码，包括了 10 个数字符号 0～9，52 个大、小写英文字母，以及 34 个其他符号，它们可在显示器和打印机上显示或打印出来。另外有 32 个称为控制字符（第 1 列和第 2 列），它们不能显示，也不能打印出来，在信息交换中起控制作用。它们的定义见表 1-3-3 所示。

表 1-3-3　控制字符定义

NUL	空	DLE	数据链换码
SOH	标题开始	DC1	设备控制 1
STX	正文开始	DC2	设备控制 2
ETX	正文结束	DC3	设备控制 3
EOT	传输结束	DC4	设备控制 4
ENQ	询问	NAK	否认
ACK	确认	SYN	同步
BEL	响铃	ETB	信息组传送结束
BS	退格	CAN	取消
HT	横向列表（穿孔卡片指令）	EM	纸尽

（续表）

LF	换行	SUB	取代
VT	垂直制表	ESC	换码
FF	走纸控制	FS	文字分隔符
CR	回车	GS	组分隔符
SO	移位输出	RS	记录分隔符
SI	移位输入	US	单元分隔符
SP	空格	DEL	删除

　　ASCII 码包含了英文字母和数字,完全支持英文处理,但对其他文字,ASCII 码没有
包含,因此也无法支持。

　　我国是使用汉字的国家,汉字与英文的不同处是即使最常用的汉字,也有好几千;而
英文即使用大小写字母,也只有 52 个基本符号。因此,在我国要推广使用计算机,汉字的
使用是最重要的问题。1981 年公布的国家标准《信息交换用汉字编码》(GB 2312—80)规
定了汉字的编码,即国际标准码,简称国标码。该标准规定一个汉字用两个字节的编码表
示,由于要用每个字节的最高位来区分是汉字编码,还是 ASCII 字符码,这样每个汉字的
编码也只用该字节的低 7 位,这就是所谓的双 7 位汉字编码,其格式如图 1-3-2 所示,最高
位也为 0。从单个字节看国标码与 ASCII 编码完全相同。国标码规定每个字节的定义域
在 21H~7EH 之间。该标准编码字符集共收录常用汉字 6 763 个,分为两级汉字,其中一
级汉字 3 775 个、二级汉字 3 008 个。为了在计算机处理过程中区别是汉字编码还是
ASCII 码,计算机内部存储的汉字编码形式与国标码不同,它是将两个国标码的最高位置
"1",这样的编码称为内码。汉字有不同的大小(字号)和不同的书法字体,各种大小的汉
字和各种不同的字体均用不同的点阵图形显示,每一种大小的字体和一种书法字体的汉
字显示图形构成一个汉字字库,因此,有一系列的汉字字库。根据字形大小,各汉字库的
容量也不同。例如,一个 16×16 点阵的汉字,共有 256 个点,一个字节(8 bit)可表示 8 个
点,因此,16×16 点阵的汉字要用 32 个字节来存储它的显示点阵;而一个 32×32 点阵的
汉字,要用 128 个字节来存储它的显示点阵。但不管字体形式如何,同一个汉字,它们的
汉字内码是相同的,并且是唯一的。

b_7	b_6	b_5	b_4	b_3	b_2	b_1	b_0	b_7	b_6	b_5	b_4	b_3	b_2	b_1	b_0
0	X	X	X	X	X	X	X	0	X	X	X	X	X	X	X

图 1-3-2　汉字编码格式

习　题

　　1. 试述微处理器的发展历史。

　　2. 微处理器、微机和微型计算机系统三者之间有什么不同?

3. 采用 2 的补码形式表示的 8 位二进制整数,其可表示的数的范围为( )。

    A. $-128\sim+127$ B. $-2^{127}\sim+2^{-127}$ C. $2^{-128}\sim2^{+127}$ D. $-127\sim+128$

4. 在定点数运算中产生溢出的原因是( )。

    A. 运算过程中最高位产生了进位或借位

    B. 参加运算的操作数超出了机器的表示范围

    C. 运算的结果的操作数超出了机器的表示范围

    D. 寄存器位数太少,不得不舍弃最低有效位

5. 将十进制数 2000 转换成二进制数、八进制数和十六进制数。

6. 将 0.213 转换成二进制、十六进制数(精确到小数点后 4 位)。

7. 说明定点数和浮点数的特点。

8. 浮点运算中的"对阶"、"规格化"的含义是什么?

9. 试说明浮点数的加、减、乘、除运算的步骤。

10. 浮点运算中,怎样决定乘积的符号和阶码?

11. 如果定点整数的补码是:

    (1) 10111B;

    (2) 237Q(8 位);

    (3) 88H(8 位)。

它们分别对应十进制数是多少?

12. 浮点除法运算中如何决定商和余数的阶码及尾数的符号?

13. 什么是"机器零"? 什么是"上溢出"?

14. 总结带符号数运算溢出的判断方法。

15. 什么是 BCD 码? 什么是压缩的 BCD 码? 它们与二进制数有何区别?

16. 二进制数字计算机如何进行 BCD 码运算。

17. 什么是 ASCII 码? 为什么要用 ASCII 码?

18. 什么是汉字的国标码? 它如何表示汉字?

19. 什么是汉字的内码? 它与汉字的国标码有何相同之处和不同之处?

20. 什么是汉字库? 它与国标码有什么联系?

21. 什么是 16×16 点阵汉字库? 什么是 24×24 点阵汉字库? 如何根据国标码在不同汉字库中查找该汉字?

第二章

🖥️)) 8086/8088 微处理器

CPU 是 Central Processing Unit 的缩写,即中央处理器,也称为中央处理单元。由于集成电路的发展,中央处理器的各部件都集成在一片芯片上,因此,CPU 有时也称为微处理器(Micro Process Unit)。40 多年来,微处理器技术和性能的不断改进是集成电路技术发展最为迅速的领域之一。目前,英特尔公司的代表性产品中,386,486 已成为过去,奔腾 CPU 也演变了 6 步,已经走下历史舞台,最新的酷睿多核 CPU 已经发展了 7 代。主频从 1.5 GHz 上升到超过 4.0 GHz。各微处理器的生产厂家都在发展功能更强、速度更快的 CPU 产品及性能更高、功能更全、使用更方便的计算机系统。从另一角度来看,尽管微处理器技术和性能发展变化很快,其基本概念仍没有变。因此,本书以 Intel 公司的 8086/8088 微处理器为主,介绍 CPU 的内部结构,例如,运算器、控制器、寄存器和总线,以及存储器与 I/O 管理等组成与工作过程。

8086 微处理器是美国 Intel 公司在 1978 年推出的一种 16 位微处理器。它采用硅栅 HMOS 工艺制造,在 1.45 cm² 的单个硅片上集成了 29 000 个晶体管。以它为核心组成的微机系统,其性能已达到当时中、高档小型计算机的水平。8086 具有丰富的指令系统,采用多级中断技术、多种寻址方式、多种数据处理形式、分段式存储器结构、硬件乘除法运算电路,并增加了预取指令队列寄存器等,使其性能大为增强。8086 微处理器的一个突出的特点是多重处理能力,用 8086 CPU 与 8087 协处理器,以及 8089I/O 处理器可组成多处理器系统,提高数据处理能力和输入输出能力。

与 8086 微处理器配套的各种外围接口芯片也非常丰富,可以方便地开发各种应用系统。

2.1 CPU 的结构

一个典型的也是原始意义上的微处理器(CPU)结构如图 2-1-1 所示。微处理器主要由四部分组成:算术逻辑单元 ALU、寄存器阵列 RA、控制单元、总线与总线缓冲器。

图 2-1-2 为 8086/8088 微处理器内部结构示意图,它同样具有如图 2-1-1 所示的结构(图中的执行单元 EU),并有所扩展(图中的总线接口单元 BIU)。

一、运算器

运算器是中央处理器中进行算术运算和逻辑运算的部件,其工作状态和时序受控制器的控制。运算器也称算术逻辑单元 ALU,由累加器寄存器 A、全加器、通用寄存器阵列 RA 和标志寄存器(FR)或称程序状态字(Program Status Word,PSW)等部分组成。

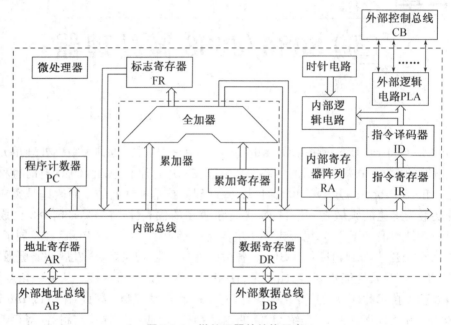

图 2-1-1　微处理器的结构示意

累加器 A(Accumulator):是一个具有输入/输出能力的移位寄存器,累加器 A 在运算前存放一个参加运算的数,常称为操作数,并用于存放运算结果,以便再次"累加",故此得名。加、减法等运算中的另一个操作数,根据指令不同,可有不同的来源。为了方便,将提供另一参加运算的操作数的寄存器单元称为暂存器,在 8086/8088CPU 及许多其他的微处理器中,有若干个这样的暂存器,它们组成通用寄存器阵列 RA(Register Array)。

算术逻辑单元 ALU(Arithmatic and Logical Unit):ALU 由加法器、移位电路和状态判断电路等组成,用于对累加器 A 和暂存器中两个操作数进行算术运算和逻辑运算。根据微处理器的设计不同,大致可分如下几种类型的运算:

① 加、减、求补、与、或、非、异或、移位……;

② 乘、除;

③ 浮点运算。

微处理器的指令系统全面反映了所能完成的各种基本操作,8086/8088 微处理器的指令系统将在第三章中详细介绍。

标志寄存器 FR(Flag Register):也常称为程序状态字(PSW),用于存放运算过程中的各种状态和其他某些反映 CPU 工作状态的标志。例如,运算结果是否为负,最高位是否有进位或借位,是否允许中断等等,8086/8088 的标志寄存器是一个 16 位的寄存器,其中某些位没有定义(保留),有些位可以通过指令更改其状态。

二、控制器

控制器是 CPU 的指挥中心,相当于人脑的神经中枢。控制器由指令部件、时序部件和微操作控制部件等三部分组成。

指令部件:是一种能对指令进行分析并产生控制信号的逻辑部件,是控制器的核心。通常,指令部件由程序计数器 PC(Program Counter)、指令寄存器 IR(Instruction Register)和指令译码器 ID(Instruction Decoder)等三部分组成。

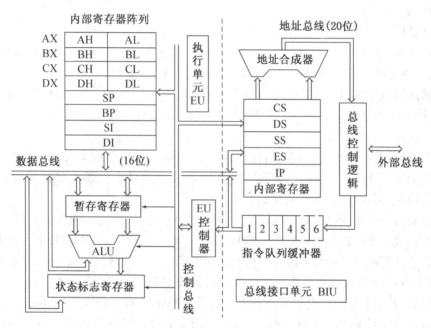

*8088CPU指令缓冲器为4字节

图 2-1-2　8086(8088)CPU 结构框图

指令是一种能供 CPU 执行的控制代码,指令分操作码和地址码两部分。操作码也称指令码,它反映指令的功能,地址码则反映完成该指令所需的数据从何处取得或结果放到何处。不同的指令有不同的功能和不同的表示操作数地址的方式。有的微处理器采用统一长度的指令格式,大部分微处理器根据不同的指令功能采用不同长度的代码。在8086/8088CPU 中,不同的指令对应的代码长度也不一样。

完成特定任务的指令的有序集合称为**程序**。程序总是预先放在程序存储器内,CPU总是从程序的第一条指令开始逐条执行,而第一条指令在存储器内的地址是固定的,并且不同 CPU 的首指令地址也不同,称为**启动地址**,因此,CPU 需要有一个专门的寄存器用来存放指令的地址,在系统启动时,该寄存器中的信息自动指向保存第一条指令的存储器地址;在执行指令时,CPU 自动修改该寄存器中的值,指向程序的下一条指令的存储器地址。由于该寄存器保存的是程序将要执行的指令的地址,一般都是顺序存放在存储中,每当 CPU 取出一个指令代码后,程序地址寄存器就自动修改(通常进行加一运算),相当于计数功能,因此,常将该寄存器称为**程序计数器**(PC program counter)。程序计数器中保存的是下一条将要执行的指令在存储器中的地址,因此,又称为**指令指针**(IP)或**指令地址寄存器**。这几种不同的名称在不同的资料中都会出现,它们实际上是同一功能部件,我们这里采用**程序计数器**。程序计数器的位数,确定了可存储程序的地址单元数(称为**程序空间**),它表示了计算机寻址程序的能力(长度)。例如,若程序计数器(PC)为 16 位,则程序空间最大为 64 KB,当程序计数器有 20 位时,程序空间最大可为 1 024 KB,即 1 MB。

指令寄存器是用于存放从存储器中取出的,当前执行指令的指令码的寄存器。指令码通过**指令译码器**(ID)译码,以确定进行哪种操作。在时序部件的配合下,驱动微操作控制部件,完成指令的功能。

时序部件由时钟系统和脉冲分配器组成,用于产生微操作控制部件所需的定时信号。其中,时钟系统(Clock System)产生机器的时钟脉冲序列,脉冲分配器(Pulse Distributor)又称"节拍发生器",用于产生节拍电位和节拍脉冲。

微操作控制部件是不同逻辑电路组合的总称,它与指令译码器(ID)的输出、时序部件的时序(节拍)电位和时序(节拍)脉冲等组合,形成相应的微控制序列,完成指令的功能。

如 CPU 执行一次加法运算,要将被加数、加数取出,同时送到累加器,累加器输出的和再送到结果寄存器中。而执行一次减法运算,在完成这样的步骤时,还需要对减数求补码,因此运算不同,内部电路的组合也不同。

将每条指令的执行过程分解成一个个最基本的步骤,使得它们能在一个最基本的单位时间内完成。在计算机中有三个基本时间单位:时钟周期、总线周期和指令周期,其中时钟周期是计算机运行的最小时间周期。总线周期定义是计算机完成一次总线操作的时间,Intel 8086/8088 的基本总线周期由 4 个时钟周期组成,分别记为 T_1、T_2、T_3、T_4,在有些情况下,若 4 个时钟周期来不及完成一次总线操作,8086/8088 在 T_3 和 T_4 之间插入一个或多个时钟周期 T_W(等待周期)。指令周期是完成一条指令所需要的时间,由若干个总线周期组成。由于指令的功能不同,组成指令周期的总线周期数也不一样。

2.2　总线与总线缓冲器

所谓总线是指信息传送的公共通道,是沟通微型计算机各个部分的桥梁和纽带。在微处理器内部传送信息的总线称为片内(内部)总线,而在微处理器与各外部器件或部件之间传送信息的总线称为片外(外部)总线。

一、地址总线 AB(Address Bus)

地址总线因其上传送的信息为地址信息而得名。当微处理器与存储器、外部器件或部件交换信息时,用于指明将要寻址的存储器单元或外部器件单元。将这种每一个单元按顺序分配的一个号码,称为该单元的"**地址**"。在计算机系统中,任何时候只能有一个存储器单元或外部设备单元能通过总线与 CPU 进行信息交换,也就是同一时刻只能有一个单元被选中。地址总线和存储器的地址线及 I/O 接口的设备码相连。当微处理器对存储器或外部设备读/写数据时,只要把存储单元的地址码或外设的设备码送到地址总线上,便可选中它们。由于要访问的单元总是由 CPU 确定的,因此,地址总线是单向总线,对 CPU 而言,地址总线是输出总线。地址总线的条数越多,可访问的地址就越多,或者说寻址能力越强。例如 16 条地址总线,可寻址范围为 $2^{16}=65\,536(64\,\text{K})$ 个地址;20 条地址总线,可寻址范围为 $2^{20}=1\,048\,576(1\,\text{M})$ 个地址。

二、数据总线 DB(Data Bus)

数据总线因其传送的是数据信息而得名。由于既需要把数据写入存储器或外部设备,又需要从存储器或外部设备读取数据,因此数据总线是双向的。同样,数据总线的条数越多,反映处理器能同时读写数据位数越多,也反映了处理器的能力越强。数据总线的条数通常和微处理器的字长相等,如 8086 微处理器,内部运算器和寄存器均为 16 位,数据总线也为 16 条。也有的微处理器内部为 16 位运算器,但外部为 8 位数据总线,如 8088CPU。

有些微处理器(如 8086/8088)的地址和数据采用相同的引脚,称为地址/数据复用总线。它们的工作过程(时序)在后面介绍。

三、控制总线 CB(Control Bus)

控制总线用于传送各类控制信号(和状态信号)。控制总线条数也因处理器而异。控制信号分两类:一类是微处理器发出的控制命令或响应信号,如读命令、写命令、中断响应信号等;另一类是存储器或外设的状态信息或请求信号,如外设的中断请求、复位、总线请求等等。控制总线根据定义的信号功能,有单向(输入或输出)和双向之分。

2.3　寄存器阵列

许多指令执行需要一个或两个操作数,如算术/逻辑运算。前面介绍的累加器,它是参加运算的两个数据来源之一。一般情况下,它还是保存寄存器的运算结果单元。在需要两个操作数的情况下,另一个参加运算的数据可以从计算机系统中不同的地方获得,比如,直接由指令提供、计算机系统的内部存储器(简称内存)或 CPU 内部的寄存器。不同的 CPU 寄存器数量不同,CPU 内部的寄存器组称为寄存器阵列,可从几个到数十个不等。根据指令执行时的功能不同,CPU 寄存器的命名也不同。8086/8088 微处理器中寄存器分为通用寄存器、控制寄存器和段寄存器几类。

一、通用寄存器

8086/8088 通用寄存器是在数据处理过程中可以被指定为各种不同用途的一组寄存器,根据其功能,分数据寄存器、指针寄存器、变址寄存器三类。

1. 数据寄存器 AX、BX、CX、DX

8086/8088 微处理器中有 4 个通用数据寄存器,它们每一个既可以作为一个 16 位的寄存器,存放 16 位的数据(此时,记作 AX、BX、CX、DX),还都可以拆分为两个 8 位的独立的寄存器(此时,高 8 位组成的寄存器分别记作 AH、BH、CH、DH,低 8 位组成的寄存器分别记作 AL、BL、CL、DL)。这四个寄存器都可以保存计算结果,因此,也都具备累加寄存器功能。除此之外,这 4 个数据寄存器还有各自的特殊用途,因此:

AX 又称为**累加寄存器**,在乘除运算、串运算和 I/O 指令中作为专用寄存器。

BX 又称为**基址寄存器**,在 CPU 寻址时,用来存放基地址。

CX 又称为**计数寄存器**,在循环指令和串操作指令中用作计数器。

DX 又称为**数据寄存器**,在寄存器间接寻址、I/O 指令中存放 I/O 端口地址,在做双字长乘除运算时,DX 与 AX 合起来存放一个双字长(32 位)数据,其中,DX 存放高字节,AX 存放低字节,记作(DX)(AX)。

2. 指针寄存器

8086/8088 有两个指针寄存器。SP(Stack Pointer)是堆栈指针寄存器,BP(Base Pointer)为基址指针寄存器。

堆栈是一种特殊的存储器组织形式,它尽管可有若干个存储器单元,但只有栈顶单元中的数据才能访问(读或写),因此,堆栈最重要的特征是后进先出。8086/8088 在内存中指定一区域作为堆栈。堆栈指针用来指示堆栈栈顶的地址。每次执行压入或弹出一个数据时,系统自动修改 SP 的值,因此,SP 始终指向栈顶。8086/8088 在内存中指定一区域作为堆栈。关于堆栈的概念及有关操作将在后面介绍。它和堆栈段寄存器 SS 一起确定堆栈在内存中的位置。通过**基址指针** BP(Base Pointer),可以访问堆栈段中的某一存储单元地址。

这两个指针寄存器都以堆栈段寄存器 SS 为段基地址。

> **注意:**对于堆栈来说,栈顶单元是堆栈的最高地址单元还是最低地址单元,需要根据堆栈操作时,堆栈指针是增加还是减小来确定。

3. 变址寄存器

8086/8088 有两个变址寄存器。SI(Source Index)为**源变址**寄存器,DI(Destination Index)为**目的变址**寄存器。所谓变址是 CPU 访问存储器单元的一种寻址方式,此时 SI 或 DI 中的数据,要经过某种计算(改变地址)后才能得到存储器单元的地址。它们一般与数据段寄存器 DS 联用,用来指定数据段中某一存储单元的地址。这两个变址寄存器都具有自动增量或自动减量功能。在串处理指令中,SI 和 DI 作为隐含的源变址和目的变址寄存器,此时 SI 与 DS 联用,DI 与 ES 联用。具体使用将在第三章指令系统中解释。

二、控制寄存器

8086/8088 有两个控制寄存器:PC(Program Counter)和 FR(Flag Register)。

(1) **程序计数器**寄存器 PC(Program Counter)是一个专用寄存器,其中的内容是下一条 CPU 将执行的指令的地址。每当根据该地址取出一指令代码后,PC 就自动加 1,指向下一地址,其工作情况类似于计数器工作。一般情况下,程序是按顺序执行的,故 PC 可用来控制程序执行顺序。当遇到转移或调用指令时,PC 内容被指定的地址取代,改变指令执行的顺序,实现程序的转移。

（2）**标志寄存器** FR（Flag Register）。标志寄存器保存 ALU 运算结果标志，以及 CPU 的其他工作状态，可以用专门的指令来测试这些条件标志。大多数算术、逻辑运算都会影响一个或几个标志位。每个标志都可视为一个触发器，其置位还是复位，由最后执行的算术逻辑运算的结果决定。这些标志往往用来作为后续指令判断的依据，用于控制程序的执行流程等。标志寄存器的内容除了可由专门指令来检测外，有些标志还可以通过指令来设置。不同的 CPU 标志寄存器的组成及定义的标志也不同，一般由 8 位、16 位或 32 位组成。8086/8088 标志寄存器由 16 位组成，其中有些位未定义。其格式见表 2-3-1 所示。

表 2-3-1 标志寄存器

15	14	13	12	11	10	9	8	7	6	5	4	3	2	1	0
				OF	DF	IF	TF	SF	ZF		AF		PF		CF

标志位		名 称	作 用
状态标志位	CF	进位标志位	运算结果最高位有进位/借位 CF=1
	PF	奇偶标志位	运算结果低 8 位中"1"的个数为偶数时 PF=1
	AF	辅助标志位	运算结果 D3 向 D4 有进位/借位 AF=1
	ZF	零标志位	运算结果为零时 ZF=1
	SF	符号标志位	运算结果最高位为 1 时 SF=1
	OF	溢出标志位	最高位与次高位只有一个发生进位时 OF=1
控制标志位	TF	跟踪标志位	CPU 处于单步执行指令方式时 TF=1
	IF	中断允许标志位	STI 指令使 IF=1，CPU 允许响应可屏蔽中断请求 CLI 指令使 IF=0，CPU 禁止响应可屏蔽中断请求
	DF	方向标志位	STD 指令使 DIF=1，串操作按减地址方向进行 CLD 指令使 DIF=0，串操作按加地址方向进行

三、段寄存器

8086/8088 内部有 4 个段寄存器，它们是：**代码段寄存器 CS**（Code Segment）、**数据段寄存器 DS**（Data Segment）、**堆栈段寄存器 SS**（Stack Segment）和**附加数据段寄存器 ES**（External Data Segment）。这四个段寄存器用来存放每个段的起始地址。

此外，在 8086/8088 的 BIU 中有一内部**指令队列缓冲器**，8086 为 6 个字节，8088 为 4 个字节。

当执行单元 EU 进行内部处理，不需外部总线时，BIU 可以将下面的指令预先读到指令队列缓冲器中（与 EU 并行工作），形成流水线处理方式，提高了 CPU 的处理速度。

2.4　8086/8088 微处理器

8086/8088 微处理器有 40 条引脚,采用双列直插式封装,如图 2-4-1 所示。其中 8086 内部总线与外部总线都为 16 位。而 8088 内部结构和指令功能与 8086 相同,只是外部数据总线为 8 位,称为准 16 位微处理器。8086/8088 微处理器采用了地址/数据总线分时复用(及地址/状态总线)方式,以提高系统寻址能力,节约 CPU 引脚。为了适应不同使用场合,8086/8088 CPU 设计了两种工作模式(最小模式和最大模式)。在不同工作模式下工作时,部分引脚(第 24~31 脚)具有不同的功能定义。图 2-4-1 括号中为最大模式时引脚的名称。下面以 8086 引脚为主,介绍它们的定义,同时说明 8088 与 8086 的差别。

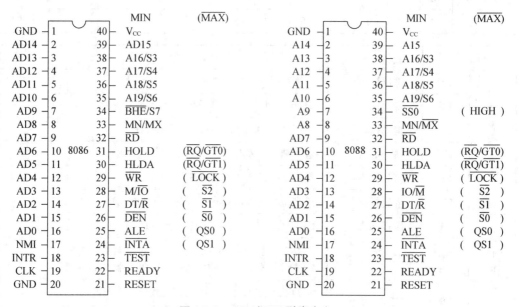

图 2-4-1　8086/8088 引脚定义

一、基本引脚信号

1. 地址/数据复用总线 AD15~AD0(Address/Data Bus)(8088 数据总线为 8 位,因此,地址总线的高字节 A15~A8 只作为地址总线,如图 2-4-1)

AD15~AD0 为分时复用的地址/数据总线,双向传输,并且具有三态功能。当作为地址总线时,为单向输出总线,用于输出低 16 位地址 A15~A0。当作为数据总线时,引脚信号为 D15~D0,为双向总线,其方向根据不同的指令确定。

总线上可以并联许多个器件,双向总线上的各个器件,既要接收数据,又可以发送数据。三态功能是说芯片输出状态除了有高电平、低电平两种状态外,还有一个(高阻抗)断

表 2-4-1　S_3、S_4 代码组合含义

S_4	S_3	当前使用段寄存器
0	0	ES
0	1	SS
1	0	CS
1	1	DS

开状态。当器件处于高阻状态时，对连接它的点线几乎没有影响，线上电平的高低由其他连接在总线上的器件确定。8086/8088 总线周期中第一个时钟周期 T_1 用来输出要访问的存储器单元或 I/O 端口的低 16 位地址 A15～A0，此时，引脚为地址总线。而在其他（T_2、T_3、T_4）时钟周期，引脚成为数据总线。当 8086/8088 执行读数据操作时，数据总线引脚处于高阻状态（关闭总线驱动器），并且此时总线方向是输入。而当执行写数据操作时，数据总线方向是输出。

2. 地址/状态复用总线 A19/S6～A16/S3（Address/Status）

A19/S6～A16/S3 四个引脚为地址/状态分时复用总线，它们为单向输出总线，也具有三态功能。在第一个时钟周期 T_1，输出访问存储器单元的最高 4 位地址（A19～A16），它们与 A15～A0 构成访问存储器的 20 位物理地址。当访问 I/O 端口时，A19～A16 保持 0 状态，即 8086/8088 可访问的 I/O 空间仅为 64K。在其他时钟周期，这四根总线用来输出 8086/8088 的状态信息，其中 S_6 总为 0。S_5 状态用来指示中断允许标志位 IF 的设置状态。若 IF＝1，表明允许可屏蔽中断请求；若 IF＝0，禁止可屏蔽中断请求。S_4、S_3 两位组合指示 CPU 当前正在使用的段寄存器。S_4、S_3 的代码组合表示的状态见表 2-4-1 所示。

3. 高字节数据总线允许/状态 $\overline{\text{BHE}}$/S7（Bus High Enable/Status）信号，输出，低电平有效，三态

8086 为 16 位数据总线，$\overline{\text{BHE}}$ 为高字节，AD15～AD8 数据总线允许信号及 S7 状态复用引脚。（8088 只有 8 位外部数据总线，该信号在最小模式下为 SS0，最大模式下恒为高）

表 2-4-2　$\overline{\text{BHE}}$ 与 A_0 的代码组合和对应操作

$\overline{\text{BHE}}$	A_0	作用
0	0	16 位数据传送（D15～D0）到偶地址开始的连续两个单元
0	1	用高 8 位数据总线（D15～D8）传送字节数据，到奇地址单元
1	0	用低 8 位数据总线（D7～D0）传送字节数据，到偶地址单元
1	1	无效操作
0	1	从奇地址开始读写一个字，要两次操作 第一次将低 8 位数据（D15～D8）送到奇地址单元
1	0	第二次将高 8 位数据（D7～D0）送到偶地址单元

总线周期的第一个时钟周期 T_1 时，用来表示总线的高 8 位 AD15～AD8 使能（低电平为使能）。若 $\overline{\text{BHE}}$＝1，表示仅用数据总线 AD7～AD0 传送数据。读/写存储器或 I/O 端口以及中断响应时，$\overline{\text{BHE}}$ 用作选择信号，与最低位地址码 A_0 配合，表示当前总线使用情况，见表 2-4-2 所示。T_2、T_3、T_4 时，为 S7 状态信号（低电平）。在中断响应、局部总线请求响应（hold acknowledge）或出让（grant sequence）时为高阻态。在第一次中断响应的 T_1 时，为低电平。

4. 时钟输入信号 CLK（clock），输入

提供 8086 和 8088 工作时要求的时钟信号。输入的时钟脉冲信号要求占空比为高电平 33%,低电平 67%。不同型号的芯片使用的时钟频率不同。8088 要求时钟频率为 4.77 MHz,8086 - 1 要求时钟频率为 10 MHz,8086 - 2 要求时钟频率为 8 MHz。

5. 读信号$\overline{\text{RD}}$(Read),输出,低电平有效,三态

对存储器或 I/O 设备读操作控制信号,在进行 DMA 操作时为高阻态。

6. 写信号$\overline{\text{WR}}$(Write),输出,低电平有效,三态

对存储器或 I/O 设备写操作控制信号,在进行 DMA 操作时为高阻态。

7. 存储器或 I/O 端口选择信号 M/$\overline{\text{IO}}$,输出,三态

8086M/$\overline{\text{IO}}$=1 时,表示 CPU 访问存储器;M/$\overline{\text{IO}}$=0 时,表示访问 I/O 端口。8088 为 IO/$\overline{\text{M}}$该信号的逻辑与 8086 恰好相反。IO/$\overline{\text{M}}$=1 时,表示 CPU 访问 I/O 端口;IO/$\overline{\text{M}}$=0 时,表示访问存储器。

8. 就绪信号 READY,输入,高电平有效

READY = 1,表示 CPU 访问的存储器或 I/O 端口已准备好要传送的数据。READY = 0,表示存储器或 I/O 端口数据未就绪。

在某些情况下,存储器或 I/O 端口的工作速度不能满足 CPU 读、写操作速度,为了保证数据传输的可靠性,CPU 必须等待。若 CPU 在总线周期 T_3 检测到 READY 信号为低电平,表示存储器或 I/O 设备尚未就绪,此时,CPU 会自动插入一个或多个等待周期 T_w,直到 READY 信号变为高电平,进入 T_4 周期,完成数据传送。

9. 可屏蔽中断请求信号 INTR(Interrupt Request),输入,高电平有效

当 INTR = 1 时,表示外设向 CPU 发出了中断请求。CPU 在每一条指令周期执行的最后一个时钟周期结束时采样该信号,判断是否有中断请求。若为"1",并且此时 CPU 处于开中断(标志位 IF = 1)状态,CPU 进入响应中断过程。

10. 中断响应信号$\overline{\text{INTA}}$(Interrupt Acknowledge),输出,低电平有效,电平触发

CPU 响应外设中断请求(INTR)信号的应答信号。

CPU 响应中断时,在两个连续的总线周期内发出两个$\overline{\text{INTA}}$负脉冲信号,第一个通知外设中断请求已被响应,要求外设准备好中断类型码(中断向量号);第二个$\overline{\text{INTA}}$有效时将中断类型码读入 CPU 中,并根据中断类型码,寻找中断服务程序入口地址,进入中断服务程序。

表 2-4-3   复位后 CPU 内部寄存器状态

寄存器	初值
指令指针寄存器	0000H
CS 寄存器	FFFFH
DS 寄存器	0000H
SS 寄存器	0000H
ES 寄存器	0000H
指令队列	空
其他寄存器	0000H

11. 不可屏蔽中断请求信号 NMI(Non-Maskable Interrupt),输入,上升沿触发

不可屏蔽中断请求信号不受 CPU 中断允许标志位(IF)状态的影响,也不能用软件屏蔽。若该信号有效,在当前指令结束后,立即进入中断处理。在 PC 计算机系统中,当存储器或 I/O 传输出现奇偶错或 8087 有中断请求时,产生该中断请求。

12. 测试信号$\overline{\text{TEST}}$,输入、低电平有效

当 CPU 执行 WAIT 指令时,每隔 5 个时钟周期对$\overline{\text{TEST}}$引脚进行一次测试,若测到

$\overline{\text{TEST}}$为高,CPU 继续处于等待状态,直到检测到$\overline{\text{TEST}}$为低电平,退出等待状态。

13. **复位信号 RESET(Reset),输入、高电平有效**

RESET 信号用来启动或重新启动计算机工作。8086/8088 为了可靠地复位,要求 RESET 信号至少维持 4 个时钟周期的高电平。复位后 8086/8088 的内部寄存器状态见表 2-4-3 所示,CPU 从存储器地址为 FFFF0$_{(H)}$的单元中取第一条执行的指令,开始执行程序。由于 8086/8088 能直接访问的最高存储器单元的物理地址为 FFFFF$_{(H)}$,从 FFFF0$_{(H)}$～FFFFF$_{(H)}$总共只有 16 个单元,一般 FFFF0$_{(H)}$地址单元开始放一条无条件转移指令,转到主程序入口。

14. **地址锁存允许信号 ALE(Address Latch Enable),输出,高电平有效**

用作地址锁存器(8282)的数据输入信号。8086 的 AD_{15}～AD_0、8088 的 AD_7～AD_0 为分时复用地址数据总线,在总线周期的 T_1 期间这些引脚作为地址总线使用,T_2、T_3 期间这些引脚要用来传送数据。因此,必须将在 T_1 期间总线上的地址数据保留在 CPU 外部的寄存器芯片中,以便在 T_2、T_3 期间确定数据传送地址时起到寻址作用。

15. **数据发送/接收控制信号 DT/$\overline{\text{R}}$(Data Transmit/Receiver),输出,三态**

DT/$\overline{\text{R}}$信号用来控制 8286/8287 芯片的数据传送方向。当 DT/$\overline{\text{R}}$=1 时,发送数据,即 CPU 执行写操作;当 DT/$\overline{\text{R}}$=0 时,接收数据,即 CPU 执行读操作。

16. **数据允许信号$\overline{\text{DEN}}$(Data Enable),输出,低电平有效,三态**

用作双向数据收发器 8286/8287 的选通信号。数据传送方向,由 DT/$\overline{\text{R}}$信号决定。

17. **总线请求信号 HOLD(Hold Request),输入,高电平有效**

当系统中除 8086/8088 之外的总线主控模块(如 DMA 控制器 8237A 等)要求取得总线控制权时,向 CPU 该位发出信号,并一直保持为高电平,直到总线使用完毕,释放总线的同时撤销 HOLD 信号。

18. **总线请求响应信号 HLDA(Hold Acknowledge),输出,高电平有效**

本信号是 8086/8088 对其他总线主控模块的总线请求(HOLD)做出的响应信号。HLDA 有效,表示其他总线主控模块可以使用总线。与此同时,CPU 上所有与三类总线相关的引脚均呈现高阻抗,让出总线。

19. **工作模式选择信号 MN/$\overline{\text{MX}}$,输入**

8086/8088 设计了两种工作模式,MN/$\overline{\text{MX}}$=0,表示 CPU 工作在最大模式;MN/$\overline{\text{MX}}$=1,表示 CPU 工作在最小模式。

二、电源和地线

8086 和 8088 均用单一的 +5V 电源。1、20 引脚为地,40 脚为电源。

三、最小工作模式信号

为了能适应不同使用场合,8086/8088CPU 芯片设计了两种工作模式,即最小模式和最大模式。

所谓最小模式就是在系统中只有一个 CPU,即 8086/8088 微处理器。在这种系统中,所有的总线控制信号都直接由 8086/8088 产生,系统中的总线控制电路减到最少。

最小模式下,总线控制信号 ALE、DT/$\overline{R}$、DEN、$\overline{DEN}$、M/$\overline{IO}$,读、写控制信号$\overline{RD}$、$\overline{WR}$,以及中断响应信号$\overline{INTA}$都由 CPU 产生,可以控制总线的其他总线主控者(如8237DMA 控制器),通过 HOLD 线向 CPU 请求使用系统总线。当 CPU 响应 HOLD 请求时,发出响应信号 HLDA(高电平),并使上述总线控制信号,读、写信号以及系统地址/数据总线引脚等均处于高阻状态。同时双向总线驱动器 8286 的 $A_{15}\sim A_0$、$B_{15}\sim B_0$ 和外部地址锁存器 8282 的输出也都处于高阻状态,即 CPU 不再控制系统总线(交出总线控制权)。这种状态将持续到 HOLD 信号变为无效状态(低电平)时为止。

当 MN/$\overline{MX}$接 V_{CC}时,系统处于最小工作模式,系统配置如图 2-4-2 所示。

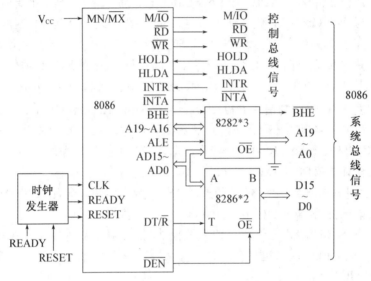

图 2-4-2 8086 最小工作模式

四、最大工作模式信号

最大模式是相对最小模式而言的。最大模式系统为包含两个或多个微处理器的系统。其中一个主处理器就是 8086/8088,其他的处理器称为协处理器,协助主处理器工作。和 8086/8088 配合的协处理器有两个,一个是数值运算协处理器 8087,另一个是输入/输出协处理器 8089。图 2-4-1 中引脚 24~31(8086 括号外,8088 括号内)为最大工作模式下定义的信号。

最大模式相对于最小模式系统的主要区别是系统中有多个微处理器,但只有一组总线,为了协调各处理器的总线控制,总线控制器 8288 芯片将 CPU 的状态信号转换成总线命令和控制信号,此时存储器 8282 和总线收发器 8286 不再由 8088/8086 控制,而由8288 产生的信号控制。在最新的各类单片机中,一般都会设置"总线控制矩阵",协调单片机内部各种总线控制量的工作。

最小模式下的 HOLD 和 HLDA 引脚在最大模式下成为$\overline{RQ}/\overline{GT1}$和$\overline{RQ}/\overline{GT0}$信号。这些引脚通常与数值运算协处理器 8087 或 I/O 协处理器 8089 的相应引脚相连。用于相互之间传送总线请求授予信号,其功能和 HOLD 及 HLDA 相同。

8087 是一种专用于数值运算的处理器,它能实现多种类型的数值操作,比如高精度的整数和浮点运算、超越函数(如三角函数、对数函数等)的计算等。这些运算若用 8086/8088 微处理器,要通过编制程序来完成,实现程序复杂,速度慢,占用内存空间大。系统中加入协处理器 8087 后,可大幅度地提高系统的数值运算速度,节省系统资源开销。

最大模式下系统的配置如图 2-4-3 所示。

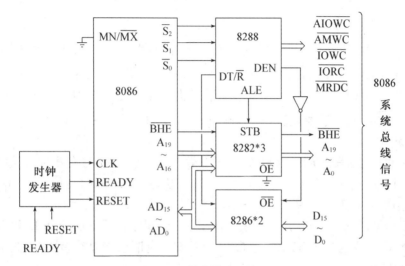

图 2-4-3 最大模式系统配置

(1)指令队列状态信号 QS1,QS0(Queue Status),输出。这两个信号组合起来提供了指令队列的状态,以便协处理器对 8086/8088 内部指令队列的动作进行跟踪。QS1、QS0 的代码组合和对应的含义见表 2-4-4 所示。

(2)总线周期状态信号 $\overline{S2}$、$\overline{S1}$、$\overline{S0}$(Bus Cycle Status),输出,三态。在总线周期的 T_4、T_1 和 T_2 状态期间有效。这些信号组合反映当前总线周期

表 2-4-4 QS1、QS0 代码组合含义

QS1	QS0	作 用
0	0	无作用
0	1	从指令队列取第一字节
1	0	队列空
1	1	从指令队列取后续字节

中传输的数据类型。总线控制器 8288 根据此产生对存储器和 I/O 设备的读写控制信号。这 3 个状态信号的编码及含义见表 2-4-5 所示。

表 2-4-5 $\overline{S2}$、$\overline{S1}$、$\overline{S0}$的代码组合和对应操作

总线周期状态信号			操作类型	8288 产生的信号
$\overline{S2}$	$\overline{S1}$	$\overline{S0}$		
0	0	0	中断响应	$\overline{INTA}$
0	0	1	读 I/O 端口	$\overline{IORC}$
0	1	0	写 I/O 端口,超前写 I/O 端口	$\overline{IOWC}$ $\overline{AIOWC}$
0	1	1	暂停	无
1	0	0	取指令	$\overline{MRDC}$

（续表）

总线周期状态信号			操作类型	8288 产生的信号
$\overline{S2}$	$\overline{S1}$	$\overline{S0}$		
1	0	1	读存储器	$\overline{MRDC}$
1	1	0	写存储器,超前写存储器	$\overline{MWTC}$ $\overline{AMRDC}$
1	1	1	无源状态	无

对$\overline{S2}$、$\overline{S1}$、$\overline{S0}$而言,在前一个总线周期的 T_4 和本周期 T_1、T_2状态中,至少有一个信号为低电平;在 T_3 或 T_W期间,且 READY 为高电平时,$\overline{S2}$、$\overline{S1}$、$\overline{S0}$均为"1",表示前一个总线周期结束,后一个总线周期尚未开始的无操作状态。在总线周期的最后一个时钟周期 T_4期间,$\overline{S2}$、$\overline{S1}$、$\overline{S0}$的任何变化都表示一个新的总线周期的开始。在 DMA 传送时,这些线都为高阻态(断开)。

(3) **总线锁定信号$\overline{LOCK}$**,输出,低电平有效,三态。当该信号有效时,其他总线控制设备不能占用总线。在 DMA 状态下,它为高阻状态。$\overline{LOCK}$的有效信号由指令前缀 LOCK 控制产生(在第 3 章中介绍),并维持到下一条指令执行完毕为止。

(4) $\overline{RQ}/\overline{GT0}$、$\overline{RQ}/\overline{GT1}$:总线请求与授予信号。最小模式下的 HOLD 和 HLDA 引脚在最大模式下成为$\overline{RQ}/\overline{GT0}$、$\overline{RQ}/\overline{GT1}$。用于总线请求与总线授予信号,其作用与 HOLD 和 HLDA 相同。

2.5 8086/8088 的存储器和输入/输出接口管理

2.5.1 存储器的分段结构

8086/8088 系列微处理器有 20 根地址线,可直接寻址 $2^{20}=1 M$ 单元的存储空间,地址范围为 00000(H)～0FFFFF(H),但 8086/8088 其内部寄存器均为 16 位,所以用寄存器无法直接进行 1M 地址空间的寻址,为此,8086/8088 中引入了存储器分段的概念。在 8086/8088 中,每个存储器段的长度为 64K 字节,段内地址是连续的,均为 0000(H)～0FFFF(H),段与段之间在逻辑上相互独立。在物理结构上各存储器分段在存储器中的位置和次序都不受约束,段与段之间可以首尾相连,也可以不相连;两个段可以完全重叠,也可以部分重叠,如图 2-5-1 所示。

图 2-5-1 程序段及在系统内存中不同的映象

8086CPU 内部有四个段寄存器：分别为 CS(代码段)、DS(数据段)、SS(堆栈段)和 ES(扩展段)，保留 CPU 当前寻址的四个存储器段的开始地址单元，称为段基地址，段寄存器也是 16 位寄存器。8086/8088 规定每个段的起始地址必须能被 16 整除，即作为段基地址，最低 4 位永远为 $0(\times\times\times\times0_{(H)})$。8086/8088 中将段基地址(段寄存器内容)乘 $10_{(H)}$(相当于向左移 4 位)，再与指令中指定的地址(称为段内偏移地址，16 位)组成 20 位地址。

> **注意**：段基地址实际上是一个逻辑段物理首地址的高 16 位，同时要求其低 4 位必须为 0，这种分段方式是 8086/8088 特有的，原因在于其内部寄存器 16 位，外部地址却有 20 位。

这种存储器分段和偏移寻址机制似乎很复杂，但它为程序设计带来许多优点。对诸如 PC 这类通用的计算机系统，可以配置不同容量的存储器。通用程序要能够在相同类型的计算机系统上执行。因此，每一次执行程序时，所处的计算机环境不同，要求计算机操作系统在执行程序时能够根据当时存储器使用情况，自动分配存储器空间。如果在程序中直接指明所使用的存储器地址，当有其他程序正占用该段存储器时，程序就无法执行，系统资源利用不充分。段基地址与段内偏移地址两者合成存储器地址时，指令中指明的地址只是段内偏移地址，只反映与段开始地址之间的偏移量。在程序执行时，操作系统只需要根据当时情况，修改段寄存器内容，就可将整个程序定位到合适的存储器区域，大大简化了程序设计过程，增加了程序的通用性。

2.5.2　逻辑地址和物理地址

8086/8088 系统中，每个存储单元在内存储器中的位置可以用 20 位实际地址来表示，也可以用逻辑地址来表示。实际地址也称为物理地址或绝对地址(8086/8088 微处理器有 20 位地址总线，范围是 $00000_{(H)}\sim 0FFFFF_{(H)}$)，CPU 对存储器进行读写操作时，地址总线上出现的是物理地址，而在程序中采用的是逻辑地址。逻辑地址由两部分组成：段基地址和段内偏移地址。

CPU 访问存储器时，根据程序提供的逻辑地址和由指定的段寄存器中保存的段基地址通过地址加法器形成 20 位的实际地址，确定存储器单元(物理)地址。其计算方法为：

$$实际地址 = 段基地址 \times 16_{(D)} + 偏移地址$$

由上式可看出，一个物理地址可以对应多个逻辑地址，即一个物理地址可以使用多种逻辑地址来表示。

8086/8088 微处理器规定程序段用代码段寄存器(CS)。当取指令时，CPU 用代码段寄存器 CS 的值和程序计数器 PC 的值根据上式形成 20 位的物理地址；当进行堆栈操作时，CPU 将堆栈段寄存器 SS 的值作为段基地址，将堆栈指针 SP(或基地址指针 BP)的值作为段内偏移地址，形成 20 位的物理地址；当对数据段进行操作时，CPU 根据数据段寄存器 DS 的值(段基地址)和程序指令的各种寻址方式得到的偏移地址，形成 20 位的物理地址。扩展数据段寄存器 ES 的寻址过程与 DS 类似，在指令系统中再详细介绍。8086/8088 微处理器对各个操作均预先规定了相应的段寄存器，因此，大多数情况下，程序中不必说明用哪个段寄存器作为段基地址。8086/8088CPU还允许在程序中指定用其他的段寄存器来计算实际地址。这种重新指定段地址寄存器的方法称为段超越。当指令中给出段超越前缀,CPU便依照指令的要求选择段寄存器,同样用上式形成20位的物理地址。要注意的是,段超越指令并不可以任意指定段寄存器。

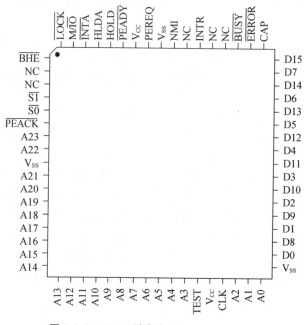

图 2-5-2　80286 引脚定义 (68PIN PLCC)

2.5.3　实模式和保护模式概念

随着计算机技术的发展,计算机可寻址的存储空间越来越大,出现了保护模式概念,将8086/8088微处理器的工作称为实模式。Intel 80286和更高型号的微处理器可以工作于保护模式,也可以工作于实模式,而8086/8088不能工作于保护模式。所谓实模式是说微处理器只能对1 MB存储器空间寻址(8086/8088只有20位地址线)。80286等更高型号的微处理器有更多的地址线,但在实模式下,也只允许微处理器寻址第一个1MB存储器空间。因此,第一个1MB存储器称为实模式存储器(real memory)或常规内存(conventional memory)。DOS操作系统要求微处理器工作于实模式。实模式操作允许为8086/8088微处理器(只包含1 MB存储器)时代设计的应用软件不用修改就可以在80286等更高档型号的微处理器中运行,这就是所谓的软件(向上)兼容。软件的向上兼容特性是Intel系列微处理器不断成功的重要原因之一。值得注意的是,Intel所有的微处理器在加电或复位后都默认以实模式开始工作。

保护模式下存储器寻址允许访问位于第一个1 MB及第一个1 MB以上的存储器内的数据和程序。寻址这个扩展的存储区,需要更改用于实模式存储器寻址的段基地址加段内偏移量的寻址机制。在保护模式下,当寻址扩展内存中的数据和程序时,仍然使用偏移地址访问位于段内的数据。两者的区别是保护模式下的段地址不再像实模式那样由段寄存器提供,而是在原来放段地址的段寄存器里含有一个选择子(selector),用于选择描述表内的一个描述符。该描述符(descriptor)描述存储器段的位置、长度和访问权限等。由于仍采用段寄存器和段内偏移地址访问存储器,所以保护模式指令和实模式指令格式完全相同。事实上,很多在实模式下运行编写的程序,不用更改也可在保护模式下运行。两种模式之间的区别是微处理器访问存储器段时对段寄存器的解释不同。在80386 和更高档型号的微处理器中,两种模式的另一个差别是:在保护模式下可以用 32 位数取代 16 位数。采用 32 位的偏移地址,允许微处理器访问达 4 GB 的段内数据。

2.5.4　输入/输出接口管理

8086/8088 系统与外部设备之间通过 I/O 端口连接,从 8086/8088 微处理器端来看,所谓端口也相当于存储器单元的地址(称为端口地址)。8086/8088 微处理器同样利用地址总线和数据总线,以及读、写等控制线与外部设备交换数据,其工作过程和时序与读写存储器完全相同,只是地址总线只用低 16 位($A_{15}\sim A_0$)。所以,8086/8088 允许有 65 536 个(64 K)8 位的 I/O 端口。8086 微处理器用偶地址可以组成一个 16 位的端口。8086/8088 微处理器设计了专门的端口访问指令:IN 和 OUT。指令 IN(输入)从端口读数据,OUT(输出)向端口写数据。执行 IN、OUT 指令,CPU 同样会产生 $\overline{RD}$ 或 $\overline{WR}$ 信号,8086/8088 通过 M/$\overline{IO}$ 信号线的状态,确定存储器操作还是 I/O 端口操作。M/$\overline{IO}$ 信号为低电平,表示是对端口操作。8 位端口或 16 位端口操作指令都是 IN、OUT,要根据指令中的操作数来区分端口的性质。

2.6　浮点协处理器 8087 简介

2.6.1　8087 结构

8087 的引脚排列如图 2-6-1 所示,图 2-6-2 是从程序角度来理解的内部结构框图。总线跟踪和控制逻辑是 8087 协处理器的控制核心,其中包括一个 6 个字节的指令队列缓冲器。8087 通过监视 8086/8088 的 $\overline{S_2}$、$\overline{S_1}$、$\overline{S_0}$ 和 QS_1、QS_0 状态,保持与 8086/8088 同步。如果 8086/8088 读到的是一条 8087 的指令,则 8087 立即投入工作。

8087 内部有 8 个 80 位长的数据寄存器,这 8 个寄存器组成一个闭环形堆栈寄存器组,称为 ST,编号为 0~7。堆栈顶部为 ST(0),往下依次为 ST(1),…,ST(7)。各类数据进入 8087 后被自动转换成实数格式存放在这里。

状态寄存器是一个 16 位的寄存器,它反映 8087 的整体状态,可通过 8087 指令传输到内存

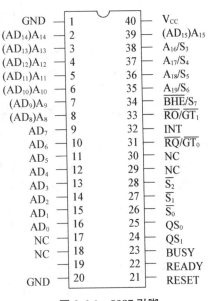

图 2-6-1　8087 引脚

储器中,然后由8086/8088CPU来检查其状态。

控制寄存器也是一个16位的寄存器,它提供可供选择的处理方式,比如对异常事件是否屏蔽,规定8087的处理等待方式等。

特征寄存器也是16位的寄存器,每两位作为一个数据寄存器的内容标志。

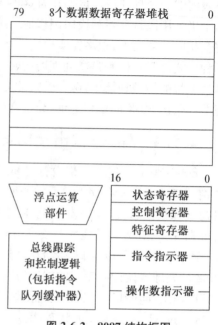

为了便于用户编写出错处理程序,8087还提供了一个指令指示器和一个操作数指示器。当8087执行指令时,将该指令码的低11位(高5位总是11011)保存于指令指示器中,如果指令有存储器操作数,则将操作数地址保存在操作数指示器中。8087也能把这些内容写入存储器中。当发生异常时,处理程序可以分析这些内容。指令指示器和操作数指示器的内容如图2-6-2所示。

8087中涉及寄存器堆栈的所有指令都在浮点运算部件中执行。这些指令包括算术运算、逻辑操作、超越函数计算、常数、比较及数据传送等类型。8087一旦开始执行指令,就将BUSY信号

图2-6-2　8087结构框图

变为高电平,在IBM PC/XT机中,8087的BUSY信号与8088/8086的$\overline{\text{TEST}}$引脚相连,使两个处理器同步工作。

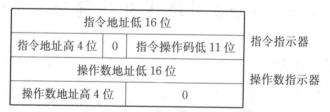

图2-6-3　指令指示器与操作数指示器的格式

2.6.2　IBM PC/XT 机中 8087 的工作

如图2-6-4所示,在IBM PC/XT中8086/8088与8087相连和协调工作。从图上可见8087与8086/8088的总线并连,因此,在8086/8088取指令时,8087也能得到该指令。8087通过监视8086/8088发出的状态信号$\overline{S_2}$、$\overline{S_1}$、$\overline{S_0}$来确定8086/8088在何时取指令,当8086/8088执行取指令周期时,8087同时取入指令的操作码,存放在总线跟踪和控制逻辑的指令队列中。8087通过监测8086/8088的队列状态线QS_1、QS_0的状态,以了解8086/8088当前的工作情况:

若QS_1、QS_0为00,说明CPU无操作;若为01,说明CPU从指令队列中取操作码的第一个字节;若为10,说明CPU中指令队列变空(执行转移指令),此时8087也清空指令队列;若为11,则说明CPU从队列中取指令操作码的后续字节,8087也随之移动队列。

8087 所有指令的操作码的高 5 位总是 11011,这是 8087 指令的特征码,也是 8086/8088 的 ESC(交权)指令。当 8087 检测到 8086/8088 的 QS_1、QS_0 为 01 时,它同时查看队列字节的高 5 位是否为 11011,若是这个代码,8087 就把指令操作码的低 11 位送入指令指示器,同时进行译码并执行指令。

8086/8088 执行 ESC 指令时,分析该指令是否要访问存储器,若不需访问,则立即执行一条 WAIT 指令;若该指令要访问存储器,8086/8088 计算出该指令的操作数地址,并对该地址进行"假读",然后,紧接着执行一条 WAIT 指令。"假读"操作类似于普通的读周期,但 8086/8088 不将读出的数据读入。8087 捕获由 8086/8088 所给出的操作数的 20 位物理地址,送入操作数指示器。而 8086/8088"假读"周期中读出的数据在总线上有效时,8087 接收这个数据。如果操作数的长度大于一个字节时,8087 通过 $\overline{RQ}/GT$ 线向 8088 申请使用系统总线。获准后,8087 控制局部总线(此时 8088 处于 WAIT),读取操作数的其余部分。如果指令是存操作数,则 8087 获得操作数地址后,不接受 8086/8088"假读"的数据,同样通过 $\overline{RQ}/GT$ 线向 8086/8088 申请使用系统总线,执行存数操作。8087 的 BUSY 引脚与 8086/8088 的 $\overline{TEST}$ 引脚相接。8087 在执行指令时,将 BUSY 信号置为高电平,指令执行结束后,恢复 BUSY 为低电平。8086/8088 执行 WAIT 指令时,每隔 5 个时钟周期测试一次 $\overline{TEST}$ 端的信号,只要 8087 在执行指令,$\overline{TEST}$ 保持高电平,8086/8088 继续执行 WAIT 指令,等待;直到 8087 指令执行结束,将 BUSY 置低,8086/8088 检测到 $\overline{TEST}$ 信号为低电平,脱离等待状态,执行随后的指令。由此可见,8086/8088 和 8087 同步工作。8088 管理系统运行,8087 执行数值运算指令。

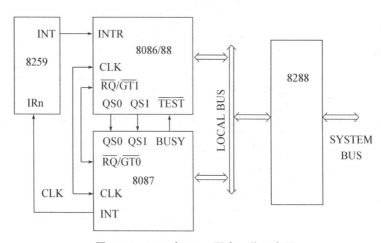

图 2-6-4 8087 与 8088 配合工作示意图

2.7 8086/8088 操作和时序

8086/8088 的第 19 引脚为时钟脉冲输入端 CLK,通常用 8284A 时钟芯片作为 8086/8088 的时钟源。时钟的一个周期,称为**时钟周期**(在 8086/8088 中又称为 T 状态周期)。若 8086CPU 第 19 引脚接的时钟频率为 5 MHz,则时钟周期(T 状态周期)为 200 ns。

　　总线周期(又称为机器周期)由若干个时钟周期所组成。总线周期是指 CPU 通过总线与外部(存储器或 I/O 端口)进行一次访问(读/写一个单元的数据)所需要的时间。8086/8088 的基本总线周期由 4 个时钟周期($T_1 \sim T_4$)组成。典型的总线周期有存储器读周期、存储器写周期、I/O 端口读周期、I/O 端口写周期、中断响应周期和空闲周期等。

　　8086/8088CPU 执行一条指令的时间,称为**指令周期**。指令周期由指令该周期和指令执行周期组成,包含若干个总线周期组成。图 2-7-1 表示了指令周期、总线周期和时钟周期三者之间的关系。

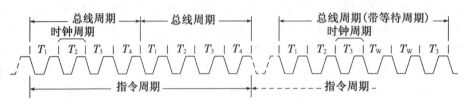

图 2-7-1　8086/8088 时序周期关系

2.7.1　8086/8088CPU 最小模式下的总线读周期

　　图 2-7-2 所示为最小模式系统 CPU 从存储器或 I/O 端口读数据时序。基本的总线读操作周期包含 4 个状态周期,即 T_1、T_2、T_3 和 T_4。当存储器或 I/O 设备的速度跟不上 CPU 运行速度时,在 T_3 和 T_4 状态之间可插入 1 个或若干个等待状态周期(T_W)。

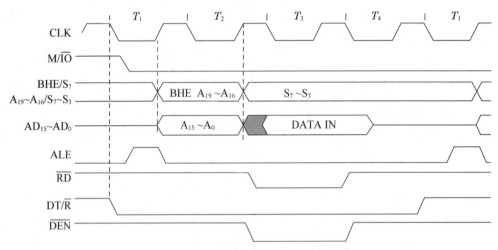

图 2-7-2　8086 读存储器或 I/O 端口数据时序

一、T_1 状态

　　CPU 开始一个总线读周期时,进入 T_1 状态,$M/\overline{IO}$ 信号指出当前执行的是从存储器读(高电平),还是从 I/O 端口读(低电平)。$M/\overline{IO}$ 信号的有效电平一直保持到整个总线周期结束。在 T_1 状态期间,CPU 通过地址/数据复用线 $AD_{15} \sim AD_0$ 和地址/状态复用线 $A_{19}/S_6 \sim A_{16}/S_3$ 输出 20 位地址信息(若是读 I/O 端口,最高 4 位地址 $A_{19} \sim A_{16}$ 均为 0)。

同时$\overline{BHE}$和ALE控制信号有效,$\overline{BHE}$信号表示高字节数据总线上的信息有效,该信号作为奇地址存储体的选择信号,配合地址信号实现对存储单元的寻址。ALE信号为地址锁存信号,启动锁存器8282,在ALE信号下降沿将20位地址信号和$\overline{BHE}$信号锁存到8282地址锁存器中。$DT/\overline{R}$信号为低电平,使总线收发器8286的传送方向为向CPU,表明目前正在进行的是读操作。

二、T_2状态

T_2状态,$A_{19}/S_6 \sim A_{16}/S_3$上的地址信号消失,而出现状态信号$S_6 \sim S_3$,此状态信号保持到读周期结束。状态信号反映CPU当前正在使用的段寄存器,可屏蔽中断允许标志IF的状态及表明8086CPU当前正在使用系统总线。

同时,CPU的地址/数据复用总线($AD_{15} \sim AD_0$)成为数据总线,CPU的引脚高阻状态(内部输出驱动电路断开),准备读入数据。$\overline{RD}$引脚(它与存储器或I/O端口的读出控制线相连)变成低电平,开始从被选中的存储单元或I/O端口(由在T_1状态时保存在8282锁存器中的地址信息确定)读取数据。$\overline{DEN}$信号有效(低电平状态),启动收发器8286。$\overline{DEN}$与在T_1状态已有效的$DT/\overline{R}$信号一起,做好接收来自存储器或I/O端口数据的准备。

三、T_3状态

若存储器或I/O端口已准备好数据(READY线保持高电平),在T_3状态期间数据出现在数据总线上。

四、T_W状态

读数据时,若在T_3状态周期,存储器或I/O设备来不及把数据传送到数据总线上,则存储器或I/O设备可以输出一个低电平状态信号到CPU的READY引脚。8086/8088若发现READY引脚信号为低,自动在T_3和T_4状态之间插入一个或多个T_W状态,等待存储器或I/O端口的数据就绪。

8086/8088CPU的工作过程如下:在T_3状态中,测试READY引脚信号,若发现READY信号有效,表示存储器或I/O端口能及时将数据送上数据总线,则T_3状态之后立即进入T_4状态;若在T_3状态中测试到READY信号为无效(低电平),则T_3状态结束后,不进入T_4状态,而插入一个T_W状态,并且在每个T_W状态中,CPU都再次测试READY信号,若仍是无效,则再插入一个T_W状态。只有当CPU发现READY信号为高电平,在本次T_W状态结束后进入T_4状态。

到最后一个T_W状态时,数据肯定已经出现在数据总线上,所以最后一个T_W状态时总线的动作和基本总线周期中T_3的状态完全一样。其他T_W状态所有控制信号的电平和T_3状态的也一样,只是数据尚未出现在数据总线上。

五、T_4状态

在T_4状态,CPU从数据总线上读取数据,完成一次总线读过程。

2.7.2 8086CPU 最小模式下的总线写周期

图 2-7-3 所示为 CPU 向存储器或 I/O 端口写数据时序。和读操作一样,基本的写操作周期也包含 4 个状态周期。同样,若存储器或 I/O 端口来不及接收数据,可以在 T_3 和 T_4 状态之间插入一个或几个等待状态周期 T_W。

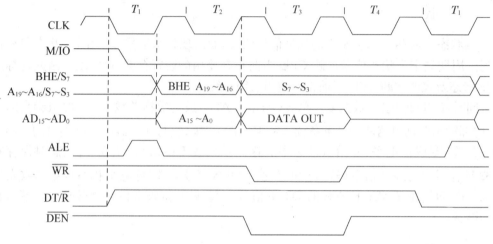

图 2-7-3　8086 写存储器或 I/O 端口时序

一、T_1 状态

$M/\overline{IO}$ 信号表明是对存储器还是对 I/O 端口进行操作。此电平一直保持到 T_4 状态才结束,同时由 $AD_{15} \sim AD_0$ 和 $A_{19}/S_6 \sim A_{16}/S_3$ 输出 20 位地址信息(及 8086 的 $\overline{BHE}$ 信号),并发出地址锁存信号 ALE。ALE 的下降沿将地址信号及 $\overline{BHE}$ 信号锁存到 8282;$DT/\overline{R}$ 确定传送的数据流方向,此时为高电平,使总线收发器 8286 的传送方向为向存储器,表明在发送数据状态。

二、T_2 状态

T_2 状态,地址数据复用总线 $AD_{15} \sim AD_0$ 成数据总线,输出 16 位(或 8 位)数据,此数据在数据总线上一直保持到 T_4 状态的中间。同时 CPU 的 $\overline{WR}$ 引脚(该信号与存储器或 I/O 端口的写控制端相连)信号有效(低电平),并保持到 T_4 状态的中间。

三、T_3 状态和 T_W 状态

写数据时,CPU 在 T_3 状态中测试 READY 信号,若 READY 为低电平,表明存储单元或 I/O 端口未准备好接收数据,CPU 将在 T_3 与 T_4 状态之间插入 T_W 等待状态;如果测试到 READY 为高电平,则表示存储器或 I/O 设备已就绪,下一状态转为 T_4。

T_W 状态的工作逻辑与读周期相同,只是 $\overline{RD}$ 信号改为 $\overline{WR}$ 信号,数据总线的传送方向相反。

四、T_4 状态

在 T_4 状态,利用 $\overline{WR}$ 信号的后沿(上升沿),将数据写到存储器或 I/O 端口。随后,数据在总线上消失,CPU 完成对存储器单元或 I/O 端口的一次写操作。

2.7.3 8086 最大模式下的总线读写周期

8086/8088 最大模式下的总线读周期如图 2-7-4 所示,最大模式下的总线写周期如图 2-7-5 所示。8086/8088 工作在最大模式时,要增设一个总线控制器 8288 芯片,此时,一些控制信号不再由 CPU 直接提供,而是改由总线控制器 8288 根据 CPU 的 $\overline{S2}$、$\overline{S1}$、$\overline{S0}$ 状态信号,通过其内部的状态译码器和命令信号发生器重构。在总线读操作时,8288 产生存储器读信号 $\overline{MRDC}$ 和 I/O 端口读信号 $\overline{IORC}$。在总线写操作时,通过总线控制器为存

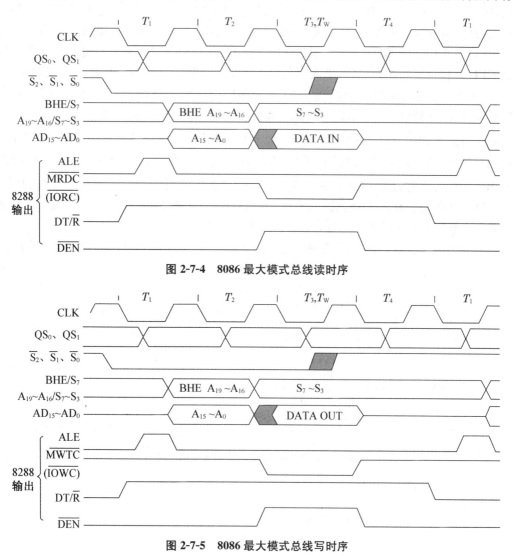

图 2-7-4 8086 最大模式总线读时序

图 2-7-5 8086 最大模式总线写时序

储器或 I/O 端口提供两组写信号,一组是普通的存储器写信号 $\overline{\text{MWTC}}$ 和普通的 I/O 写信号 $\overline{\text{IOWC}}$;另一组是提前一个时钟周期的存储器写信号 $\overline{\text{AMWC}}$ 和提前一个时钟周期的 I/O 端口写信号 $\overline{\text{AIOWC}}$。

最大模式下,总线读操作或写操作同样由 T_1、T_2、T_3 和 T_4 状态组成,当存储器或 I/O 设备未准备好时,同样在 T_3 和 T_4 状态之间插入一个或几个 T_W 状态。同样在 T_W 状态下不断检测 READY 信号,直至 READY 信号为高电平,结束 T_W 状态,进入 T_4 状态,完成读或写操作。因此,最大模式和最小模式下 8086/8088 的总线工作原理是相同的,只是控制信号不同。

2.7.4　中断响应周期

所谓(程序)中断是指由于某种原因,CPU 暂停当前正在执行的程序,转而执行一个特殊预置程序的过程。中断返回是指在完成这个特殊程序执行后,再返回到被暂停的程序,并从之前程序被暂停的地方(断点)继续执行的过程。当外部中断源通过 INTR 引脚向 CPU 发出中断请求时,如果中断允许标志位 IF = 1(即 CPU 处在允许外部中断状态),则 CPU 在执行完当前指令后,进入中断响应周期。中断响应周期包括两个总线周期,如图 2-7-6 所示。每个总线周期都从 CPU 的中断响应($\overline{\text{INTA}}$)引脚输出一个负脉冲,其宽度是从 T_2 状态开始,持续到 T_4 状态的开始(与 $\overline{\text{RD}}$ 或 $\overline{\text{WR}}$ 持续时间相同)。在响应中断的第一个总线周期中,利用 $\overline{\text{INTA}}$ 负脉冲通知中断控制器,CPU 已响应该中断请求。此时,中断控制器应准备好中断类型码,同时,CPU 使总线 $AD_{15} \sim AD_0$ 成高阻态。在响应中断的第二个总线周期的 $\overline{\text{INTA}}$ 负脉冲期间,中断控制器将中断类型码送到数据总线的低 8 位 $AD_7 \sim AD_0$ 上。在 $\overline{\text{INTA}}$ 后沿(上升沿),CPU 读入中断类型码,从中断矢量表中找到该设备的中断服务程序的入口地址,转入中断服务过程。

完成中断服务后,由中断服务程序的 IRET 指令返回到程序中断处,继续执行程序。

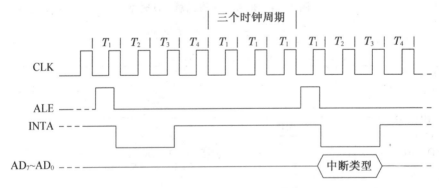

图 2-7-6　8086/8088 中断响应周期时序

2.8　指令的执行方式

一、顺序执行方式

从前面的指令时序已知,程序的执行过程是 CPU 从程序的入口地址(第一条指令)开始,逐条取出指令、执行指令;然后取出下一条指令、执行指令……,不断重复这个过程,直到程序中所有指令执行完毕。这种执行方式称顺序执行方式,它是指一条指令执行完成后,再开始执行下一条指令,如图 2-8-1 所示。

图 2-8-1　指令的顺序执行方式

二、重叠执行方式

为了提高 CPU 处理速度,8086/8088 中设计了指令队列缓冲器,它允许 CPU 在执行指令的过程中,并且系统总线空闲时,将后面要执行的指令预先取出。这种方式称为指令的重叠执行方式,如图 2-8-2 所示。重叠执行方式的特点是就每一条指令而言,其内部的操作过程仍然为顺序(串行)执行过程。从相邻两条指令来看,它们的某些操作是同时进行的,如图 2-8-2 所示,在执行第 i 条指令的同时,取第 $i+1$ 条指令。8086/8088CPU 中有一个由多个字节组成的指令缓冲队列,当 8086/8088 在执行当前指令,并且指令执行不需要外部的地址/数据总线支持时,即总线空闲时,将程序的下几条指令读到指令缓冲队列中。

重叠执行方式的优点是提高了指令的执行速度,缺点是技术上相对较复杂。

图 2-8-2　指令的重叠执行方式

三、流水线执行方式

重叠执行方式提高了指令的执行速度,但由于指令功能不同,执行时间也不同,因此总线仍有空闲时候。流水线执行方式是把指令的执行过程进一步分解为若干个子过程,分别由不同的硬件去执行。例如将指令的执行过程分为取指令、分析指令、取操作数和执行指令四个子过程。这种执行方式和工厂里的生产流水线类似,如图 2-8-3 所示。在执行第 i 条指令的同时,第 $i+1$ 条指令在取操作数阶段,第 $i+2$ 条指令处于指令分析阶段,第 $i+3$ 条指令正从存储器中取出。

Intel 80486 和 Pentium 系列 CPU 均使用了 6 步流水线结构：

第一步　取指令，CPU 从高速缓存或内存中取一条指令。

第二步　指令译码，分析指令性质。

第三步　地址生成，若指令要访问存储器中的操作数，操作数的地址也许要经过某些运算才能得到。

第四步　取操作数，再次访问存储器，读入操作数。

第五步　执行指令。

第六步　存储或"写回"结果，运算结果存放至某一内存单元或写回累加器寄存器 A。

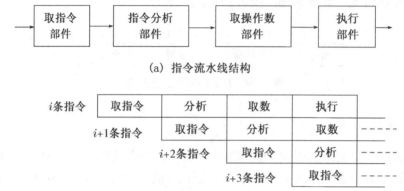

(a) 指令流水线结构

(b) 指令重叠执行

图 2-8-3　流水线执行方式

指令的流水线执行方式的特点是：就每条指令而言，其执行过程仍是顺序执行，即没有改变指令的执行时间。当子过程执行完毕，该部件即可开始下条指令的同一子过程的执行。流水线执行方式的优点很明显，程序执行速度明显加快。若将指令的执行过程分为 N 个子过程，则程序的执行时间缩短为几乎是顺序执行方式的 l/N。在理想情况下，每一子过程需要一个时钟周期，因此，采用流水线技术，在每一个时钟周期内就有一条指令执行完成。其缺点是硬件的结构复杂。为了实现流水线执行方式，必须仔细分析各条指令的算法，分解成基本相同执行时间的子过程。

四、微程序技术概念

计算机运行过程都是由硬件电路按指令功能，在一定的逻辑和时序控制下完成的。CPU 指令系统一旦设计好，要想改变其功能就很难。所谓微程序技术，就是将原来完全由硬件电路实现的指令执行过程改用软件（微程序）来实现。它将指令的每一步操作作为一个微命令，称为微指令。采用微指令编写程序，实现传统上的计算机指令。这种程序称为微程序。使用微程序技术后，实现一条传统意义上的指令，成为编写一段微程序的工作。因此，改变 CPU 指令系统就很方便。微指令采用硬件电路实现，由于微指令比传统的计算机指令更简单，因此，简化了 CPU 硬件电路，有利于加快微处理器的更新换代。

2.9　先进的计算机体系结构

数字计算机发展过程中,一直在改进计算机的结构,以期取得更优越的性能。开始阶段,计算机系统结构沿着复杂系统指令集(CISC)的发展思路前进,以增强指令系统的完整性,并通过加强指令的功能来提高计算机的性能。在这个发展过程中,发现计算机结构越来越复杂,指令系统越来越庞大,但是这样设计出的计算机系统的性能并没有明显的提高。经过分析,人们发现 CISC 结构计算机中存在下述问题:

(1) 20%与80%规律。在 CISC 指令集中,各类指令的利用率相差悬殊。大量统计数据表明,只有20%的指令使用率高,它们占据了 CPU 80%的处理器时间;而其余80%的指令只占据20%的处理器时间。

(2) VLSI(超大规模集成电路)发展中的问题。由于大量复杂指令的实现逻辑相当困难,导致生产成本高。

(3) 软、硬件功能的分配。硬件与软件在逻辑上是等价的,除基本的指令必须用硬件实现外,许多较为复杂的指令,可通过硬件实现,也可以用软件来实现,关键在于总的代价哪一个更高。CISC 系统简化了软件,但增加了硬件的复杂度。而为了实现某些功能,要求这些指令功能很复杂。为了顾及这类指令的实现,时钟周期要延长,导致整个指令集的执行时间延长,而这类指令在大部分应用中又不一定用到。因此,对这类这些指令采用软件实现,比用硬件实现更合适。

鉴于以上实际情况,从20世纪80年代,计算机界提出了一条新的设计思路,即精简指令集系统结构(RISC)。RISC 的主要思路是:在 CISC 指令系统中,挑选出一个指令子集,对这个子集进行精心设计。该子集包含的指令具有如下特点:

① 使用频度高,都属于20%中的指令;

② 易于实现,特别适合 VLSI 的实现;

③ 对其他指令,可用这些选中的指令的组合(软件)来实现。

通过精心设计,降低处理器逻辑的复杂度,提高处理器执行指令的速度,使处理器达到很好的性能/价格比。

实践证明,这一思路是正确的。20纪80年代后期设计的处理器大多采用了这种设计思想。即使原来是 CISC 类型的处理器系列(比如 Intel 的 8086/8088 等),在设计新机型时,也采用了 RISC 的设计思想(比如 Pentium)。

采用 RISC 的思想成功的芯片的典型代表是 ARM(Advanced RISC Machine)芯片,一般用于嵌入式系统。ARM 处理器是一种32(或16)位高性能、低成本、低功耗的RISC 微处理器。它由 ARM 公司设计,然后授权给半导体厂商生产,目前已成为应用最广泛的嵌入式微处理器,有 ARM7、ARM9、ARM10 等不同系列。

1. 微处理器、微机和微型计算机系统三者之间有什么不同?

2. 简述 CPU 的组成部分和各部分的功能。

3. 简述微处理器的性能指标。

4. 微型机主要由哪些基本部件组成？各部件的主要功能是什么？

5. 微机接口的作用是什么？

6. 什么是微机的系统总线？分为哪几类？作用是什么？

7. 简述计算机的工作过程。

8. 8086/8088 微处理器由哪几部分组成？各部分的功能是什么？

9. 简述 8086/8088CPU 的寄存器组织。

10. 什么是堆栈？堆栈主要应用在什么地方？

11. 试述 8086/8088CPU 的标志寄存器中各位的含义与作用。

12. 解释段基值、偏移地址、物理地址、逻辑地址和有效地址。

13. 已知段地址和偏移地址分别为 8001H 和 00F1H，此存储单元的物理地址是什么？

14. 说明 8086CPU 引脚信号中 $M/\overline{IO}$、$DT/\overline{R}$、$\overline{RD}$、$\overline{WR}$、ALE、$\overline{DEN}$ 和 $\overline{BHE}$ 的作用。

15. 读指令和写指令，其操作分别是什么？有什么不同？

16. 当 ALE 有效时，8088 的地址/数据线上将出现什么信息？

17. Intel 8282 芯片在系统中它的作用是什么？

18. Intel 8286 芯片的作用是什么？

19. 什么是逻辑地址？什么是物理地址？在 8086/8088CPU 系统中如何由逻辑地址计算物理地址？

20. 比较 8086/8088CPU 在最小模式和最大模式时信号线有哪些不同？

21. 8086/8088CPU 实际利用哪几条地址线来访问 I/O 端口？最多能访问多少个端口？

22. 8086/8088CPU 系统总线中，为何要对地址总线锁存？

23. 8086/8088CPU 的 READY 引脚信号在总线操作中的作用是什么？

24. 总线驱动器和总线缓冲(栓锁)器的特点各是什么？

第三章

🖥️)) 8086/8088 指令系统

尽管现代计算机系统发展很快,但其基本原理仍然是美国数学家冯·诺依曼(Von Neumann)教授提出的"存储程序、顺序执行"。不同类型的 CPU 有不同的指令系统,程序的格式也不同,但计算机指令、指令系统、程序等基本概念是完全相同的,它们的工作方式和执行过程也基本相同。本章以 8086/8088 微处理器为代表介绍指令系统。

3.1 指令与寻址方式

用通俗的话来说,指令就是指挥计算机硬件按一定的操作方法对运算数进行操作的命令。指令是一组特定的二进制编码,该编码通过指令解码电路(ID)成为控制不同逻辑电路(微操作电路)的电信号,在时序电路的驱动下,完成某一特定的工作。CPU 的指令系统就是专门设计的特定的二进制编码的集合。如 8086/8088 微处理器中有一条指令,其二进制代码形式为:

 1011 1000 1010 0110 1101 0001$_{(B)}$ (1)(后缀 B 表示为二进制数,下同)

 用十六进制可写为:B8A6D1$_{(H)}$ (后缀 H 表示为十六进制数,下同)

该组二进制编码实现的功能是将 16 位立即数 D1A6H 送到寄存器 AX 中。这种二进制代码形成的指令既不容易理解,也不容易记忆,为此,采用容易理解和记忆的形式符号来表示指令,这种符号称为"助记符",采用助记符,上述指令可写成:

     MOV AX,0A6D1H   (2)

其中,MOV 为指令的操作码助记符,AX,0A6D1H 称为操作数助记符。这种用助记符表示的指令叫汇编语言指令或符号指令。要注意的是式(2)中的形式是为了让人们理解指令的含义,CPU 能执行的指令仍是式(1)。汇编语言就是将人们容易理解的(2)式转换为 CPU 能执行的(1)式的一种工具。

3.1.1 指令格式

一、操作码与操作数

绝大部分的指令都由操作码和操作数两部分组成:操作码说明要执行的操作,如数据传送、算术运算、逻辑运算等等;操作数则指明数据的来源以及结果的去向等。如指令:

$$\text{MOV} \quad \text{AX},0\text{A6D1H}$$

MOV 为操作码,说明是传送数据操作,AX 和 0A6D1H 是操作数,其中 AX 表明传送的数据的目的地,这里的 0A6D1H 为要传送的数据。在有些指令中操作数用它的存储单元的地址来表示,如:

$$\text{MOV} \quad \text{AH},\text{AL} \tag{3}$$

同样是传送数据操作,该指令的意义是将寄存器 AL 中的数据传送到寄存器 AH 中。因此,操作数也称为地址码。

不同的处理器有不同的指令组成格式和位数,有的处理器指令位数相同,有的处理器指令位数不相同。8086/8088 微处理器指令系统采用不同字长(位数)的指令格式。8086/8088 最短的指令仅一个字节,最长的指令由六个字节组成。

二、操作数的类型

操作数就是参与运算或要加工处理的数据,指令中的操作数部分说明操作数获得的方法,通常用操作数地址来反映,因此,操作数也称为地址码。在计算机系统中,数据可存放的三种区域:寄存器、存储器(包括堆栈)和指令区(代码区)。

1. 立即操作数

指令中要处理的数据直接出现在指令中,作为指令的组成部分,如(1)式中的 0A6D1H。操作数直接写在指令中,而指令存放在指令区(代码区),这类操作数在程序执行过程中不会改变,总是以常数的形式出现,称为立即操作数,简称立即数。

2. 寄存器操作数

操作数存放在 CPU 内部的某个寄存器中,根据寄存器的地址(名称)即可寻到操作数。如(2)式中的 AL 为 CPU 中通用寄存器 AX 的低字节寄存器的名称,它的内容才是真正要传输的数据。8086/8088 有一个寄存器阵列,这些寄存器都可以存放操作数,如 AX(AH、AL),BX(BH、BL),CX(CH、CL),DX(DH、DL)等。

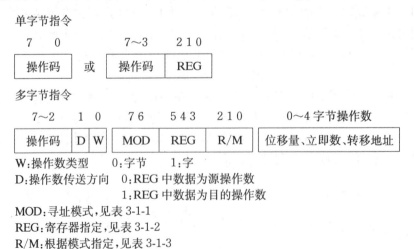

W:操作数类型 0:字节 1:字
D:操作数传送方向 0:REG 中数据为源操作数
1:REG 中数据为目的操作数
MOD:寻址模式,见表 3-1-1
REG:寄存器指定,见表 3-1-2
R/M:根据模式指定,见表 3-1-3

图 3-1-1 8086/8088 指令格式

3. 存储器操作数

存放在内存的某个单元中,并根据内存地址访问的数称为存储器操作数。此外,存储器操作数还可存放在堆栈中,用栈操作指令访问。堆栈是一种特殊的内存存储区,只是它的存取方式比较特殊,在后面介绍。

4. 指令中的地址操作数

在各种转移指令中,操作数代表的是一个地址。它也分为直接在指令中、在指定的寄存器中或在指定的存储器单元中三种。直接在指令中的地址操作数代表了一个地址,称为直接方式;后两种情况,转移指令中指明的寄存器或存储单元中的内容才是真正要转移到的地址,由于指令中不直接指明转移地

表 3-1-1　MOD 字段编码表

MOD		寻址方式
0	0	存储器寻址,无偏移量
0	1	存储器寻址,有 8 位偏移量
1	0	存储器寻址,有 16 位偏移量
1	1	存储器到寄存器寻址,无偏移量

址,而要根据寄存器或存储单元中的内容指明转移地址,因此,被称为间接寻址方式。

三、指令格式

不同的 CPU 指令格式不同。8086/8088 CPU 的指令格式如图 3-1-1 所示,指令可由 1～6 字节组成。其中,单字节指令分两类,一类仅有操作码,没有操作数(地址码),如 WAIT、NOP 等指令。另一类带有一个操作数,但它限制为 CPU 内部的寄存器。

多字节指令的构成相对复杂得多,除了操作码外,还有 5 个特定的指令控制特征码(MOD 域和 REG 域),因此,操作码由两个字节组成。操作数部分可由 0～4 个字节的操作数域组成,见图 3-1-1 中多字节指令格式。指令控制特征码中的 MOD 域为两位,

表 3-1-2　REG 字段编码表

REG	W = 1(字操作)	W = 0(字节操作)
000	AX	AL
001	CX	CL
010	DX	DL
011	BX	BL
100	SP	AH
101	BP	CH
110	SI	DH
111	DI	BH

它定义了存储器或寄存器寻址模式,其含义见表 3-1-1 所示。REG 域为三位,用于选择寄存器。8086/8088 的 AX、BX、CX、DX 这四个 16 位的通用寄存器都可拆分为高字节与低字节两个 8 位的寄存器,而 SP、BP、SI、DI 这 4 个 16 位的寄存器不能拆分。REG 内容与指令第一个字节中的 W 位(bit0)组合可产生 16 种指定寄存器的方式,见表 3-1-2 所示。

R/M 域与模式域联合指定计算操作数地址的方法和所用的寄存器见表 3-1-3 所示。

表 3-1-3　MOD 与 R/M 字段组合及其他地址计算

MOD = 11			MOD≠11			
R/M	W = 1	W = 0	R/M	无偏移量 MOD = 00	带 8 位偏移量 MOD = 01	带 16 位偏移量 MOD = 10
000	AX	AL	000	[BX + SI]	[BX + SI + DS]	[BX + SI + D16]
001	CX	CL	001	[BX + DI]	[BX + DI + DS]	[BX + DI + D16]
010	DX	DL	010	[BP + SI]	[BP + SI + DS]	[BP + SI + D16]
011	BX	BL	011	[BP + DI]	[BP + DI + DS]	[BP + DI + D16]
100	SP	AH	100	[SI]	[SI + DS]	[SI + D16]
101	BP	CH	101	[DI]	[DI + DS]	[DI + D16]
110	SI	DH	110	[BP]	[BP + DS]	[BP + D16]
111	DI	BH	111	[BX]	[BX + DS]	[BX + D16]

3.1.2　8086/8088 的寻址方式

所谓寻址方式就是操作数地址的形成方法。如前所述,8086/8088CPU 提供了丰富的寻址方式,操作数可以存放在指令区(程序区)、存储器区和寄存器区三个地方,指令中如何说明操作数存放的地方,就是寻址方式所要解决的问题。

8086/8088 确定操作数地址的方式有立即寻址、直接寻址、寄存器寻址、寄存器间接寻址、变址寻址和基址加变址寻址等。

指令中若有两个操作数,则不管第一个操作数是否参加运算,它都是存放结果的目的操作数,而第二个操作数为源操作数。寻址方式都是针对源操作数而言的。

1. 立即寻址(Immediate Addressing)

这种寻址方式中,指令的操作数直接包含在指令中,即操作码后面紧跟着的一个或两个字节就是实际操作数(又称立即数)。该操作数作为指令组成的一部分,存在指令区(程序区)中。例如:

　　　MOV　AX,1234H　　　;AX←1234H

指令中的 1234H 就是立即数,它紧随操作码之后,在代码段区域中存放位置如图3-1-2 所示。立即寻址方式中的立即数可以是 8 位二进制数,也可以是 16 位二进制数。

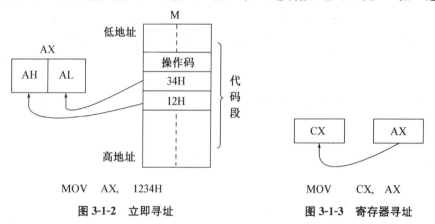

　　　MOV　AX,　1234H　　　　　　　　MOV　　CX,　AX

图 3-1-2　立即寻址　　　　　　　　　　图 3-1-3　寄存器寻址

若是 16 位数,则高 8 位存放在高地址。立即数是在编写程序时指定的数据,而程序代码在执行时不会改变,因此,这类数据都为常数。

2. 寄存器寻址(Register Addressing)

寄存器寻址方式中,操作数存放在 CPU 内部的寄存器中,如图 3-1-3 所示。

例 3-1-1

      MOV   CX,AX   ;AX 寄存器的内容送到 CX 寄存器

3. 直接寻址(Direct Addressing)

直接寻址方式中,操作数地址的 16 位偏移量直接在指令中,它与操作码一起存放在代码段区域中。而真正的操作数在存储器的数据段区域中,操作数的实际地址为数据段寄存器 DS 左移 4 位,加上指令中这 16 位的偏移量,如图 3-1-4 所示。

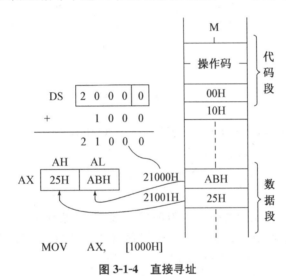

图 3-1-4 直接寻址

例 3-1-2

      MOV   AX,[1000H]   ;将数据段内偏移量为 1000H 的数据传送到寄存器 AX 中

与立即寻址不同,这里 1000H 带括号[ ],它表示 1000H 是一个地址(偏移量),若没有括号,则 1000H 为立即数。假定段寄存器 DS＝2000H,则操作数地址为[DS]×10H＋1000H＝21000H。该操作数实际占用 21000H 和 21001H 两个字节的存储单元。这种寻址方式是以数据段寄存器 DS 的地址为基址,操作数的寻址范围为 64K 字节。

4. 寄存器间接寻址(Register Indirect Addressing)

寄存器间接寻址方式中,操作数所在内存单元地址的 16 位偏移量可存放在四个寄存器(SI,DI,BP 和 BX)的某一个中。若以 SI、DI 存放操作数地址,这种寻址方式称变址寻址(Index Addressing),当用 BX、BP 存放操作数地址时,称基址寻址(Based Addressing)。尽管 SI 称为源变址寄存器,DI 称为目的变址寄存器,在变址寻址时,它们都可以作为源操作数地址,也可作为目的操作数地址。

当采用 SI 或 BX 间接寻址时,默认的段地址用段寄存器 DS,操作数存放的实际地址

为数据段寄存器 DS 中的数据左移 4 位,再加上由 SI 或 BX 中保存的 16 位偏移量。采用 DI 间接寻址时,默认的段地址用段寄存器 ES,操作数的实际地址为数据段寄存器 ES 中的数据左移 4 位,再加上由 DI 中保存的 16 位偏移量。而用 BP 间接寻址时,默认的段地址在 SS 寄存器中,如图 3-1-5 所示。

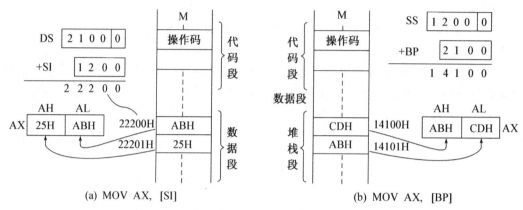

图 3-1-5 寄存器间接寻址

例 3-1-3 假定各寄存器 DS = 2100H, ES = 3000H, SS = 1200H, SI = 1200H, DI = 1000H, BP = 2100, BX = 0200H,指令:

$$MOV \quad AX, [SI] \tag{1}$$
$$MOV \quad [SI], AX \tag{2}$$

上述指令将寄存器 SI 中的内容作为偏移量,以数据段寄存器 DS 为段基地址,指令 (1)将数据段内该地址单元中的数据送 AX 寄存器,指令(2)将 AX 寄存器中的数据送数据段内该地址单元中。操作数存储的实际地址均为:

$$[DS] \times 10H + [SI] = 2100H \times 10H + 1200H = 22200H$$

指令:

$$MOV \quad AX, [DI] \tag{3}$$
$$MOV \quad [DI], AX \tag{4}$$

指令(3)、(4)功能与(1)、(2)类似,只是将寄存器 DI 中的内容作为偏移量,以扩展段寄存器 ES 为段基地址。操作数存储的实际地址均为:

$$[ES] \times 10H + [DI] = 3000H \times 10H + 1000H = 31000H$$

$$MOV \quad AX, [BP] \tag{5}$$
$$MOV \quad [BP], AX \tag{6}$$

指令(5),(6)将基址指针寄存器 BP 中的内容作为偏移量,以堆栈段寄存器 SS 为段基地址,该指令为对堆栈段内该地址中的数操作。操作数存储的实际地址为:

$$[SS] \times 10H + [SI] = 1200H \times 10H + 2100H = 14100H$$

若不特别声明,当采用 SI 或 BX 进行间接寻址时,默认的段地址寄存器为 DS;用 DI 进行间接寻址时,默认的段地址寄存器为 ES。8086/8088CPU 也可以特别指定其他的段寄存器作为间接寻址的段地址寄存器。这种指令称为段超越指令,如图 3-1-6 所示。

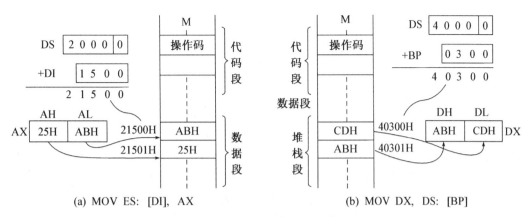

(a) MOV ES: [DI], AX   (b) MOV DX, DS: [BP]

图 3-1-6 寄存器间接寻址(段超越)

例 3-1-4

    MOV   DS:[DI],AX   ;段超越指令,指定寄存器 DS 为段寄存器

    MOV   DX,ES:[BP]   ;段超越指令,指定寄存器 ES 为段寄存器

当需要用非默认的段寄存器,指令中必须指明所用的段寄存器。上述两个指令,CPU 访问的内存单元的地址分别为

$$[DS] \times 10H + DI \text{ 和} [ES] \times 10H + BP$$

假定 DS = 4000H,ES = 2000H,DI = 1500H,BP = 300H,则目的操作数[DI]和源操作数[BP]的地址分别为:

$$4000H \times 10H + 1500H = 41500H$$

$$2000H \times 10H + 300H = 20300H$$

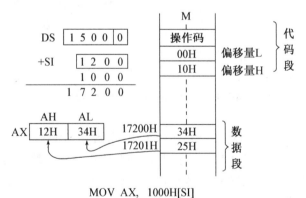

MOV AX, 1000H[SI]

MOV AX, [SI+1000H]

图 3-1-7 寄存器相对寻址

5. 寄存器相对寻址(Index Addressing)

所谓寄存器相对寻址,有时也称变址寻址,就是以指定的寄存器中的内容,加上指令中给出的 8 位或 16 位偏移量(必须要以一个段寄存器作为基地址)作为操作数的地址,可作为变址寻址的寄存器也是 SI,DI,BX,BP 四个寄存器。变址寻址示意图如图 3-1-7

所示。

例 3-1-5

    MOV   AX,1000H[SI]   或写作

    MOV   AX,[SI+1000H]

若 SI = 1200H,DS = 1500H,则操作数地址为 1500H × 10H + 1200H + 1000H = 17200H

默认情况下,指定的段寄存器与寄存器间接寻址相同,若用 SI 和 BX 作为变址寄存器,用数据段寄存器 DS;若用 DI 作为变址寄存器,用扩展数据段寄存器 ES;若用 BP 作为变址寄存器,用堆栈段寄存器 SS。

从操作数地址形成过程可见寄存器间接寻址实际是变址寻址偏移量为 0 的特殊情况。因此,寄存器相对寻址与寄存器间接寻址相同,也有段超越形式。

6. 基址加变址寻址方式(Based Indexed Addressing)

在 8086/8088 中,将 BX 和 BP 看作基址寄存器,把 SI 和 DI 看作变址寄存器,把这两种寻址方式组合起来,形成一种新的寻址方式,称为基址加变址寻址。这种寻址方式是把基址寄存器(BX 或 BP)的内容加上变址寄存器(SI 或 DI)的内容,再加上指令中指定的 8 位或 16 位偏移量(要以一个段寄存器作为地址基址),作为操作数的地址,如图 3-1-8 所示。

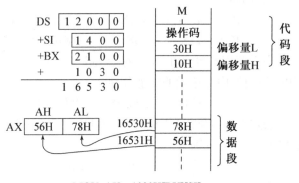

MOV AX, 1030H[BX][SI]
MOV AX, [BX+SI+1030H]

图 3-1-8 基址加变址寻址方式

例 3-1-6

    MOV   AX,1030H[BX][SI]   或写成

    MOV   AX,[BX+SI+1030H]

若 BX = 2100H,SI = 1400H,偏移量为 1030H,DS = 1200H,则源操作数地址为 16530H。

$$([BX]+[SI]+1030H+[DS] \times 10H)$$

一般情况下,基址加变址寻址方式由基址寄存器决定哪个段寄存器作为地址基准。若用 BX 作为基址寄存器,则段寄存器为 DS,操作数在数据段区域中。若用 BP 作为基址寄存器,则段寄存器为 SS,操作数在堆栈段区域中。若在指令中指明是段超越的,也可用其他段寄存器作为地址基准。

8086/8088CPU 对存储器采用的是分段管理模式。对一条指令而言,内存操作数只能在 64K 字节的范围内,至于在存储器的哪个分段内,应根据寄存器间址、变址与基址加变址等模式确定。8086/8088CPU 有一个基本约定,只要在指令中不特别说明要超越这个约定,则缺省情况就按这个基本约定寻找操作数,这就是所谓的缺省(default)状态。同样,段超越也有约定。表 3-1-4 是 8086/8088 中的基本约定和允许段超越的说明。

表 3-1-4 访问存储器时段寄存器的约定

存储器操作类型	约定段寄存器	可修改的段寄存器	偏移地址寄存器
取指令	CS	无	IP
堆栈操作	SS	无	SP
源串	DS	CE ES SS	SI
目的串	ES	无	DI
直接寻址	DS	CS ES SS	有效地址
间接(及变址)寻址	DS	CS ES SS	SI、BX
	ES	CS DS SS	DI
	SS	CS DS ES	BP
基址 + 变址寻址	DS	CS ES SS	BX + SI(或 DI)
	SS	CS DS ES	BP + SI(或 DI)

3.2 8086/8088 指令系统

寻址方式表述了计算机指令系统中操作数的取得方式。指令系统的操作码则表述了计算机能执行的基本动作,也描绘了计算机"逻辑"运算方面的能力。不同的处理器的指令系统不相同,但它们的指令的基本类型、寻址方式等是有共性的。指令系统一般都可由如下的几种基本类型所组成。

按指令的功能分类,8086/8088 有如下几种。

1. 数据传送类指令(只进行传送而不改变数值)

这一类指令主要包括:寄存器之间传送指令、寄存器与存储器之间传送指令、堆栈操作指令和输入输出指令等。

2. 数据处理类指令

这一类指令主要包括:算术运算指令、逻辑运算指令、移位与循环指令、比较指令、位操作指令等。

3. 程序控制类(即转移控制)指令

这一类指令包括:无条件转移指令、条件转移指令、子程序调用与返回指令、中断及中断返回指令等。

4. 处理器控制类指令

这一类指令包括:标志或状态位控制指令、特权指令、暂停指令和空操作指令。

5. 其他指令

这一类指令随微处理器不同而差别很大。因为这类指令大都为提高效率和处理速度或简化程序而设的,例如,串处理指令、高速缓存(cache)处理指令等。

3.2.1 数据传送指令

传送类指令可分为:

➢ 通用数据传送指令：MOV；

➢ 交换指令：XCHG；

➢ 堆栈操作指令：PUSH，POP；

➢ 地址传送指令：LEA，LDS，LES；

➢ 累加器专用传送指令：IN，OUT；

➢ 查表转换指令 XLAT；

➢ 标志寄存器传送指令：LAHF，SAHF，PUSHF，POPF。

一、通用数据传送指令

MOV 传送指令

指令格式：MOV   DST，SRC

指令功能：DST ← （SRC）

这里，DST：目的操作数   SRC：源操作数

这类指令不影响标志寄存器状态。

例 3-2-1   立即数向通用寄存器传送。

MOV   CL，055H   ;立即数 055H 传送到 8 位寄存器 CL 中

MOV   AX，1234H   ;立即数 1234H 传送到寄存器 AX 中

例 3-2-2   立即数向内存单元传送。

MOV [BX]，1234H   ;立即数 1234H 传送到以段寄存器 DS 内容为基准，以 BX
                        内容为偏移量的存储器单元中，寄存器间接寻址模式

若段寄存器 DS＝1000H，BX＝0016H，则指令执行完之后存储单元 10016H 的内容
是 34H，10017H 单元的内容为 12H。

例 3-2-3   通用寄存器之间传送。

MDV   SI，BP   ;结果[SI]＝[BP] （SI 中的值与 BP 中的值相同），寄
                        存器寻址

MOV   CX，AX   ;结果[CX]＝[AX]

MOV   AL，AH   ;结果[AL]＝[AH]

例 3-2-4   通用寄存器与段寄存器之间传送。

MOV   DS，BX   ;结果[DS]＝[BX]

MOV   DX，ES   ;结果[DX]＝[ES]

通用寄存器与段寄存器之间只能进行字传送，并且程序中不能直接对代码段寄存器
CS 赋值。

例 3-2-5   段寄存器与内存单元之间的传送。

WMOV DS，[SI＋BX]   ;以 SI 和 BX 中内容之和为偏移量，DS 为段地址，将该
                        字地址中的数据传送到数据段寄存器 DS，基址加变
                        址寻址，只能进行字传送

例 3-2-6   内存单元与通用寄存器之间的传送。

MOV AX，[2000H]   ;将以[DS]为段地址，2000H 为段内偏移地址的内存单

元中的数据送 AX 寄存器

使用 MOV 指令应注意以下几点：

① 立即数只能作为源操作数，不能作为目的操作数。

例 3-2-7

```
    MOV    1000H,AX      ;错误，目的操作数为立即数
    MOV    ［1000H］,AX    ;正确，将 AX 中数据传送到以 DS 为段寄存器,偏移量
                          为 1000H 的存储器单元
    MOV    AX,1000H       ;正确,将立即数 1000H 传送到 AX 寄存器中
```

② CS 只能作为源操作数，不能作为目的操作数。

例 3-2-8

```
    MOV    CS,AX          ;错误
    MOV    AX,CS          ;正确
```

③ CPU 中的寄存器除指令指针 IP 外都可通过 MOV 指令读访问。

④ 立即数不能直接传送到段寄存器,但可通过其他寄存器或堆栈传送。

例 3-2-9

```
    MOV    DS,1000H       ;错误
```

而

```
    MOV    AX,1000H
    MOV    DS,AX          ;正确
    MOV    ES,AX          ;正确
```

⑤ 两个段寄存器之间不能直接传送。

例 3-2-10

```
    MOV    DS,ES          ;错误
```

若要将 ES 中数据拷贝到 DS,可利用通用数据寄存器。

```
    MOV    AX,ES
    MOV    DS,AX
```

⑥ 两个内存单元之间不能直接传送,这是因为 8086/8088CPU 的任何一条指令最多只能有一个内存操作数。

例 3-2-11

```
    MOV    ［1000H］,［2000H］      ;错误
```

同样,可利用通用数据寄存器实现两个内存单元之间的数据传送。

此外,传送数据还应注意数据类型。

例 3-2-12

```
    MOV    AX,BL          ;错误,数据类型不匹配
```

例 3-2-13 下列三条指令都正确,但执行结果不同。

```
    MOV    AX,［1000H］    ;将内存地址 1000H、1001H 两个单元的数据送 AX,其
                          中 1000H 送到 AL 中,1001H 送到 AH 中
    MOV    AL,［1000H］    ;8 位数据传送,内存地址 1000H 单元的数据送 AL
```

  MOV AH,[1001H] ;8位数据传送,内存地址1001H单元的数据送AH,这两条指令执行结果与第一条效果相同

因此,存储器传送要根据寄存器确定传送位数。

二、XCHG 交换指令

寄存器与寄存器,或寄存器与存储器单元之间进行数据交换(Exchange)。

指令格式:XCHG OPR1, OPR2

指令功能:OPR1 $\longleftrightarrow$ OPR2

本指令将两个指定的寄存器或寄存器与存储单元的内容相互交换,可进行8位或16位交换。该指令不影响标志寄存器。段寄存器的内容不能交换。

例 3-2-14

  XCHG BX,[BP+SI] ;[SS] * 10H+[BP]+[SI]$\longleftrightarrow$[BX]

  XCHG CX,SI   ;[SI]$\longleftrightarrow$[CX]

  XCHG AX,DS   ;错误,段寄存器的内容不能交换

  XCHG AX,ES:[70H] ;正确,[AX]$\longleftrightarrow$ES为段地址,偏移量为70H单元的内容

三、栈操作指令 PUSH 和 POP

  堆栈是在内存中按照后进先出原则组织的一个专门区域。它只有一个指针SP和堆栈段寄存器SS,有了存储区域与堆栈指针就可以组成堆栈。8086/8088CPU规定SP始终指向堆栈的顶部。SP的初值,通常在程序开始时,应使用传送指令

    MOV SP,data

来设置堆栈指针(data一般为常数)的初值,并且在程序执行过程中一般不再重新设置SP的值。

  堆栈操作指令分为两类:把数据推入堆栈的指令PUSH和将数据从堆栈里弹出的指令POP,它们的操作数都只能为字(16位)。堆栈用段寄存器SS作段基地址。指令的工作过程见表3-2-1所示。

  1. 压入堆栈指令 PUSH SRC

本指令将指定的寄存器或存储单元的内容压入到栈顶。指令分两步执行:

先 SP-2→SP,然后把数据送至SP所指单元。

表 3-2-1 8088 堆栈操作过程

	压栈指令 PUSH	弹出指令 POP
格式 功能 (工作过程)	PUSH SRC $SP \leftarrow (SP)-2$ $((SP)) \leftarrow (SRC)_L$ $((SP)+1) \leftarrow (SRC)_H$	POP DST $(DST)_L \leftarrow ((SP))$ $(DST)_H \leftarrow ((SP)+1)$ $SP \leftarrow (SP)+2$

该两条指令均不影响标志寄存器。

8086/8088的PUSH和POP指令都只能进行16位操作。8088为准16位CPU,每

次只能传送 8 位数据,因此,要分两次操作,并且是先压低字节数据到偶地址单元,再压高字节数据到奇地址单元,见表 3-2-1 所示。

例 3-2-15　执行指令　PUSH　AX

若执行前:AX = 1256H,SS = 2F00H,SP = 1000H

则指令执行后:SP = 0FFEH,SS = 2F00H,AX = 1256H

注意:压栈前后,AX 中内容不变。

2. 弹出堆栈指令　　POP　DST

弹出指令执行过程与压入过程正好相反,弹出数据也分两步执行:先弹出栈顶数据,然后修改 SP,即 SP + 2→SP。

8088CPU 同样要分两次操作,完成弹出数据过程,并且也是先弹出低字节数据到偶地址单元,再弹出高字节数据到奇地址单元,见表 3-2-1 所示。

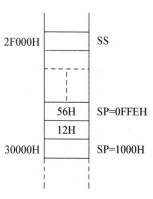

例 3-2-16　执行指令

　　PUSH　AX

　　POP　BX

就把 AX 数据经过堆栈操作送到了 BX 寄存器中,经过一次压入和一次弹出后,SP 指针不变。

图 3-2-1　堆栈操作

四、地址传送指令

8086/8088CPU 有三种地址传送指令:传送有效地址指令 LEA(Load Effective Address),有效地址送寄存器,段地址送 DS 指令 LDS(Load DS with Pointer)和有效地址送寄存器,段地址送 ES 指令 LES(Load ES with Pointer)。其格式与功能见表 3-2-2 所示。

表 3-2-2　地址传送指令

	LEA 指令	LDS 指令	LES 指令
格式	LEA　REG,SRC	LDS　REG,SRC	LES　REG,SRC
功能	REG←SRC 的偏移量	REG←(SRC) DS←(SRC + 2)	REG←(SRC) ES←(SRC + 2)
搭配		REG 通常为 SI 寄存器	REG 通常为 DI 寄存器

三条指令均不影响标志寄存器。

例 3-2-17　若执行前 BX = 1800H,SI = 20EH,内存地址 1A1EH 单元中的数据为 7890H。

　　　LEA　BX,[BX + SI + 10H]

　　　MOV　BX,[BX + SI + 10H]

执行 LEA 指令后,BX = 1800H + 20EH + 10H = 1A1EH,而执行 MOV 指令后,

BX = 7890H。

两条指令的寻址方式是基址加变址,当前者是将 BX、SI 和指定的偏移量之和的值(地址)传送到目的寄存器中,而后者是根据基址加变址方式,将它们所对应的存储单元的内容传送到目的寄存器。

例 3-2-18

　　LDS　SI,[20H]

若执行前 DS = B000H,则存放操作数地址的单元为 B0020H、B0022H。假定(B0020H) = 0180H,(B0022H) = 2000H,则指令执行后 SI = 0180H,DS = 2000H。

本指令在将地址传送到目的寄存器 SI 的同时,也改变了数据段寄存器 DS 的内容。

例 3-2-19

　　LES　DI,[BX]

若执行前 DS = C000H,BX = 060AH,则存放地址的单元为 C060AH、C060CH。

假定(C060AH) = 06BEH,(C060CH) = 4567H,则指令执行后 DI = 06BEH,ES = 4567H。

本指令功能与上一条相同,只是段寄存器改为扩展段寄存器 ES。

五、端口 I/O 指令

8086/8088 只有两条端口操作指令,IN、OUT。端口操作指令的执行过程与数据传送指令中的对存储器读写过程十分相似,只是端口操作指令的范围为 64K(只用低 16 位地址线),因此,该指令访问的端口地址范围为 0000H~FFFFH。另一区别是 M/IO 引脚逻辑不同(对端口操作时 8086 为 M/$\overline{\text{IO}}$,低电平)。

指令中 PORT 可用 8 位立即数形式表示,这一点与 MOV 指令不同,它不表示立即数,而是表示该端口的序号。当 I/O 口地址超过 8 位时,指定用 DX 寄存器的内容作为端口地址(16 位)。根据目的寄存器或源寄存器,将端口地址的 8 位或 16 位数据输入到寄存器或从端口输出。

表 3-2-3　端口 I/O 指令的格式和功能

	端口输入指令 IN	端口指出指令 OUT	说明
格式	IN　AL,PORT/DX	OUT　PORT/DX,AL	字节
	IN　AX,PORT/DX	OUT　PORT/DX,AX	字
功能	AL←(PORT)	PORT←(AL)	字节
	AL←(DX)	(DX)←(AL)	
	AL←(PORT) AH←(PORT+1)	PORT←(AL) PORT+1←(AH)	字
	AL←((DX)) AH←((DX)+1)	(DX)←(AL) (DX)+1←(AH)	

该两条指令均不影响标志寄存器。

例 3-2-20 假设 DX=1234H,端口 1234H 在 I/O 缓冲器中的内容低字节是 73H,高字节是 0F4H,执行指令

IN AX,DX	;结果 AL=73H,AH=F4H
IN AL,DX	;这时,只读入一个字节,结果 AL=73H,AH 内容不变

例 3-2-21

IN AX,28H	;将端口地址为 28H,29H 的内容读入寄存器 AX

> **注意:**这里 28H 不是立即数,而是端口地址。

例 3-2-22

OUT 5,AL	;将 AL 的内容输出到端口 5,同样这里 5 表示端口而不是立即数

六、查表换码指令 XLAT

指令格式:XLAT OPR 或 XLAT (OPR 只是增加可读性,指令中未用)

指令功能:(AL)←((BX)+(AL))

XLAT 指令是一条单字节指令,它不仅寻址方式是固定的,目的寄存器也是固定的,指令的寻址过程如下:

第一步 将 AL 中内容加上 BX 寄存器中内容;

第二步 将加得的结果作为偏移地址,段地址为 DS;

第三步 将该单元内容送 AL。

例 3-2-23

若 AL=2DH,BX=1000H,执行指令

XLAT

将存储单元 DS:102DH 的内容"-"装入到 AL 中。

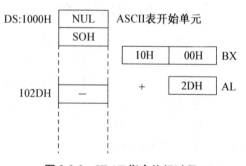

图 3-2-2 XLAT 指令执行过程

这一指令常用于这种情况(如图 3-2-2),即 BX 寄存器中为表格的开始地址,而 AL 为表格中的某个变量地址。例如,查找 ASCII 表中第 45 个字符(2DH)的代码,假设该表存储在内存 DS:1000H 开始,则 BX=1000H,AL=2DH,执行指令 XLAT 后,AL 中为 ASCII 表的第 45 个字符的代码。

七、标志寄存器传送指令

标志寄存器传送指令共有四条,都是单字节指令,指令格式与执行过程见表 3-2-4 所示,8088 为 8 位数据总线,分两次压栈和弹栈。其中,LAHF 和 SAHF 用于标志寄存器 FR 的低 8 位与 AH 数据传送。PUSHF 和 POPF 用于 FR(16 位)与堆栈数据传送。

表 3-2-4 标志寄存器传送指令

指令格式	指令功能	说明
LAHF **SAHF**	AH←(FR)$_L$ (FR)$_L$←(AH)	标志送 AH AH 内容送标志寄存器
PUSHF (8088)	SP←(SP)−2 (SP)←(FR)$_L$ (SP)←(FR)$_H$	标志进栈
POPF (8088)	(FR)$_L$←((SP)) (FR)$_H$←((SP)) SP←(SP)+2	标志出栈

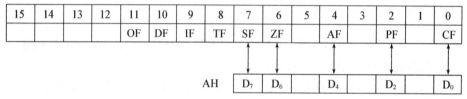

图 3-2-3 LAHF SAHF 指令执行

FR 中的标志位 CF、DF 和 IF 有对应的指令进行修改,其余的标志位没有可直接进行修改的指令,只能通过标志寄存器传送指令,将 FR 取出,修改后再存入。

3.2.2 算术运算指令

8086/8088CPU 有五种算术运算指令,分别是:

(1) 加法指令:可执行三种类型的加法 ADD,ADC,INC。

(2) 减法指令:可执行四种类型的减法 SUB,SBB,DEC,NEG。

(3) 乘法指令:可执行三种类型的乘法 MUL,IMUL,AAM。

(4) 除法指令:可执行三种除法操作和两个符号扩展操作,以实现带符号的除法 DIV,IDIV,AAD,CBW,CWD。

8086/8088 的算术运算既可以进行字节运算,也可进行字运算,既可进行带符号数运算,也可进行无符号数运算,带符号数用补码表示。

(5) BCD 码调整指令:AAA,DAA,AAS,DAS。

8086/8088 提供了各种调整操作指令,可以进行压缩 BCD 码或非压缩 BCD 码(高 4 位为 0)的十进制算术运算中的调整过程。

一、加法指令

1. 不带进位位加法

指令格式:ADD DST,SRC

指令功能:DST←(DST) + (SRC)

2. 带进位位加法

指令格式:ADC DST,SRC

指令功能:DST←(DST) + (SRC) + CF

3. 加 1

指令格式:INC OPR

指令功能:OPR←(OPR) + 1

指令中:SRC 可为寄存器、内存单元或常数。DST,OPR 可为寄存器、内存单元等。

上述加法指令可能影响的标志位:SF,ZF,AF,PF,CF,OF。其中加 1 指令不影响 CF,而影响其他 5 个标志。

例 3-2-24

```
ADD    AX,500H          ;AX←(AX) + 500H   500H 为常数
ADD    [BX + SI],AX     ;BX + SI 所指向的字单元←(BX + SI 所指向的字单
                          元) + (AX)
ADC    AX,BX            ;AX←(AX) + (BX) + CF
INC    BX               ;BX←(BX) + 1
ADD    AL,30H           ;AL←(AL) + 30H
ADC    DX,[BX]          ;DX←(DX) + (BX 所指向的内存单元,16 位) + CF
INC    [BX + SI]        ;BX + SI 所指向的内存单元内容 + 1   (段地址 DS)
```

二、减法指令

1. 不带借位位减法

指令格式:SUB DST,SRC

指令功能:DST←(DST) − (SRC)

2. 带借位位减法

指令格式:SBB DST,SRC

指令功能:DST←(DST) − (SRC) − CF

3. 减 1

指令格式:DEC OPR

指令功能:OPR←(OPR) − 1

4. 取补

指令格式:NEG OPR

指令功能:OPR←$\overline{(OPR)}$ + 1

5. 比较

指令格式:CMP OPR1,OPR2

指令功能:OPR1 − OPR2,执行过程同减法,但结果不保留,仅改变标志寄存器。因此,CMP 指令执行后,不改变 OPR1 数值。

上述减法指令可影响的标志位:SF,ZF,AF,PF,CF,OF,其中减 1 指令不影响 CF,而影响其他 5 个标志。

例 3-2-25

SUB	AL,20	;AL←(AL) − 20
SUB	BX,CX	;BX←(BX) − (CX)
SUB	SI,5010H	;SI←(SI) − 5010H
SUB	[BP+2],CL	;将 SS 段中 BP+2 所指单元中的值减去 CL 中的值
SUB	WORD PTR [DI],1000H	;DI 和 DI + 1 所指的两个单元的内容减去 1000H,结果仍在 DI,DI + 1 所指单元(注意,DI 中值为字边界)

将上述指令码改为 SBB,即为带借位减法。

SBB	AL,20	;AL←(AL) − 20 − CF
DEC	AX	;AX←(AX) − 1
DEC	BL	;BL←(BL) − 1
NEG	AL	;AL 中数取补
NEG	CX	;CX 中数取补
CMP	AX,2000H	;AX 中的数与常数 2000H 比较
CMP	AL,50H	;AL 中的数与常数 50H 比较
CMP	DX,DI	;[DX]与[DI]比较

无符号数运算举例。

例 3-2-26 假定 AX = 7EC0H,BX = 5368H。

ADD	AX,BX	;结果 AX = 0D228H
ADC	AX,BX	;当 CF = 0,AX = 0D228H;当 CF = 1,AX = 0D229H

例 3-2-27 假定 AL = 7CH,BL = 55H。

SUB	AL,BL	;结果 AL = 27H
SBB	AL,BL	;当 CF = 0,AL = 27H;当 CF = 1,AX = 26H

例 3-2-28 假定 AX = 7EC0H,BX = 0A368H。

ADD	AX,BX	;AX = 2228H,结果错

例 3-2-29 假定 AL = 65H,BL = 0AAH。

SUB	AL,BL	;AL = 0BBH,结果错

分析原因,例 3-2-28 中,(AX) + (BX)结果超出 AX 所能表示的范围(0FFFFH);例 3-2-29 中,AL 中的数小于 BL 中的数据,因此,结果为负,而在无符号运算时,不存在负数,发生这两种情况都称为溢出。检查标志寄存器 FR 在指令执行前后的状态,可以发现当发生错误时,CF = 1(CF 在加法时是进位位,减法时是借位位)。

带符号数运算举例。

例 3-2-30 假定 AX = 2753H,BX = 4A80H。

ADD	AX,BX	;AX = 71D3H

例 3-2-31 假定 AX = 275AH,BX = 5A80H。

SUB	AX,BX	;AX = 0CCDAH 小数减大数,结果为负,正确

例 3-2-32 假定 AX = 7EC0H,BX = 7A00H。

ADD　AX,BX　　　　;AX = F8C0H　结果为负数,错

例 3-2-33　假定 AL = 97H,BL = 5AH。

SUB　AL,BL　　　　;AL = 3DH　负数减正数,结果为正数,错

在计算机中,带符号定点数加减法均采用补码运算。在第一章中已知,计算机中,带符号定点数的表示方法是最高位为符号位,并且 0 代表正数,1 代表负数。例 3-2-32 中,AX,BX 两数的和超过 15 位,最高位进入了符号位,结果成了负数。例 3-2-33 中,被减数是负数(97H),减数是正数(5AH),结果为 3DH,是正数,超过 8 位补码数的表示范围(−128～ +127)。分析标志寄存器 FR 在指令执行前后的状态,可以发现当发生错误时,标志位 OF = 1(溢出标志)。带符号数运算时,下面几种情况会产生溢出:

> (正数 − 负数)得出负数(正溢出);
> (负数 − 正数)得出正数(负溢出);
> (正数 + 正数)得到负数(正溢出);
> (负数 + 负数)得到正数(负溢出)。

CPU 根据运算结果,自动地对溢出标志 OF 置位。实际上,在 8 位运算时,微处理器是根据次高位向最高位 C_7 的进位 C_{y6} 与最高位 C_7 向进位位 CF 的进位 C_{y7} 的模 2 加(异或)设置 OF 标志的。而在 16 位数运算时,用的是进位 C_{y14} 和 C_{y15} 的模 2 加,即:

$$OF = C_{y7} \oplus C_{y6} \quad 或\ OF = C_{y15} \oplus C_{y14}$$

值得注意的是,在计算机内部并不区分带符号数与不带符号数。OF 标志都根据上式设置,是否发生溢出应根据应用判断。如例 3-2-32、例 3-2-33,若我们将其作为无符号数运算,运算过程完全相同,指令执行后,OF 也仍然为 1,但由于是无符号数,则两个结果都是正确的。

再看例 3-2-28,7EC0H + 0A368H = 12228H,结果为 17 位。AX 为 16 位,溢出,但这时 CF = 1,而 CF 恰好为进位。若将 CF 作为结果的最高位,则结果也正确。

三、乘法指令

1. 无符号数乘法指令

指令格式:MUL　SRC

指令功能:AX←AL * (SRC),8 位乘法
　　　　　DX、AX←AX * (SRC),16 位乘法

2. 带符号数乘法指令

指令格式:IMUL　SRC

指令功能:AX←AL * (SRC)
　　　　　DX、AX←AX * (SRC)

乘法指令指定 AL 或 AX 寄存器为被乘数寄存器。乘数由 SRC 指定,并且根据源操作数的类型确定乘法位数,若是 8 位数相乘,则乘积的低 8 位在 AL 中,高 8 位在 AH 中。若是 16 位数相乘,则乘积的低 16 位在 AX,高 16 位在 DX 中。

在第一章中已讨论过,两个 8 位数相乘,结果最多为 16 位,同样两个 16 位数相乘,结果最多为 32 位,也就是说二进制乘法不会出现"溢出"。对 MUL,若运算结果的高半部

分为全 0,则标志 OF＝CF＝0;否则 OF＝CF＝1,以表示高半部分有结果(乘积超过 8 位或 16 位)。对 IMUL,高半部分的每一位及与低半部分的最高位都相同时,OF＝CF＝0,表示高半部分没有结果;否则 OF＝CF＝1。在第一章中,我们已经知道,带符号整数的扩展是将符号位扩展,因此,乘法结果若高半部分与低半部分最高位相同,表示高半部分是符号扩展。

乘法指令只影响标志 OF 与 CF,对 SF,ZF,AF,PF 标志无影响。

例 3-2-34　设(AL)＝0FBH,(BL)＝02H。

(AL)作为无符号数时为 251,作为带符号数时为 -5。

(BL)作为无符号数时为 2,作为带符号数时为 2。

　　　MUL　BL;得 AX＝01F6H,CF＝OF＝1,结果 502。

　　　IMUL　BL;得 AX＝0FFF6H,CF＝OF＝0,结果 -10。(AH 为符号扩展)

例 3-2-35　设(AL)＝0B4H,(BL)＝11H。

(AL)为无符号数 180,带符号 -76。

(BL)为无符号数 17,带符号 17。

　　　MUL　BL;得 AX＝0BF4H,CF＝OF＝1,结果 3060。

　　　IMUL　BL;得 AX＝0FAF4H,CF＝OF＝1,结果 -1292。

乘法不会发生溢出。

四、除法

1. 无符号数除法指令

指令格式:DIV　SRC

指令功能:AL←(AX)/(SRC),余数在 AH 中。

　　　　　AX←(DX)、(AX)/(SRC),余数在 DX 中。

例 3-2-36　假定 AX＝20E0H,DX＝0000H,BX＝06A0H。

　　　DIV　BX　　　　;AX＝0004H,DX＝0660H

　　　DIV　BL　　　　;AL＝34H,AH＝60H

例 3-2-37　假定 AX＝7F00H,BL＝60H。

　　　DIV　BL　　　　;计算错误。

在第一章中,我们已知,数字计算机中定点数只有两种表示法,或者是纯整数表示,或者是纯小数表示。计算机中没有表示小数点位置的硬件电路,计算机中的数据是整数还是小数,完全是人为的约定。为了便于分析,假定例 3-2-37 中的数均为定点小数,被除数为 0.496 093 75,除数为 0.312 5,两数相除,结果等于 1.587 6,大于 1。上述运算结果出现了整数部分,计算机无法表示。这种情况也称为"溢出"。除法溢出与加减法不同,要特殊处理。

2. 带符号数除法指令

指令格式:IDIV　SRC

指令功能:8 位除法　AL←(AX)/(SRC),余数在 AH 中。

　　　　　　16 位除法　AX←(DX)、(AX)/(SRC),余数在 DX 中。

除法是乘法的逆运算,因此 8 位除法时,被除数为 16 位,并且指定在 AX 寄存器中,商在 AL 中,余数在 AH 中。16 位除法时被除数为 32 位,并且指定在 DX、AX 寄存器中,商在 AX 中,余数在 DX 中。

除法指令对所有标志均没定义。除法运算会产生溢出。当被除数远大于除数时,所得的商就有可能超出它所能表达的范围。以两个纯小数相除为例,产生的商可能大于 1,即出现非纯小数情况,这在计算机中是不允许的。除法产生溢出时,8086CPU 中就产生编号为 0 的内部中断。两个二进制除法经常会遇到除不尽的情况,一般规定,8 位除法商为 8 位,16 位除法商为 16 位。

3. 符号扩展指令

指令格式:CBW　　　扩展 AL 中的符号(Convert Byte to Word)

指令功能:$(AL)_7 = 1$,$(AH) = 0FFH$;$(AL)_7 = 0$,$(AH) = 00H$

指令格式:CWD　　　扩展 AX 中的符号(Convert Word to Double Word)

指令功能:$(AX)_{15} = 1$,$(DX) = 0FFFFH$;$(AX)_{15} = 0$,$(DX) = 0000H$

这条指令用于除法运算之前,被除数扩展,CBW 在 AX 中形成一个 16 位被除数,CWD 将 AX 中字的符号扩展至 DX 中,形成双倍长度的被除数。这两条指令对标志位无影响。

五、十进制调整指令

十进制数常采用 BCD 码表示,计算机硬件电路都执行二进制运算,因此,直接进行 BCD 码运算时,会出现非法编码和进位错误。十进制调整指令是为了实现十进制 BCD 码运算而设置的。它分两类:压缩 BCD 码调整指令(DAA,DAS)和非压缩 BCD 码调整指令(AAA,AAS,AAM,AAD)。

1. 压缩的 BCD 码调整指令

压缩的 BCD 码是用 4 位二进制数表示 1 位十进制数,因此,一个字节可以表示两位十进制数。指令隐含的寄存器为 AL。在标志寄存器 FR 中有一标志位 $AF(D_4$位),称为辅助进位位,在运算过程中第四位 D_3 与第五位 D_4 之间有进位时,AF = 1。

(1) 十进制加法调整。

指令格式:DAA

调整过程:若$(AL \wedge 0FH) > 9$ 或$(AF) = 1$,则 $AL \leftarrow (AL) + 6$,$AF \leftarrow 1$。

　　　　　若$(AL) > 9FH$ 或$(CF) = 1$,则 $AL \leftarrow (AL) + 60H$,$CF \leftarrow 1$。

注意:执行本指令前,必须先执行 ADD 或 ADC 指令,将两个压缩的 BCD 码相加。

例 3-2-38　设 AL = 28H,BL = 68H,均为压缩 BCD 码。后缀 H 表示用二进制表示十进制数。在计算机中所有数据均用二进制方式存储,若直接写 28,68,汇编软件将自动转换成二进制 1CH 和 44H。

　　　　ADD　AL,BL

　　　　DAA

```
  0010  1000
+ 0110  1000
  1001  0000
```

执行 ADD 后,结果为 AL=90H,CF=0,AF=1。

执行 DAA 指令,因为 AF=1,AL 加 6,得 AL=96H。

例 3-2-39　设 AL=66H,BL=92H。

```
  0110  0110
+ 1001  0010
  1111  1000
```

执行 ADD 后,结果为 AL=0F8H,CF=0,AF=0。高 4 位出现非法码。

执行 DAA 指令,高 4 位加 60H,AL=58H,CF=1,结果为 158。

例 3-2-40　设 AL=66H,BL=66H。

```
  0110  0110
+ 0110  0110
  1100  1100
```

执行 ADD 后,结果为 AL=0CCH,CF=0,AF=0,均为非法码。

执行 DAA 指令,加 66H,AL=32H,CF=1,结果为 132。

(2) 十进制减法调整。

指令格式:DAS

调整过程:若(AL∧0FH)>9 或(AF)=1,则 AL←(AL)-6　　AF←1。
　　　　　若(AL)>9FH 或(CF)=1,则 AL←(AL)-60H　　CF←1。

例 3-2-41　设 AL=83H,BL=38H,执行压缩 BCD 数减法:

```
SUB  AL,BL          ;AL=4BH
DAS                 ;AL=45H
```

注意:必须先执行 SUB 或 SBB 指令,将两个压缩的 BCD 码相减,然后执行 DAS 指令,进行十进制调整。

2. 非压缩 BCD 码调整指令

非压缩 BCD 码用 1 个字节表示 1 位十进制数。指令隐含的寄存器为 AX。

(1) 加法调整。

指令格式:AAA

调整过程:若(AL∧0FH)>9 或(AF)=1,则 AL←(AL)+6,AH←(AH)+1,且清除 AL 的高 4 位。

例 3-2-42　设 AX=0005H,BL=09H,顺序执行指令

```
ADD  AL,BL
AAA
  0000  0101
+ 0000  1001
  0000  1110          ;AL=0EH,经 AAA 调整后,AL=04H,AH=(AH)+
                       1,CF=OF=0
```

由于是一位 BCD 码运算,对 AH 中若超过 BCD 码指令无法判断,这一点必须注意。

例 3-2-43 设 AX = 905H,BL = 09H,顺序执行指令

    ADD　AL,BL

    AAA

寄存器 AX 中为 0A04H。

(2) 减法调整。

指令格式:AAS

调整过程:若(AL∧0FH)>9 或(AF)=1,则 AL←(AL)-6,AH←(AH)-1,且清除 AL 的高 4 位。

例 3-2-44 执行十进制减法 13-4,AX = 0103H,BL = 04H。

    SUB　AL,BL　　　　;AL = 0FFH　AH = 1H

    AAS　　　　　　　　;AL = 09H,AH = 0

(3) 乘法调整。

指令格式:AAM

调整过程:先执行 MUL 指令,并要求 AL 和 BL 的高 4 位为 0,结果在 AL。

(AL)/0AH,商在 AH,余数在 AL。(十位数在 AH,个位数在 AL)

例 3-2-45 AL = 07H,BL = 09H。

    MUL　BL　　　　　　;AX = 003FH

    AAM　　　　　　　　;AH = 06H,AL = 03H

(4) 除法调整。

指令格式:AAD

调整过程:先执行 AAD,将 AX 中的被除数调整成二进制数,并存在 AL 中。调整前 AH、AL 高 4 位均为 0。

例 3-2-46 AX = 0905H,BL = 06H。

    AAD　　　　　　　　;AX = 005FH

    DIV　BL　　　　　　;AL = 0FH　AH = 05H

    MOV　DL,AH　　　　;保留余数 05H

    AAM　　　　　　　　;AX = 0105H

3.2.3　逻辑运算和移位指令

微机系统中,一般将字节作为基本存储单元,一个字节可存储 8 个逻辑变量,但是逻辑变量相互之间没有关系,每位二进制没有权值,因此,所有运算只在对应位之间进行。对于标志寄存器,OF = CF = 0,AF 未定义,SF、PF、ZF 根据结果设置。

一、逻辑与运算

指令格式:AND　DST,SRC

指令功能:DST←(DST)∧(SRC)

二、逻辑或运算

指令格式:OR　DST,SRC

指令功能:DST←(DST)∨(SRC)

三、逻辑非运算

指令格式:NOT　OPR

指令功能:OPR←$\overline{(OPR)}$

本指令不影响标志寄存器。

四、逻辑异或运算

指令格式:XOR　DST,SRC

指令功能:DST←(DST)⊕(SRC)

五、测试(执行逻辑与运算,但不送回结果,只影响标志)

指令格式:TEST　OPR1,OPR2

指令功能:(OPR1)∧(OPR2)

例 3-2-47 逻辑运算举例

AND	AL,11111100B	;AL 中最低两位置 0,其余位不变
OR	AL,00000011B	;AL 中最低两位置 1,其余位不变
NOT	AL	;AL 中凡为"1"的位均清"0",凡为"0"的位均置"1"
XOR	AL,10101010B	;按位相加,没有进位,也可视为按位比较,相同为"0",相异为"1"
TEST	AL,11111111B	;测试 AL 是否为 0,若结果为真,ZF＝1
TEST	AL,0F0H	;测试 AL 中高 4 位是否为 0,若结果为真,ZF＝1
TEST	AL,00010000H	;测试 AL 中第 5 位状态,若结果为"0",ZF＝1,为"1",则 ZF＝0

TEST 指令执行的是 AND 运算,但与 AND 不同的是 TEST 指令执行后,AL 中内容不改变,而 AND 执行后,AL 为运算结果。

六、逻辑左移与算术左移

指令格式:SHL　OPR,COUNT

SAL　OPR,COUNT

指令功能:$\boxed{CF}$ ←────────── 0

逻辑左移与算术左移的功能完全相同,只是指令助记符不同。指令中的 OPR 为要移动的数据存储单元,可以是寄存器,也可以是存储器单元,移出的最高位到标志位 CF 中,最低位补"0"。COUNT 为移位次数,COUNT 可以为常数,或者只能指定 CL 中内容为移位次数。下面各移位指令中,OPR 和 COUNT 定义相同。

例 3-2-48 设 AL = 0FFH, CL = 04H。

    SHL   AL, CL   ; AL = 0F0H, CF = 1

    SAL   AL, CL   ; AL = 0F0H, CF = 1

两条指令都是将 AL 中数据左移 4 位, 并且 AL 最低位补充"0"。

七、逻辑右移和算术右移

1. 逻辑右移

指令格式: SHR   OPR, COUNT

指令功能:

2. 算术右移

指令格式: SAR   OPR, COUNT

指令功能:

逻辑右移与算术右移都是将最低位移到标志位 CF。但逻辑右移与算术右移不同, 逻辑右移补"0", 而算术右移指令重复最高位的状态, 相当于扩展符号位。

例 3-2-49 设 AL = 0FFH, CL = 04A。

    SHR   AL, CL   ; AL = 0FH, CF = 1

    SAL   AL, CL   ; AL = 0FFH, CF = 1

设 AL = 080H

    SHR   AL, CL   ; AL = 08H, CF = 0

    SAL   AL, CL   ; AL = 0F8H, CF = 0

八、循环左移和循环右移

循环左移和循环右移都是将移出的位在另一端再移入, 同时将移出的位移入标志位 CF。

指令格式: ROL   OPR, COUNT

指令功能:

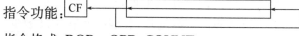

指令格式: ROR   OPR, COUNT

指令功能:

例 3-2-50 设 AL = 080H, CL = 04H。

    ROL   AL, CL   ; AL = 08H, CF = 0

    ROR   AL, CL   ; AL = 08H, CF = 0

    MOV   AL, 05H   ; CL = 05H

    ROL   AL, CL   ; AL = 10H, CF = 0

    ROR   AL, CL   ; AL = 04H, CF = 0

九、带进位循环左移和带进位循环右移

带进位循环左移和循环右移指令是标志位 CF 也参加循环, 因此, 比循环左移和循环

右移多了一位。

1. 带进位位左移

指令格式：RCL OPR,COUNT

指令功能：

2. 带进位位右移

指令格式：RCR OPR,COUNT

指令功能：

例 3-2-51 设 AL＝080H,CF＝1,CL＝04H。

    RCL AL,CL   ;AL＝0CH,CF＝0
    RCR AL,CL   ;AL＝18H,CF＝0

设 AL＝10H CF＝0,CL＝204H。

    RCL AL,CL   ;AL＝0H,CF＝1

设 AL＝080H CF＝1,CL＝03H。

    RCR AL,CL   ;AL＝30H,CF＝0

例 3-2-52 假定要将 AX 寄存器中的最高位送到 BX 寄存器最低位,而将 BX 的最高位送到 AX 最高位。设 AX＝0F000H,BX＝8008H。

    RCL AX,1   ;AX 最高位送 CF,CF 中数据送 AX 最低位
    RCL BX,1   ;CF 送 BX 最低位,BX 最高位送 CF
    RCR AX,1   ;CF 送 AX 最高位,第一条指令移入的最低位送 CF

3.2.4 字符串操作指令

8086/8088 有 5 种字符串操作指令：MOVS、CMPS、SCAS、LODS、STOS,另外还有一个 REP 前缀。这几条指令都是 1 字节指令,但能完成各种基本的字符串操作。

所有的串操作指令规定,都用寄存器 SI 作为源操作数地址,且假定是在数据段区域中（段地址寄存器为 DS）；用寄存器 DI 作为目的操作数地址,且假定是在扩展数据段区域中（段地址寄存器为 ES）。SI、DI 在每一次操作之后自动修改,至于按增量修改还是减量修改,取决于标志寄存器中的 DF 标志,若标志 DF＝0,则在每次操作后 SI 与 DI 做增量修改,对字节操作,每次自动加 1,而字操作,则每次自动加 2。若 DF＝1,则每次操作后,SI 与 DI 做减量修改。

任何一个串操作指令,都可以在其前面加上一个重复执行前缀（REP）,于是指令就重复执行。重复执行次数在寄存器 CX 中规定,直到 CX＝0 结束。此外,重复执行前缀字中,还可以规定标志位 ZF 进行比较。在每次执行上述指令后,判断 ZF 标志与指定的条件,若相符,则终止重复过程,而不管 CX 寄存器中的值；若不相符,则继续进行,直到 CX＝0 为止。前缀 REPE 或 REPZ 的终止条件为：CX＝0 或 ZF＝0；而 REPNE 或 REPNZ 的终止条件为：CX＝0 或 ZF＝1。前缀 REP 的终止条件为：CX＝0,不管 ZF 的状态如何。

在每一次重复执行基本操作后,修改操作数指针(SI、DI)和循环操作次数寄存器 CX。

1. 字符串传送(Move String)

　　MOVSB/MOVSW

该指令实现将源存储器中的字节(MOVSB)或字(MOVSW)传送到目的存储器中,然后根据 DF 标志修改 SI 与 DI 的内容。

若有重复前缀(REP),则一条指令可完成整个数据块的传送,数据块长度在寄存器 CX 中。

例 3-2-53

```
LEA   SI,   SOURCE        ;SI←源字符串地址
LEA   DI,   TARGET        ;DI←目的字符串地址
MOV   CX,   9             ;循环次数
CLD
REP   MOVSB
```

REP MOVSB 指令将 SOURCE 所指向的存储器开始的 9 个字节的数据传送到以 TARGET 所指向的存储器开始的 9 个存储单元(字节)。CLD 为清除 CF 标志指令。若不加前缀 REP,不管 CX 为何值,只执行一次 MOVSB 指令,即传送一个字节;若改为 MOVSW,则传送 9 个字。CX 为 16 位寄存器,因此,最多一条指令可传送 64K 数据(字节或字)。

2. 字符串比较(Compare String)

CMPSB/CMPSW

该指令比较由 SI 指定的存储单元的内容与由 DI 指定的存储单元的内容,根据比较结果置标志位 ZF,比较前后两个存储单元的内容均不改变。若指令加上前缀 REP、REPE(REPZ)或 REPNE(REPNZ),可检查两个字符串(或数据块)的状态。若用前缀 REPE(REPZ),可比较两个字符串或两个数据块是否相同,若相同,指令执行完时,CX = 0;否则 CX 反映了第一个不同字符出现的位置。而前缀 REPNE(REPNZ)可用于查找两字符串中出现第一个相同字符的位置。

例 3-2-54

```
      LEA   SI,   SOURCE
      LEA   DI,   TARGET
      MOV   CX,   9
      CLD
      REPE   CMPSB            ;比较直到不同为止
      JZ   SAME               ;ZF＝0,转 SAME 继续
DIFF:……                     ;字符串不同时的处理程序
      ……
      JMP   CONTINUE
SAME:……                     ;字符串相同时的处理程序
```

......
CONTINUE：
　　　　......

3. 字符串搜索（Scan String）

　　　　SCASB/SCASW

字符串比较指令执行对两个字符串的逐位比较过程，SCASB/SCASW 是在字符串中搜索是否存在指定的字符（或字）。要搜索的字符或字在 AL（字节）或 AX（字）中。指令执行过程是将 AL（或 AX）的内容减去由 DI 作为地址指针的串元素，运算过程不改变 AL（或 AX）的内容，只修改标志 ZF 状态。DI 的值是增还是减，取决于 DF 标志。

　本指令用于搜索内存的某一字符串或数据块中有无与 AL（或 AX）寄存器中相同的数。若指令前加上前缀 REPE 或 REPZ，则指令执行过程可解释为：“当串搜索未结束（CX≠0）且串元素等于搜索值（ZF＝1）时，继续搜索。”这样，当指令结束时，CX＝0，表示该字符串或数据块都与 AL（或 AX）寄存器中的数相同；若指令结束时，CX≠0，表示该字符串或数据块有与 AL（或 AX）寄存器中不同的数。若指令前加上 REPNE 或 REPNZ，则指令执行过程可解释为：“当串搜索未结束（CX≠0）且搜索值不相等（ZF＝0）时，继续搜索。”同样，当指令结束时，CX＝0，表示该字符串或数据块中没有与 AL（或 AX）寄存器相同的数；而若指令结束时，CX≠0，表示该字符串或数据块有与 AL（或 AX）寄存器相同的数。同样根据 CX 可确定第一个出现相同数据的位置。

　例 3-2-55　查找字符串 STRING 中是否包含字母‘A’。

```
        LEA   DI   STRING
        MOV   AL，041H          ;ASCII 字符‘A’
        MOV   CX，10
        CLD
        REPNE  SCASB            ;寻找 ASCII 字符‘A’
        JZ   FOUND              ;ZF＝0，转 SAME 继续
NONE：......                     ;未找到
     ......
        JMP   CONTINUE
FOUND：......                    ;找到
     ......
CONTINUE：
     ......
```

若将前缀改为 REPE，则检查字符串中是否全为‘A’。

4. 字符串装入（Load String）与字符串填充

　　　　LODSB/LODSW

此指令不影响标志位。

　该指令将存储单元的内容装入到 AL 或 AX 中，即把由 SI 作为地址指针的单元的数据装入到 AL（字节）或 AX（字）中去，同时根据 DF 状态修改 SI，指向下一个串元素存储

地址。该指令不应使用重复前缀,因为每重复一次,累加器 AX(或 AL)的内容都要改写。因此,如果有重复前缀,执行的结果是 AL 或 AX 中只保留了最后一次装入的数据。

例 3-2-56 统计由 100 个 16 位的数据块中有多少个正数、负数或 0。

```
        LEA   SI   BLOCK          ;取数据块首地址
        MOV   CX,100              ;循环次数
BEGIN:
        LODSW                     ;取数
        TEST   AX,0FFFFH          ;是否为 0
        JZ   ZERO                 ;是,转
        TEST   AX,08000H          ;是否为负数(最高位=1?)
        JNZ   NEG                 ;是,转
        INC   PLUS                ;正数个数加 1
        JMP   CONTINUE
NEG:
        INC   MINUS               ;负数个数加 1
        JMP   CONTINUE
ZERO:
        INC   Z                   ;等于 0 的个数加 1
        CONTINUE:
        DEC   CX                  ;修改循环次数
        JNZ   BEGIN               ;未完成,返回继续
        ……
```

5. 字符串填充(Store String)

STOSB/STOSW

字符串填充与字符串装入功能相反,该指令将 AL(8 位数)或 AX(16 位数)寄存器的内容填入以 DI 为地址指针的存储器单元中,DI 指针的增减取决于 DF 标志位。

此指令不影响标志位。

例 3-2-57 将 SOURCE 起始的 10 个 BCD 码数据改为 ASCII 字符,并保存到 TARGET 起始的存储单元中。

```
        MOV   AX,   DATA
        MOV   DS,   AX
        MOV   ES,   AX
        LEA   SI,   SOURCE        ;BCD 码数据地址指针
        LEA   DI,   TARGET        ;ASCII 码字符地址指针
        MOV   CX,   10            ;重复次数
        CLD
ASCII:
        LODSB
```

```
    OR    AL，30H
    STOSB
    DEC   CX
    JNZ   ASCII
    ……
```

用重复前缀,可以在内存块中填充相同的字符或数据。

例 3-2-58   清除 100 个字节的存储区。

```
    LEA   DI,TARGET
    MOV   CX,100
    MOV   AL,0
    REP   STOSB
```

若将最后两条指令改为

```
    MOV   AX,0FFFFH
    STOSW
```

REP 则将 100 个字(200 个字节)的存储器单元置为全"1"。

3.2.5   程序控制类指令

一、调用指令(CALL)

CALL 是子程序(或过程)调用指令。所谓子程序(subroutine)或过程(procedure),是指这样的一种程序段,它完成一相对独立的功能,而这个功能在程序中不同的地方需要用到多次。子程序(或过程)总是用 RET(返回)指令作为结束。当执行 CALL 指令时,程序将转移到所调用的子程序执行,而当子程序执行到 RET 指令后,程序又自动从子程序返回到调用该子程序的 CALL 指令的下一条指令继续执行。为了保证这两次转移过程正确,CALL 指令必须将紧跟在 CALL 指令后的指令地址保存好。执行 CALL 指令和 RET 指令,指令指针寄存器 IP 将有两次不连续的过程。这个不连续点称为"断点"。为了保证子程序执行后,能返回"断点"继续执行,必须保存发生程序转移时的 CPU 状态,称为"断点信息"。通常"断点信息"保存在系统堆栈中。程序中的返回指令(RET)将断点从堆栈中弹出,恢复程序执行。

CALL 指令有 3 种形式:

1. CALL   addr

调用由操作数 addr 指定的子程序(段间调用),其中 addr 指明段地址和段内偏移量。指令的执行过程为:

(1) 将紧随 CALL 指令的下一条指令的地址(CS 和 IP)压入栈顶。

(2) 将 CALL 指令中的操作数(4 个字节)放入 IP 与 CS 中。其中,第一、第二字节放入 IP;第三、第四字节放入 CS。

(3) CPU 根据新的 CS:IP 读出指令,开始执行子程序。

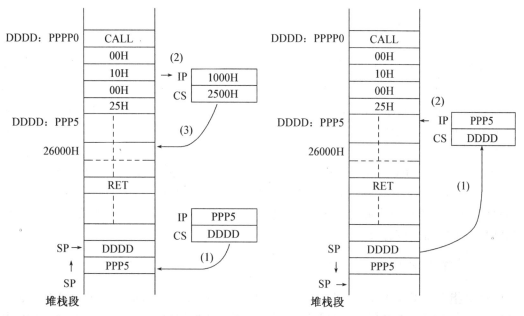

图 3-2-4　CALL 指令执行过程　　　　图 3-2-5　RET 指令执行过程

2. CALL　disp 16

调用由操作数 disp 16 指定的子程序(段内调用)。

该指令的执行过程与上述指令相同,只是不改变段地址寄存器(CS)的内容,因此,本指令所能转移的地址范围在 64 K 内。由于段地址不变,只需将跟随 CALL 指令的下一条指令的段内偏移地址(IP)压入栈顶。同样,也只需将紧跟在操作码后的两个字节当作 16 位偏移量放入 IP 中。

3. CALL　mem/reg

由存储器单元或寄存器的内容作为调用的子程序的地址。本指令同样是段内调用。

例 3-2-59

CALL　2500H:1000H	;CALL　addr,其中 2500H 为新的段地址,1000H 为段内偏移量
CALL　1000H	;CALL　disp16
CALL　DWORD　PTR　[SI]	;以寄存器[SI]为指针,所指向的四个存储器单元中的内容为目标地址,段间调用
CALL　AX	;AX 内容为转移地址
CALL　[BX]	;BX 内容为存储器单元指针,所指向存储器单元的内容为真正的转移地址

二、返回指令

指令格式 RET　(RET n)

所有子程序(或过程)最后执行的一条指令必须是 RET 指令,由它控制从子程序返回调用程序(相对于子程序称为主程序)。段内或段间调用,返回指令形式上相同,但汇编时产生的机器码不同。对段内调用返回,只从栈顶弹出一个字送到 IP 中,SP+2。对段间调用返回,先从栈顶弹出一个字送到 IP 中,SP+2,接着再弹出一个字送入 CS 中,再次 SP+2。

8086/8088 的 RET 指令还可带参数 n。与不带参数的返回指令 RET 所不同的是,本指令在返回之后,还调整栈指针 SP,除了使 SP 加上必需的 2(段内返回)或 4(段间返回)之外,SP 还要再加上指令中给出的偏移量 n,这样就可允许用户废除一些在执行 CALL 指令以前入栈的参数。

三、无条件转移指令 JMP

JMP 指令与 CALL 指令相似,也会出现程序不连续执行的情况,但 JMP 指令与 CALL 指令不同。JMP 指令不需要返回到发生程序转移的地方,继续执行,因此,JMP 指令没有堆栈操作。无条件转移指令有 4 种格式:

JMP　addr

JMP　disp16

JMP　disp

JMP　mem/reg

其中 addr 表示 32 位地址(段间转移),disp16 表示 16 位偏移量,disp 表示 8 位偏移量,mem/reg 表示用存储器或寄存器内容作为转移地址。JMP 指令对标志寄存器无影响。

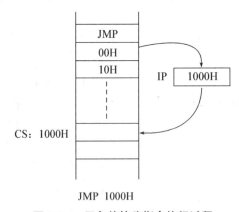

JMP 1000H

图 3-2-6　无条件转移指令执行过程

例 3-2-60

JMP　2500H:1000H

```
JMP    043DH
JMP    CX
JMP    [SI]    JMP    WORD    DTR[BX]
```

四、条件转移指令

与无条件转移指令不同,条件转移指令根据特定的
某一个或几个条件,确定程序执行流程。当满足指定的
条件时,程序发生转移;不满足条件时,程序不发生转移。
这类指令转移到的目的地址限制在转移指令的 +127 到
−128 个字节的范围内,即转移指令的偏移量是 8 位带符
号数,如图 3-2-7 所示。这类指令对标志位无影响。图中
指令码 JX 仅是为下面介绍的指令的图示表示。

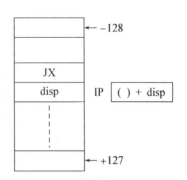

图 3-2-7　条件转移指令

条件转移指令可分为两类:

➢ 根据单个标志位的条件转移指令;
➢ 根据多个标志的逻辑组合的条件转移指令。

条件转移指令判断的标志位有 SF、ZF、PF、CF 和 OF 5 个,它们的状态是在条件转
移指令前面的指令执行时产生的。值得注意的是,CPU 在运算时并不判断结果的性质,
只是根据结果的逻辑置相应的标志,结果的性质由程序编制者负责解释。比如两数相加,
只要最高位为 1,SF 标志就为 1,不管是带符号数还是无符号数。因此,应根据程序目的,
选用合适的条件转移指令。

1. 根据单个标志位的条件转移指令

(1) SF 标志。

```
JS    disp                ;Jump on Sign,若 SF = 1,则转移到目标地址
JNS   disp                ;Jump on Not Sign,若 SF = 0,则转移到目标地址
```

(2) ZF 标志。

```
JE    disp/JZ disp        ;若 ZF = 1,则转移到目标地址
```

JE 为 Jump on Equal 缩写,即相等则转移。JZ 为 Jump on Zero,即等于零则转移。
JE 和 JZ 实际是同一指令的两种助记符。

```
JNE   disp/JNZ disp       ;若 ZF = 0,则转移至目标地址
```

JNE 和 JNZ 也是同一指令的两种助记符,其转移逻辑与 JE/JZ 相反

(3) PF 标志。

```
JP    disp/JPE disp       ;若 PF = 1,则转移,JP(Jump on Parity)/JPE(Jump on
                           parity Even)表示为偶时转移
JNP   disp/JPO disp       ;若 PF = 0,则转移,JPO 表示为奇时转移
```

(4) CF 标志。

```
JB/JNAE/JC disp           ;若 CF = 1 时,则转移
JB    disp                ;Jump on Below,表示低于转移
JNAE  disp                ;Jump on Not Above and Equal,即不高于和不等于转移
```

JC   disp   ;Jump on Carry,即有进位转移

JB/JNAE/JC 是同一指令的三种不同的助记符。

JNB/JAE/JNC   disp   ;若 CF＝0,则转移

JNB   disp   ;Jump on Not Below,表示不低于则转移

JAE   disp   ;Jump on Above or Equal,表示高于或等于则转移

JNC   disp   ;Jump on Not Carry,表示没有进位则转移

（5）OF 标志。

JO   disp   ;若 OF＝1,则转移,Jump on Overflow,表示溢出则转移

JNO   disp   ;当 OF＝0 时,则转移,Jump on Not Overflow,表示未溢出则
                       转移

2. 若干标志位逻辑组合的条件转移指令

这一类指令根据多个标志的逻辑组合条件确定程序的转移条件。

（1）判断无符号数的大小。

JA/JNBE   disp

JA   disp   ;Jump on Above,即高于转移

JNBE   disp   ;Jump on Not Below or Equal,即不低于或等于转移

两个无符号数 A、B 比较,若两数不相等,ZF＝0,当 A＞B 条件成立时,没有借位,即 CF＝0,所以当 CF∨ZF＝0 成立,表示 A＞B,发生转移。

JBE/JNA   disp

JBE   disp   ;Jump on Below or Equal,表示低于或等于转移

JNA   disp   ;Jump on Not Above,表示不高于转移

两个无符号数相比较,A≤B(包括相等),若两数相等,有 ZF＝1,若 A＜B,有借位,即 CF＝1。因此,当 ZF∨CF＝1,表示 A≤B,发生转移。

（2）判断两个带符号数的大小。

计算机中规定,若表示的是带符号数据,则将二进制数的最高位定义为符号位。此时最高位为 1(同样 SF＝1),表示是负数。

JG/JNLE   disp

JG   disp   ;Jump on Great,大于转移

JNLE   disp   ;Jump on Not Less or Equal,不小于或等于转移

两个带符号数 A、B 进行比较,两数不相等,则 ZF＝0;大于则必须 SF⊕OF＝0(即 SF 与 OF 相同),所以判断条件为(SP⊕OF＝0)∧(ZF＝0),当满足此条件时,发生转移。

JGE/JNL   disp

JGE   disp   ;Jump on Great or Equal,大于或等于转移

JNL   disp   ;Jump on Not Less,不小于转移

当 A、B 两数相等,则 ZF＝1,大于 SF⊕OF＝0,所以条件为(SF⊕OF＝0)∨(ZF＝1),当满足此条件时,发生转移。

JL/JNGE   disp

JL   disp   ;Jump on Less,小于转移

JNGE   disp   ;Jump on Not Great or Equal,不大于或等于转移

当 A、B 两数不相等,则 ZF＝0;小于则 SF 与 OF 异号,所以条件为(SF⊕OF＝1)∧(ZF＝0),当满足此条件时,发生转移。

JLE/JNG

JLE   disp   ;Jump on Less or Equal,小于或等于转移

JNG   disp   ;Jump on Not Great,不大于转移

当 A、B 两数相等,则 ZF＝1,小于必须 SF⊕OF＝1,所以条件为(SF⊕OF＝1)∨(ZF＝1),满足此条件时,发生转移。

五、循环指令 LOOP

循环指令的目标地址也只能在指令的 +127～-128 字节范围内。这类指令对标志寄存器无影响。循环次数由寄存器 CX 中的值确定。根据循环结束条件判断,分下面四条:

1. LOOP disp

执行该指令,CX 减 1,并判断,若 CX≠0,则转移到目标地址。在执行 LOOP 指令前,必须先将循环次数置于 CX 中,LOOP 指令相当于下面两条指令的功能

DEC CX

JNZ disp

注意:若在执行 LOOP 指令前,CX＝0,则执行 65536 次循环。

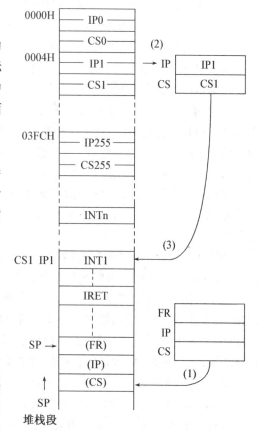

图 3-2-8 中断指令执行过程

2. LOOPE disp 或 LOOPZ disp

LOOP 指令只根据 CX 状态确定是继续循环还是结束循环,因此,循环次数是确定的。LOOPE 和 LOOPZ 是同一指令的两种助记符。该指令是根据 CX 寄存器的内容和 ZF 标志两者确定是否继续循环。如果 CX≠0 并且 ZF＝1,则继续循环。若 ZF＝0 或 CX＝0,则结束循环。

3. LOOPNE disp 或 LOOPNZ disp

LOOPNE 和 LOOPNZ 也是同一指令的两种助记符。其终止条件为 ZF＝1 或 CX＝0,与 LOOPE(LOOPZ)对标志 ZF 的判断逻辑相反。

4. JCXZ disp (Jump if CX register is Zero)

本指令是当 CX＝0 时,转移到指令指定的目标地址;当 CX≠0,则不转移。本指令不对 CX 进行自动减 1。因此,在循环体内对 CX 寄存器写一非零值来退出循环。

六、中断控制指令

8086/8088 除了硬件中断外，还提供了三种软件中断控制指令。软件中断指令由软件申请操作系统服务。

8086/8088 硬件提供了 256 个中断向量号。PC 机中，哪些中断向量号已被系统占用，哪些可以提供给用户使用，应查阅有关手册和资料。

1. INT n(INTerrupt)

指令中的 n 为中断向量号，n 的值为 0～0FFH(0～255)，INT 指令执行下面的操作：

第一步　将标志寄存器 FR 内容压入堆栈；

第二步　清除 IF 与 TF 标志位；

第三步　将 CS：IP 内容压入堆栈；

第四步　将中断服务程序的入口地址送 IP、CS，开始执行中断服务程序。

在 IBM　PC 机的 BIOS(基本输入/输出系统)中，提供了一些基本的中断服务程序，DOS 操作系统中也提供了许多中断服务程序，中断号为 20H～27H。其中，中断 INT 21H，称为 DOS 功能调用，这一个中断服务中包含了近百个子程序(功能)，可以实现磁盘读写控制、文件管理、存储管理、基本输入输出管理等功能。这两种中断都可以在程序中用 INT n 软中断指令调用。

比如：INT 16H 为 BIOS 键盘中断服务，INT 20H 为 DOS 中断，程序退出。

2. INTO(INTerrupt on Overflow)

3. INT3

INTO 和 INT3 软件中断功能与 INT n 执行的操作完全相同，只是 INT n 为 2 字节指令，而 INTO 和 INT3 为单字节指令。

INTO 指令用于判断算术运算结果是否有溢出发生，根据 OF 标志，当 OF＝1 时，有溢出，触发中断，进行溢出处理。INTO 的中断向量号为 4，中断向量地址为 10H(内存单元 10H、11H 存放的是该中断服务程序的入口地址的偏移量 IP；内存单元 12H、13H 存放的是中断服务程序入口地址的代码段地址 CS)。

INT3 是 8086/8088 另一条单字节中断指令，主要用在调试程序时，产生软件中断。

4. IRET(Interrupt Return)中断返回

所有的中断处理过程不管是由硬件引起的，还是软件引起的，最后执行的一条指令一定是 IRET，用以退出中断过程，返回到中断时的断点处。

中断返回指令 IRET 与子程序返回指令 RET 功能类似，执行过程也类似，只是在子程序调用时(CALL 指令)将 IP(段内调用)或 IP、CS 压入堆栈，返回时也只需弹出 IP 或 IP、CS。而发生中断时，CPU 自动保存 FR、IP 和 CS 的内容，因此，IRET 指令要自动将堆栈中的 FR、IP 和 CS 的内容送回这三个寄存器，恢复成中断以前的状态，如图 3-2-9 所示。

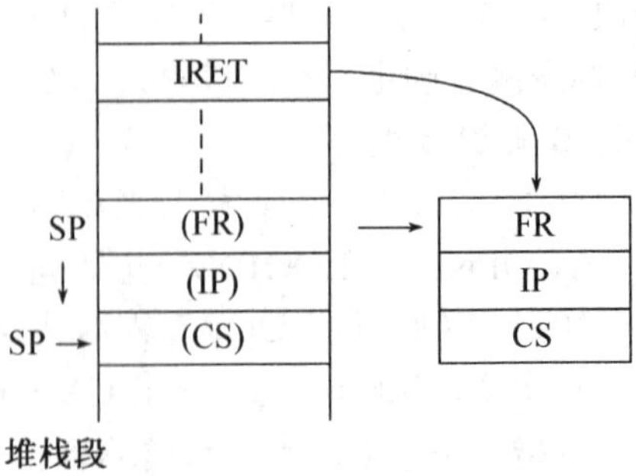

图 3-2-9　IRET 指令执行过程

有关中断系统的工作将在第 6 章中详细讨论。

3.2.6 CPU 控制指令

8086/8088 有下面 6 种处理器控制类指令：

① 标志位操作指令：CLC，CMC，STC，CLD，STD，CLI，STI

② 空操作指令：NOP

③ 处理器暂停状态指令：HLT

④ 处理器等待状态指令：WAIT

⑤ 处理器交权指令：ESC

⑥ 总线锁定指令：LOCK

1. 标志位操作指令

标志位操作指令对标志寄存器中指定位进行置位（置"1"）或清除（清"0"）操作。

CLC ;Clear Carry flag，执行本指令后，标志 CF = 0

CMC ;CompleMent Carry flag，执行本指令后，标志 CF = $\overline{\text{CF}}$，即标志取反

STC ;Set Carry flag，执行本指令后，标志 CF = 1

CLD ;Clear Direction flag，执行本指令后，方向标志 DF = 0，在字符串操作时实现地址指针自动增量控制

STD ;Set Direction flag，执行本指令后，方向标志 DF = 1，在字符串操作时实现地址指针自动减量控制

CLI ;Clear Interrupt flag，执行本指令后，中断标志 IF = 0，禁止所有的外部中断请求，即屏蔽 INTR 线上引起的中断，IF 标志对软中断（指令 INT n）没有影响，同样对 NMI 线上的不可屏蔽中断无作用

STI ;Set Interrupt flag，执行本指令后，中断标志 IF = 1，允许响应 INTR 线上出现的外部中断请求

上述 7 条标志操作指令都是单字节指令，除对指定的标志进行操作外，对其他标志位均无影响。

2. 空操作

NOP ;No OPeration，该指令 CPU 不进行任何操作

3. 处理器暂停

HLT ;processor HaLT，该指令使 CPU 进入暂停状态。在暂停状态 CPU 不执行指令。该指令不影响各标志状态。当 CPU 进入暂停状态后，只有下面三种情况之一发生时，才能脱离暂停状态：

① RESET 线上有复位信号。

② NMI 上有请求。

③ 若中断允许情况下（即 IF = 1），INTR 线上有请求。

4. 处理器等待指令

WAIT ;(Processor WAIT)，本指令功能与 HLT 指令类似。但其完成指令判断条

件不同,执行本指令,若测试引脚上的$\overline{\text{TEST}}$信号为高电平,则 CPU 进入等待状态。若有下列两种情况之一,处理器脱离等待状态:

① 在允许中断情况下(IF＝1),外部中断(由 INTR 线来)可强迫 CPU 执行中断服务程序。CPU 处理中断时,被保护的断点就是 WAIT 指令的地址,因此,当中断服务程序返回时,又返回并再次执行 WAIT 指令,重新进入等待状态。

② $\overline{\text{TEST}}$脚信号变为低电平。

WAIT 指令的一个主要用途是与协处理器 8087 同步,常用来等待 8087 协处理器的运算结果。8086/8088 的$\overline{\text{TEST}}$引脚和 8087 的$\overline{\text{BUSY}}$引脚相连。由于 8086/8088 和 8087 是并行地执行各自的指令,所以当 8086/8088 需要 8087 的运算结果,而 8087 还未完成计算,就需等待。当 8087 计算完成,使$\overline{\text{BUSY}}$引脚变为低电平,通过$\overline{\text{TEST}}$引脚,结束 8086/8088 等待状态,继续执行后继指令。

5. 处理器交权指令

ESC　mem　;(Processor ESCape),该指令将总线控制权交给其他处理器,如 8087 协处理器。所有由 8087 执行的指令的最前面几位为 11011,对于 8086 来说就是一条 ESC 指令。当 8086 执行 ESC 指令时,就把总线控制权交给 8087。ESC 指令还利用 8086 的寻址方式为 8087 获取一个存储器操作数。

此指令对标志位无影响。

6. 总线锁定前缀

LOCK　;(LOCK bus during next instruction),LOCK 指令是一个一字节的前缀,可以放在任何指令前面。该指令可使 8086/8088 的输出引脚$\overline{\text{LOCK}}$有效(低电平),在下一条指令执行期间封锁总线,这样其他主设备(8087/8089)不能控制总线。一直持续到下一条指令执行完成,解除对总线的封锁。

1. 什么叫寻址方式? 8086/8088CPU 有哪几种寻址方式?

2. 设(DS)＝6000H,(ES)＝2000H,(SS)＝1500H,(SI)＝00A0H,(BX)＝0800H,(BP)＝1200H,数据变量 VAR 为 0050H。请分别指出下列各条指令源操作数的寻址方式? 它的物理地址是多少:

(1) MOV　AX,BX;　　　　　　(2) MOV　BL,80H;

(3) MOV　AX,VAR;　　　　　　(4) MOV　AX,VAR[SI];

(5) MOV　AL,'X';　　　　　　(6) MOV　DI,ES:[BX];

(7) MOV　DX,[BP];　　　　　　(8) MOV　BX,20H[BX].

3. 假设(DS)＝3200H,(CS)＝0200H,(IP)＝2000H,(BX)＝050H,DATA＝100H,(32050H)＝0500H,(32150H)＝0400H。

试确定下列转移指令的转移地址:

(1) JMP　DS:2300H;

（2）JMP WORD PTR [BX]；

（3）JMP DWORD PTR [BX + DATA]。

4. 试说明指令 MOV BX,5[BX] 与指令 LEA BX,5[BX] 的区别。

5. 设堆栈指针 SP 的初值为 2300H,(AX)= 50ABH,(BX)= 4234H。执行指令 PUSH AX 后,(SP)= ? 再执行指令 PUSH BX 及 POP AX 之后,(SP)= ?(AX)= ?(BX)= ?

6. 指出下列指令的错误。

（1）MOV AH,CX；　　　　　　（2）MOV 300H,AL；

（3）MOV BX,[SI][DI]；　　　　（4）MOV [BX],[SI]；

（5）ADD BYTE PTR [BP],256；　（6）MOV [BX],[AX]；

（7）JMP BYTE PTR[BX]；　　　（8）OUT 250H,AX；

（9）MOV DS,AL；　　　　　　（10）MUL 39H。

7. 按下列要求写能完成相同任务的两种指令或程序段。

（1）清除 AX 寄存器内容；

（2）使 AL 寄存器中的高 4 位和低 4 位互换；

（3）CX 寄存器的内容与 AX 交换；

（4）判断 DX 中的 b0 和 b8 位是否为 1；

（5）将 0～9 数值化为相应的 ASCII 码'0'～'9'；

（6）将 AL 中的大写英文字母转换为小写英文字母并存放到 AH 中。

8. MUL 指令执行后 CF 与 OF 的值代表什么?

9. DEC 指令的运算结果对状态标志位有何影响?

第四章

🖥️⟩⟩ 汇编语言程序设计

由第三章,我们已知在计算机内部,指令系统是一组二进制代码,它既不容易理解,也不便于记忆。为了方便,发明了用助记符、符号地址、标号等来表示指令的方法,这种指令表示方法称为汇编语言指令。而用汇编语言指令编写的程序称为汇编语言源程序(简称源程序)。汇编语言源程序是为了方便人们编写程序,而计算机并不能执行这样的程序,把汇编语言源程序翻译成机器所能执行的程序的过程叫汇编。完成汇编任务的程序叫作汇编程序(ASM Assembler)。

汇编程序是最早发明,也是最基础的一种系统软件,它的功能是将汇编语言源程序翻译成机器语言程序。除此之外,它还提供一些其他基本功能,如按用户指定分配存储区(程序区、数据区、扩展数据区、堆栈区等),将不同进位制数转换成统一的二进制数,把字符转换成 ASCII 码,计算常数表达式的值等等,以及对源程序进行检查,给出错误信息,如非法语句、未定义的符号及标号、非法的操作数等等。具有上述功能的汇编程序称为基本汇编程序。

汇编程序将一组汇编语言语句序列定义为一个功能块,并赋予一个名字,其表示形式犹如一条计算机指令,并且在随后的汇编语言源程序中,可以像 CPU 的其他指令一样使用。这样的功能块称为宏指令或宏命令。具有这种功能的汇编程序叫作**宏汇编程序**(MASM Macro Assembler)。

4.1 汇编语言

汇编语言是一种介于计算机能直接识别的机器语言与其他高级语言之间的一种语言。若不考虑宏指令,汇编语言源程序的一条可执行语句对应微处理器的一条指令(机器语言)。与机器语言相比,汇编语言程序易于阅读、编写和修改。与其他计算机编程语言相比,汇编语言程序更接近于机器语言,并能全面地反映计算机硬件的功能与特点。由于汇编语言与处理器(CPU)的指令系统密切相关,是与计算机硬件相关的编程语言,故称为面向机器的语言,它一般不具备通用性。

用汇编语言编写程序的优点是能充分发挥计算机硬件性能,程序代码短、占用存储空间少、运行速度快等。因此,汇编语言主要用于计算机系统的硬件操作程序和核心系统软件程序的编写,也是编译程序、编辑、调试等各类基本应用程序的编制语言,是面向硬件工程师的语言。

高级编程语言(如 BASIC、C、MFC、JAVA 语言等等)脱离了处理器硬件,更符合人们的习惯。高级语言程序与微处理器硬件无关,因此,具有很好的通用性和可移植性,可以在不同的平台(不同的处理器,不同的软件环境)下工作。采用高级语言编程,具有比用汇编语言编程高得多的程序设计效率。高级编程语言是面向软件工程师的语言。

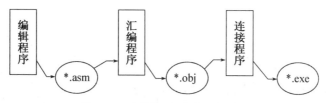

图 4-1-1　汇编语言程序处理过程

CPU 只能识别和执行由二进制数组成的指令系统代码序列,称为机器语言程序(在 PC 机系统中用.exe 作为程序的扩展名),用汇编语言语句书写的源程序(扩展名为.asm) CPU 不能执行。汇编就是把汇编语言源程序翻译成计算机可以识别的机器语言程序的过程。图 4-1-1 表示的是汇编语言程序的处理过程。

从编写一个汇编语言源程序到可以在计算机上运行,需要经过以下步骤:

第一步　书写汇编语言源文件,扩展名为.asm;

第二步　用汇编程序把.asm 源文件汇编成目标文件,扩展名为.obj;

第三步　用连接程序(LINK)把目标文件.obj 及程序执行时所用到的库文件或其他目标文件连接成一个可执行文件,扩展名为.exe;

第四步　在 DOS 环境下,直接输入可执行文件名,即可执行该程序。

4.2　伪指令语句

汇编语言源程序的一条可执行语句相当于一条机器指令,其格式在第三章中已介绍过。为了方便程序编写,汇编语言还扩展了一些辅助功能,如对常数、变量的定义,指定程序起始地址等,这些指令称为伪指令。

所谓伪指令,它不属于上一章所讲的 CPU 指令系统中的指令,也就是说,它不是 CPU 能执行的指令。而在汇编过程中,它又表现为指令所表示的功能。

例如,在汇编语言源程序中,可能多次出现同一个常数、变量或表达式等,在进行程序调试、修改的过程中,如果要对常数、变量或表达式等修改时,就必须从源程序中将所有该变量找出来,逐一进行修改。在许多情况下,同样的一个数值有不同的物理意义,比如我们可用一位二进制数表示一扇门的开(1)、关(0)状态,也可表示一盏灯的亮(1)、灭(0)状态。如果根据程序设计,我们希望将灯的亮状态改为 0,灭状态改为 1。如果在程序中直接用二进制数"0"、"1"表示它们的状态,必须对程序中每一个这样的数值判断其物理意义并修改,这样对程序调试极为不便,为了解决此问题,汇编语言在程序开始部分,对每一常数、变量或表达式各定义一个容易记忆和理解的符号来表示它们,即对它们重新命名,例如,我们定义一个名称 DOOROPEN,并指定它的数值为"1",再定义一个名称 DOORCLOSE,并指定它的数值为"0"。这样在随后的程序中,可以引用定义过的符号来代替直接用数值表示。如果要修改,只需要在定义的符号处进行修改就可以了。

这种有与可执行语句相类似的格式,但不生成计算机执行指令,而是指导汇编程序工作的指令,称为伪指令语句。宏汇编语言中的宏指令语句也属于一类伪指令语句。它的定义和工作过程在后面详细解释。

一、等值语句伪指令

等值语句只是为常量、变量、表达式等定义一个符号名,并不分配存储单元,换句话说,等值语句定义的仅仅是一个符号。如前面所说的 DOOROPEN,它是对数值"1"用一符号名来表示。当经过汇编后,我们会发现,所有源程序中的 DOOROPEN 都为"1"。

语句格式:名字(符号)　EQU　表达式　[;注释]

完成操作:把 EQU 右边表达式的值赋给其左边的名字(符号)。表达式除了可以是常数外,还可以为数值表达式、地址表达式、变量、标号名或助记符等。

用[　]括起来的注释字段是对该数据定义语句的解释,帮助理解。[　]括起来的部分不是必需的部分,下同。用等值语句为常数或数值表达式定义的是一个符号名。

例 4-2-1

```
DOOROPEN   EQU  1      ;定义符号 DOOROPEN 的值等于 1
DOORCLOSE  EQU  0      ;定义符号 DOORCLOSE 的值等于 0
ONE  EQU  1            ;定义符号 ONE 的值等于 1
TRUE  EQU  ONE         ;定义符号 TRUE 等于符号 ONE 的值,即 1
BREAK  EQU  0          ;定义符号 BREAK 的值等于 0
VAR1  EQU  [BP-10]     ;定义变址引用的符号名为 VAR1,它等于当前基
                        址指针寄存器中的数减去 10
VAR2  EQU  VAR1        ;定义变量 VAR2 为与变量 VAR1 相同的另一名称
NAME1  EQU  AX         ;对寄存器 AX 重命名
```

注意:EQU 语句左边的符号名不能使用已定义过的符号名。

符号名以字母开头,可以包括字母、数字、下划线等。汇编语言中有一些保留的关键词,不能用作符号名。此外,汇编语言不区分大小写英文字母。

例 4-2-2

```
TRUE  EQU  1           ;定义符号 TRUE 等于 1,正确
TRUE  EQU  0           ;错,重定义符号 TRUE
```

汇编语言中规定,一条汇编语言指令书写一行,分号后面部分为程序注释,汇编时,汇编语言忽略这部分。以分号开头的行,表示该行全为注释。这一特性在程序调试时很有用。

二、数据定义伪指令

数据定义伪指令用于定义变量的数据类型,并且可以说明该变量名包含的元素个数,

还可对它们赋予数据初值。数据定义伪指令不仅定义变量的符号,还为该符号分配相应数量的存储单元。数据定义伪指令也可没有变量名,此时只在存储器中保留与表达式相一致的存储单元数。

数据定义语句格式:

[变量名] 数据定义伪指令 表达式1[,表达式2,…… [;注释]]

其中,变量名是用符号表示的地址,它表示以该语句所定义的第一个变量的偏移地址。

表达式字段可以是数值表达式、字符串表达式、带 dup 的表达式等。若是字符(串)表达式,则字符(串)必须用单引号或双引号括起来,字符(串)用 ASCII 码的形式存放在相应的存储单元中。

数据定义伪指令有下列几类:

1. DB 伪指令

以字节为单位分配或保留若干个连续存储的单元。如果定义的数据是字符串,则字符串中字符的个数要小于 255 个。字符串用引号括起来,每一个字符分配一个字节的存储单元,按照地址递增顺序依次分配。

2. DW 伪指令

以字(两个字节)为单位分配或保留若干个连续存储的单元。对一个字来说,低位字节存放在低地址中,高位字节存放在高地址中。

3. DD 伪指令

以双字(4 个字节)为单位分配或保留若干个连续存储的单元。

4. DQ 伪指令

以 4 个字(8 个字节)为单位分配或保留若干个连续存储的单元。

5. DT 伪指令

以 5 个字(10 个字节)为单位来分配或保留若干个连续的存储单元。

	– – – –
DATA1	0FH
	0AH
DATA2	04H
	00H
	10H
	30H
CHAR	'H'(48H)
	'E'(45H)
	'L'(4CH)
	'L'(4CH)
	'O'(4FH)
M	00H
	00H
	00H
	00H
X	30H
	04H
	04H
	30H
	04H
	04H
Y	?
	?
	– – – –

图 4-2-1 数据定义伪指令

例 4-2-3

```
DATA   SEGMENNT
DATA1  DB 15,10          ;定义两个字节单元并赋初值15和10
DATA2  DW 4H,3010H       ;定义两个字单元,并赋初值
CHAR   DB"HELLO"         ;定义一个5个字节的字符串,并赋初值
M  DB 2 DUP(0,0)         ;定义两个存储空间,每个空间两个字节单
                           元,并赋初值0,0
X  DB 2 DUP(30H,2DUP(4)) ;定义两个空间,每个空间又定义为1个字节
                           单元,并赋初值30H,两个子空间,每个子空
```

间 1 个字节单元,并赋初值 4,因此,该语句
共定义了 6 个字节的存储空间

```
Y   DW   100   DUP(?)        ;定义 100 个字的单元,并且不改变原存储单
                              元中的数据

CT   EQU   $ - X             ;定义一个常数,其值等于当前地址减变量 X
                              的地址,上式中符号 $ 表示为当前地址(尽
                              管具体地址不知道,但由于 Y 定义了 200 个
                              字节的存储空间,X 定义了 6 个字节的存储
                              空间,因此 CT = 206)

DATA   ENDS
```

三、段定义伪指令

8086/8088 中,一个完整的汇编语言源程序分三个部分组成,即代码部分、数据部分和堆栈部分。汇编语言将它们定义为不同的段。编译时,按段定义生成浮动的目标代码;连接时,根据一定的规则进行组合。程序段用段定义伪指令说明。

段定义伪指令的格式:

段名　**segment** ［定位类型］［组合类型］［'类别名'］

……

……

段名　**ends**

其中,segment 和 ends 是段定义伪指令的关键词,表示段的起始和结束,必须联合使用。由［　］括起来的部分可有可无。省略号部分表示的是段的主体部分,如例 4-2-3,为数据的定义内容。

1. 段名

为段定义取的符号名。符号名的命名规则同变量、标号的命名规则相同。关键词 segment 和 ends 前面的段名必须一致,否则汇编程序会指出错误。

2. 定位类型

对段的起始地址的规定,有以下四种类型。

➤ byte 表示本段可以从任意一个字节边界起始。

➤ word 表示本段必须从字的边界起始,即段基址必须是偶数,段基地址的最低 1 位必须为 0。

➤ para 表示本段必须从小段的边界起始,即段基址的最低 4 位的二进制数值必须为全 0,当未声明(隐含)时为该类型。

➤ page 表示本段必须从页的边界起始,即段基址的最低 8 位的二进制数值必须为全 0。

3. 组合类型

大型程序设计和调试既需要许多人协同工作,又希望每个人独立工作,设计其中某一部分功能模块,最后将许多人编写的功能模块组合成完整的程序。组合类型反映如何将

这些独立设计的程序段连接起来,共有六种类型。

➢ public 表示在连接时本段与其他同名段连接在一起,形成一个新的逻辑段。

➢ common 表示在连接时本段与其他的同名段具有相同的起始地址,所有同名段中定义的变量按次序分配存储单元,产生一个覆盖段。不同的程序的段长度不一定相同,指定 common 类型,连接后的段长度是同名段中长度最大的段的长度。

➢ none 表示本段在连接时与其他段没有关系,按在源程序中各个逻辑段的顺序分配存储单元,隐含为本类型。

➢ at expression 表示本段的起始地址为由 expression 计算出来的值,但它不能用来指定代码段的段基址。

➢ stack 表示本段为堆栈段。当指定为堆栈段时,系统自动对堆栈段寄存器(SS)和堆栈段指针(SP)进行初始化。在被连接的程序中必须至少有一个 stack 段。如果有多个堆栈段时,初始化时 SS 指向第一个遇到的 stack 段。

➢ memory 表示本段应被放置在所有其他段的前面(最高地址处)。连接时,若存在多个 memory 段,则把遇到的第一个段作为 memory 段,其他段都作为 common 段。

4. 类别名部分

类别名必须用单引号括起来,用于表明该段的类别,如 CODE、DATA、STACK 等。

汇编程序允许将程序分为若干模块,分别汇编,然后用连接程序组成一个完整的程序。两个程序模块汇编并连接后,由于 CODE 段具有相同的名字,将两块顺序连接,组成一个大的 CODE 段。而数据段根据它们定义的类型组合,若为 PUBLIC,连接成一个逻辑块;若为 COMMON,则组成一个共同的数据覆盖段。

例 4-2-4

```
stack   segment  'stack'        ;定义一个堆栈段
dw   100h  dup(?)
stack   ends
data   segment   common        ;定义一个数据段,组合类型为 common
……
data   ends
code   segment   public  'code' ;定义一个代码段
……
code   ends
```

若另一个程序模块的段定义如下:

```
data   segment   common         ;定义一个数据段
……
data   ends
code   segment   public          ;定义一个代码段
……
code   ends
```

汇编和连接后,内存中程序映象如图 4-2-2 所示。

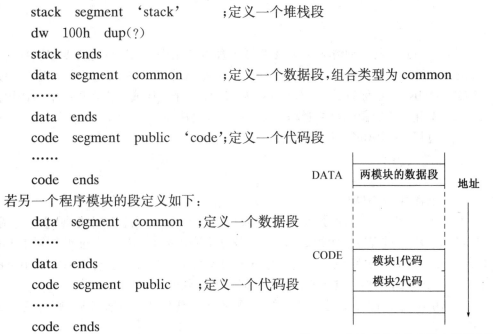

图4-2-2 两个模块汇编后的存储器分配

5. 其他有关段的伪指令

指派伪指令

assume 段寄存器名:段名[,段寄存器名:段名……]

其中段寄存器名必须是 CS,DS,ES 或 SS 之一。段名必须是用段定义伪指令 segment/ends 定义过的段名。

本伪指令的功能是将定义的段与段寄存器关联起来。在 assume 语句中,对于代码段寄存器 CS,它不仅把相应的段分配给 CS 寄存器,还由操作系统直接将段基地址装入到 CS 寄存器中,而程序中不必、也不能对 CS 寄存器赋值。对于其他段寄存器(DS,ES,SS),则是指定把某个段分配给哪一个寄存器,而没有将段基地址装入到相应的段寄存器中,要在程序中对其赋值。

例 4-2-5 程序中对段寄存器赋值

```
……
code    segment
assume  cs:code, ds:data, es:data, ss:stack
    mov   ax, data
    mov   ds, ax          ;对 DS 赋值
    mov   es, ax          ;对 ES 赋值
    mov   ax, stack
    mov   ss, ax          ;对 SS 赋值
……
```

本例中将数据段和扩展数据段定义为相同的段。

四、过程定义伪指令

经常会有这样的一种情况,有些运算或处理过程在程序的不同地方要多次执行。将完成这些运算或处理的指令序列编制成一个个专门的程序块,称这样的程序块为过程(PROCEDURE),也称为子程序(SUBROUTINE)。子程序或过程在程序中用调用指令(CALL)调用。在汇编语言中,过程定义伪指令的语法为:

过程名　PROC　[类型属性]

　　……

　　……

过程名　ENDP

其中,过程名是一个标号,也是过程入口的符号地址,在程序中根据过程名调用。PROC/ENDP 是过程定义伪指令,表示过程的开始和结束。每一个过程必须用 PROC 开始,也必须用 ENDP 结束。[ ]括号部分可有可无。过程类型有 FAR 和 NEAR 两类,隐含为 NEAR 类型。过程的属性可根据下列原则来确定:

① 调用程序和过程在同一代码段中(即不改变代码段寄存器 CS),则可用 NEAR 类型;

② 调用程序和过程在不同代码段中,应使用 FAR 类型。

NEAR 类型由于不改变代码段寄存器,子程序调用时,只需改变 IP 寄存器,被调用的过程(子程序)限制在 64K 范围内。FAR 类型调用时,同时修改代码段寄存器和指令指针 IP 寄存器,调用范围可达 1M。

五、END[标号]:程序结束标志伪指令

END 伪指令表示整个程序结束。其中的标号用来告诉操作系统本程序开始执行的起始地址。若一个程序有多个独立设计的程序模块组成时,只有主模块要使用标号,其他仅用 END。当汇编语言遇到 END 伪指令时,结束汇编,忽略此后的所有程序。

例 4-2-6

```
code    segment
assume  cs:code, ds:data, es:data, ss:stack
sub1    proc
        ......
sub1    endp
        ......
main    proc
        ......
main    endp
code    ends
    end    main
```

上例中,先定义子过程 sub1,……,然后定义主程序过程 main。END 伪指令中的 main 参数告诉操作系统,本程序从主过程(标号 main)开始执行。8086/8088 在编制程序时主过程和子过程的排列顺序没有固定的规则,只要在程序结束时,指明程序起始点。

六、其他伪指令语句

1. NAME　名字

在程序开始时,为模块命名。

2. TITLE　正文

在列表文件中打印出标题,若程序中没有使用 MANE 伪指令,则汇编程序将伪指令 TITLE 正文的前 6 个字符作为模块名。正文最多为 60 个字符。

若程序中未用上述两条伪指令,汇编语言取源程序名为模块名。

3. 对准伪指令

(1) EVEN

使下一个字节地址成为偶数。8086 将存储器分为偶地址存储体和奇地址存储体,一次可以读/写 1 个字(两个字节),但要求该字从偶地址开始存。若该字从奇地址开始存,则必须用两个总线读/写过程才能完成。程序中用 EVEN 伪指令,可以将紧随指令调整到偶地址。这里有两种情况,原指令存储地址就是偶地址,则该伪指令无效;未用 EVEN 伪指令对准,原指令从奇地址开始存储,调整后为从偶地址开始。中间多出一个单元,汇编语言自动添入一条空指令(NOP)。

(2) ORG 常数表达式

使下一个内存单元的地址成为常数表达式的值。ORG 既可以用来说明段起始地址,也可以在程序中指定过程(子程序)的起始地址(段内偏移地址)。

例 4-2-7

```
        code    segment
        assume  cs:code, ds:data, es:data, ss:stack
        ……
        org   100h
        sub1:                   ;sub1 从 100H 地址开始
        ……
        ret
org   200h
        sub2:                   ;sub2 从 200H 地址开始
        ……
        ret
        ……
```

七、基数控制伪指令

汇编程序中默认的数制为十进制数,若无专门说明,汇编程序将程序中出现的数均看作是十进制数。若为其他进制数时,要用后缀注明,如二进制数用后缀 B,十六进制数用 H,八进制数用 O 或 Q 表示,十进制数也可用后缀 D 注明。

伪指令

.RADIX 数值表达式

用于改变默认的基数。它可为 2~16 范围内的任一基数。

例

```
        AA   EQU   7899         ;定义十进制数 7899,正确,汇编语言自动转换成
                                 1EDBH
        .RADIX  8
        BB   EQU   7899         ;错,八进制不能表示 9
        .RADIX  16
        CC   EQU   7899         ;定义十六进制数 7899,正确
```

八、PUBLIC 和 EXTERN 伪指令

```
        PUBLIC   名字  [,名字,……]
        EXTERN   名字:类型[,名字:类型,……]
```

在前面已提到,汇编程序可以分为几个程序模块,分别编写和汇编,然后用连接程序组成一个完整的程序。

　　PUBLIC 伪指令,说明在本模块内或本段内定义的变量或过程,可被别的模块或段引用。而 EXTERN 伪指令的功能正好相反,它说明在本模块或段内用到的这些变量或过程,它们是在其他模块或段中定义的。

　　在引用外部变量或过程时,要指明它的类型。过程类型可为 NEAR、FAR,变量类型可为 BYTE、WORD、DWORD 等,但要注意它们的定义的一致性。有了这两条伪指令,就具备了设计通用子程序库的手段。

4.3　汇编语言源程序结构

　　汇编语言源程序可以分为代码段、数据段、堆栈段和扩展数据段几部分,其中只有代码段和作为程序结束的伪指令 END 是必需的,其他段都为可选段。

　　例 4-3-1　汇编语言源程序的基本格式如下:

```
      NAME   ……                    ;这两条伪指令也可省略
      TITLE  ……
DATA   SEGMENT'DATA'               ;定义数据段
      ONE   EQU   1                ;常数定义
      ……
      LONG   DD   ……              ;定义双字变量(4 字节)
             DW   ……              ;定义字变量(2 字节)
             DB   ……              ;定义字节变量
      ……
DATA   ENDS
EXTRA   SEGMENT                    ;扩展段
      ……
      DD   ……
      DW   ……
      DB   ……
      ……
EXTRA   ENDS
STACK1   SEGMENT   PARA'STACK'     ;堆栈段
      DW   N   DUP(?)
STACK1   ENDS
CODE   SEGMENT                     ;代码段
      ASSUME   CS:CODE,DS:DATA,ES:EXTRA,SS:STACK1
START:                            ;程序开始
      MOV   AX,DATA               ;初始化段寄存器
      MOV   DS,AX
      MOV   AX,EXTRA
```

```
        MOV   ES,AX
        MOV   AX,STACK1
        MOV   SS,AX
        ……
        MOV   AX,4C00H          ;返回 DOS 系统
        INT   21H
SUB1  PROC   FAR               ;过程定义
……
        RET
SUB1  ENDP
SUB2  PROC   NEAR              ;过程定义 2
……
        RET
SUB2  ENDP
……
CODE   ENDS                    ;代码段结束
END    START                   ;程序结束,并告诉操作系统,程序从 START
                                标号处开始执行
```

程序中

```
        MOV   AH,4CH
        INT   21H
```

两条指令为 DOS 操作系统的功能调用,常数 4CH 为功能码。所有的执行程序都是在 DOS 操作系统管理下的子程序。键入可执行程序名,开始运行程序实际是 DOS 系统调用子程序的过程,这两条指令相当于子程序返回。

4.4　汇编语言中的数据定义

一、常数(量)

常数(量)在汇编时确定,在程序运行过程中数值不会发生变化。常数分两种类型:数值型常数和字符串型常数。

数值型常数如:

➢ 二进制常数:以字母 B 结尾,如 01011100B,只能用 0,1 两种符号。

➢ 八进制常数:以字母 O 或 Q 结尾,如 270Q,35O 等,能用 0~7 表示。

➢ 十进制数:以字母 D 结尾,如 1995D。汇编语言预先指定为十进制数,因此,可以无结尾字母。

➢ 十六进制数:以字母 H 结尾,例如,3A40H,5H。每位除了用 0~9 的数字外,还可用 A、B、C、D、E、F(a、b、c、d、e、f)六个字母。

➢ 字符串型常数:用单引号括起来的字符串,其值为引号中字符的 ASCII 码。如'B'的值是 42H,'BA'的值是 4241H(注意 H 代表 16 进制)。

注意:字符型常数中英文字母分大小写,原因是它们由不同的 ASCII 码表示。

➢ 符号常量:用等价语句 EQU 或"="给一个常数命名。

例 4-4-1

```
BIN   EQU   10001110B
OCT   EQU   357O              ;汇编语言自动将其转换成 0EFH
DIG   =     1023              ;汇编语言自动将其转换成 03FFH
HEX   =     0FFEH
```

在等值伪指令中已提到,常数不占存储器单元。

二、变量

在程序运行时会发生变化的量称为变量。变量名实际上是数据在内存中的地址或数据块在内存中的首地址。它用数据定义伪指令(DB、DW、DD、DQ、DT 等)来定义。变量的地址表达式具有 3 种属性:段属性、偏移属性和类型属性。

变量的段属性是指变量所在段的段基地址,它存放在相应的段寄存器(DS,ES,SS)中。变量的偏移属性是指变量在段内的位置,即它到该段首地址的字节距离。变量的类型属性是指该变量所需要的字节数,如 DB 变量占一个字节,DD 变量占四个字节等。

例 4-4-2

```
data   segment
    COUNT    DB   5                      ;定义字节变量 COUNT,并赋初值 5
    BUFFER   DW   2345H,1234H,2678H      ;定义三个字变量的数组,并赋初值
    CHAR     DB'AB'                      ;定义字节变量 CHAR
data   ends
```

上述定义在存储器中的存储顺序如图 4-4-1 所示。

	……		
DATA	COUNT	5H	
		12H	地址增加 ↓
		23H	
		26H	
		34H	
	A	41H	
	B	42H	
	BUFFER	45H	
		78H	
	……		

图 4-4-1 变量在内存中的存放

注意:字、双字等变量的存储顺序为低地址低字节,高地址高字节。

例 4-4-3   对上述定义变量操作

```
MOV   AL,CHAR                    ;AL←"A"
MOV   AX,BUFFER + 2              ;AX←1234,从定义符号 BUFFER
                                  地址偏移两字节读数
MOV   AH,BYTE   PTR   BUFFER     ;AH←45H
```

尽管 BUFFER 定义的是字变量,其偏移量仍是以字节为单位,因此,指令

```
MOV   AX,BUFFER + 1
```

执行后,AX 中的数值为 3423H。

三、表达式

表达式是用运算符连接起来的算式。汇编语言中定义的运算符有:

(1) 算术运算符:+(加)、-(减)、·(乘)、/(除)、MOD(取余)。

(2) 逻辑运算符:AND(与)、OR(或)、NOT(非)、XOR(异或)。

(3) 关系运算符:EQ(等于)、NE(不等于)、LT(小于)、LE(小于等于)、GT(大于)、GE(大于等于)。

汇编语言中,用上述运算符连接起来的表达式,在汇编时,汇编语言自动求值。

例 4-4-4

```
MOV AX,   1000 + 345        ;AX←1345
ADD AX,   78 AND 63         ;AX + 0EH
SUB AX,   100 MOD 35        ;AX - 1EH
```

表达式也可用在变量或常数定义中。

例 4-4-5

```
TEMP   DW  1000 + 300       ;变量 TEMP 赋初值 1300(514H)
PRESS DW   1000 OR 650      ;变量 PRESS 赋初值 3EAH
MAX   EQU 10000 + 32000     ;定义常量 MAX 为 42000(0A410H)
```

(4) 取值运算符:OFFSET、SEG、TYPE、LENGTH、SIZE。

➤ OFFSET:得到一个标号或变量的偏移地址。8086/8088 指令系统中有一条指令 LEA,与此功能相同。

➤ SEG:得到一个标号或变量的段地址值。

➤ TYPE:如果是变量,得到它的类型值(DB 为 1,DW 为 2,DD 为 4,DQ 为 8,DT 为 10)。如果是标号,得到该标号的类型值(NEAR 为 -1,FAR 为 -2)。

➤ LENGTH:只对变量有效,回送分配给该变量的单元数。

➤ SIZE:变量占用的字节数。SIZE = TYPE × LENGTH。

例 4-4-6   假定段寄存器 DS = 40H。

```
DATA   SEGMENT
    DT   DW 8 DUP(?)
    NUM  DW  980,435H,4,547DH,1234H
    DW   320H,456H,7890H,234,128
```

```
        DATA    ENDS
CODE    SEGMENT
        ASSUME    CS:CODE,DS:DATA
MAIN:
        MOV    BX,    OFFSET    NUM        ;执行后,BX=10H,段内偏移量,变量 DT
                                            定义了重复 8 次的字变量
        MOV    AX,    SEG    NUM           ;执行后,AX=40H,NUM 所处段寄存器,
                                            这里为 DS
        MOV    CX,    TYPE    NUM          ;执行后,CX=2,NUM 为字变量
        MOV    DX,    LENGTH    NUM        ;执行后,DX=1,我们定义 NUM 为包含
                                            十个字的单独变量
        MOV    DX,    SIZE    NUM          ;执行后,DX=2,NUM 为单独变量
        NOP
CODE    ENDS
        END    MAIN
```

若将指令改为:

```
        MOV    DX,LENGTH    DT        ;执行后 DX=8,表示 DT 是由重复 8 次
                                        的字变量组成
        MOV    DX,SIZE    DT          ;执行后 DX=10H,表示 DT 占 16 个字节
```

(5) 属性运算符:PTR。PTR 为前缀,赋予地址表达式一个新的类型,而原来的段属性和偏移属性均不改变。PTR 本身不占内存,只是临时改变指定变量的类型。

PTR 运算符格式:类型　PTR　地址表达式

例 4-4-7

```
        V1    DB    -5              ;汇编语言自动将 -5 转换为 0FBH
        V2    DW    180H
        MOV    AX,V1                ;指令错,数据类型不匹配
        MOV    AX,WORD PTR    V1    ;指令正确,将 V1 临时改为字变量,此时
                                      AX=80FBH,实际将 V2 的低字节作为
                                      V1 的高半字
        MOV    AL,V2                ;指令错,数据类型不匹配
        MOV    AL,BYTE PTR    V2    ;正确,将 V2 改为字节变量,取值 80H
        MOV    AL,BYTE PTR    V2+1  ;正确,将 V2 改为字节变量,取值 01H
```

4.5　汇编语言程序设计的基本技术

程序是完成特定任务的一系列指令的有序集合,一个好的程序,除能正常运行,实现要求的功能外,还应具有结构清晰、可读性强、执行速度快、占用内存少等特点。

编写汇编语言源程序的基本步骤如下:

第一步　建立数学模型。分析问题和已知条件、限制条件,抽象为数学表示。

第二步　绘制流程图。流程图是直观形象地描述程序执行过程的一种方法。对于复杂的程序,用结构化程序的设计方法画出分级流程图,既便于编写程序,又便于检查。

第三步　确定算法。从汇编语言程序角度,所有计算方法都必须用计算机指令来实现,所以必须把数学模型用计算机指令集组成的序列来表示。

第四步　编写程序。用汇编语言语句逐条实现算法的过程就是编写程序。同样的一个功能,可用不同的指令序列来实现,好的汇编语言要求采用最少的指令条数、最快的执行速度。此外,汇编语言还需要合理地分配存储空间和工作单元,提高资源的利用率,特别是在用单片机等设计控制器程序时。

第五步　语法检查。主要检测指令是否合法,程序书写语法和格式是否正确等,它可借助汇编程序和连接程序完成。对象 8086/8088 等这类微处理器,寻址方式非常丰富,汇编程序可以检查出指令的语法错误,未定义的符号、变量等错误。连接程序能在生成可执行程序时发现模块间相互调用等错误。语法检查是程序运行前的检查,它也称为静态检查。只有通过了汇编程序和连接程序的语法检查,才会生成可执行程序(以 .exe 为后缀),然后才能运行。

第六步　上机运行调试。静态检查解决的是程序设计中的语法类错误,而上机运行调试解决的是程序中的逻辑错误。计算机系统都提供有跟踪调试功能,现在往往将编程、汇编、调试等功能集中在一个软件中,如 WAVE6000 集成环境。集成环境提供了不同的跟踪调试功能,既允许逐条指令执行程序,也允许在程序中设置断点执行。程序调试是一个复杂的过程,为了确保编制的程序的逻辑正确性,应该仔细选择试验算例。

汇编语言程序中,最常见的程序形式有顺序程序、分支程序、循环程序和子程序。这几种程序的设计方法是汇编程序设计的基础。

4.5.1　顺序程序设计

顺序程序是最简单的程序,它的执行顺序和程序中指令的排列顺序完全一致。也就是从程序的第一条指令开始,依次执行,直到程序的最后一条指令,执行完成,退出。

例 4-5-1　求 $Y = 3X^4 + 5X^3 + 6X^2 + 4X + 2$。

分析: 上式可改写成 $Y = (((3X+5)X+6)X+4)X+2$。

程序代码如下:

```
;-----------------------------------------------------------------------------------
;例 4-5-1  顺序程序设计
;求 Y=3X⁴+5X³+6X²+4X+2 的值
;计算过程:Y=3*X+5
;         Y=Y*X+6
;         Y=Y*X+4
;         Y=Y*X+2
;注:本例未考虑运算结果超过 16 位的情况
DSEG  SEGMENT            ;数据段定义
```

```
    X   DB   5H              ;假定 X=5H
    Y   DW   0
DSEG   ENDS
CODE   SEGMENT
    ASSUME CS:CODE,DS:DSEG
BEGIN：
    MOV   AX,   DSEG         ;初始化段寄存器
    MOV   DS，  AX
    MOV   AX，  0
    MOV   AL，  3
    MOV   BH，  0
    MOV   BL，  X            ;BL=X
    MUL   BX
    ADD   AX，  5            ;AX=3×X+5
    MUL   BX
    ADD   AX，  6            ;AX=……
    MUL   BX
    ADD   AX，  4
    MUL   BX
    ADD   AX，  2
    MOV   Y，   AX           ;保留结果
    (MOV   AH，  4CH
    INT   21H)              ;返回 DOS
    NOP
    NOP
CODE   ENDS
        END   BEGIN
```

4.5.2　分支程序设计

有时要根据指令执行的结果,采取不同的处理,这可以采用分支程序来实现。

分支程序分为两分支和多分支结构。两分支结构是根据二值判断条件,转入其中的一支执行,如图 4-5-1(a)所示。多分支结构有三个或三个以上分支,是根据多值判断条件转到其中的某一分支执行,如图 4-5-1(b)(c)所示。多分支程序要求 CPU 具有多分支指令。对 8086/8088 或其他不具有这样的指令的 CPU,可利用若干个两分支结构来实现,如图 4-5-1(b)所示。

例 4-5-2　(二分支程序)

判断一组数据中,第 5 位(D4)为 1 的数据的个数。

DATA   SEGMENT

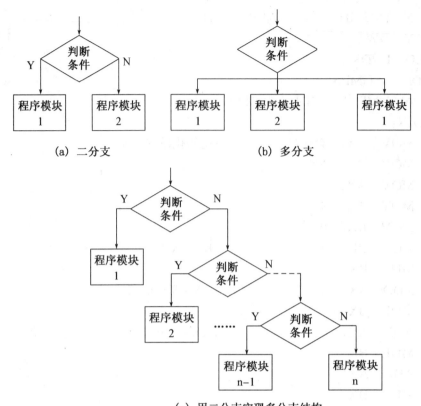

(a) 二分支　　　　　　　　　　(b) 多分支

(c) 用二分支实现多分支结构

图 4-5-1　分支程序结构

```
INT DB 0AFH, 0AH, 0A9H, 0AAH, 0B0H, 0CH, 0CCH, 0DCH, 79H, 0E8H;
    DB 0F0H, 3CH, 48H, 55H, 0D8H, 08DH, 13H, 77H, 9AH, 0E2H ;原始数据
RES0    DB 00          ;第 5 位为 0 的数据统计结果
RES1    DB 00          ;第 5 位为 1 的数据统计结果
DATA    ENDS
CODE    SEGMENT
        ASSUME  CS：CODE, DS：DATA
BEGIN：
    MOV  AX,  DATA
    MOV  DS,  AX
LP0：
    MOV  CX,  20          ;循环次数
    MOV  SI,  OFFSET INT  ;测试数据起始地址
    MOV  RES0, 0          ;清除结果
    MOV  RES1, 0
LP1：
    MOV  AL, [SI]         ;取数据
```

```
        TEST  AL，10H              ;测试第 5 位
        JZ  R10                   ;为 0，转标号 R10 执行
        INC  RES1                 ;统计第 5 位为"1"的数据个数
        JMP  R20                  ;无条件转标号 R20 执行
R10：
        INC  RES0                 ;统计第 5 位为"0"的数据个数
R20：
        INC  SI                   ;修改测试数据地址
        LOOP  LP1
        NOP                       ;执行到此上述统计功能结束,下面的程序用于产
                                   生不同的测试数据
        MOV  AH，  INT＋5         ;读第 5 个测试数据(可任意选一个数据)
        LEA  SI，  INT            ;读测试数据地址(与 MOV SI, OFFSET INT 相同)
        MOV  CX，  20
LP2：
        MOV  AL，［SI］
        ADD  AL，  AH
        MOV  ［SI］，  AL          ;保存新数据
        INC  SI
        LOOP  LP2
        NOP
        JMP  LP0                  ;重新开始测试
CODE   ENDS
        END BEGIN
```

例 4-5-3 （多分支程序）从一组 ASCII 码数据中选出为 0~9 的数字,并统计非数字数据个数。

程序如下：

```
DATA  SEGMENT
    ASCII  DB  40H  DUP(0)     ;ASCII 码数据
    DIGIT  DB  40H  DUP(0)     ;选出的数字数据
    NON  DB 0                  ;非数字数据个数
DATA  ENDS
CODE  SEGMENT
    ASSUME  CS:CODE, DS: DATA,  ES:DATA
START：
    MOV  AX，  DATA
    MOV  DS，  AX
    MOV  ES，  AX
```

```
        MOV  DI，OFFSET  ASCII
        MOV  CX，40H
        MOV  BL，13
        MOV  AL，19                    ;本段用于产生原始数据
LP5：
        MUL  BL
        ADD  AL，CL
        AND  AL，7FH
        MOV  [DI]，AL
        INC  DI
        LOOP  LP5

        MOV  SI，OFFSET  ASCII
        MOV  DI，OFFSET  DIGIT  ;选出数字码存储
        MOV  CX，40H
        MOV  AL，0                     ;清除结果单元中的原数据
LP10：
        MOV  [DI]，AL
        INC  DI
        LOOP  LP10
        MOV  NON，0                    ;初始化非数字数据计数
        MOV  DI，OFFSET  DIGIT
        MOV  CX，40H
LP20：
        MOV  AL，[SI]
        MOV  AH，AL
        SUB  AL，30H
        JC  S5                        ;<30H 为控制字符,转至非数字数据处理
        MOV  AL，AH
        SUB  AL，39H
        JG  S5                        ;30H<,39H> 为数字转至非数据字符处理
        MOV  [DI]，AH                  ;保存选出的数字数据转至非数据字符处理
        INC  DI
        JMP  S20
S5：
        INC  NON
S20：
        INC  SI
```

```
        LOOP    LP20
        NOP
CODE    ENDS
        END     START
```

从上述程序可见，多分支程序实际上由多个二分支判断组成。

4.5.3　循环程序设计

有的时候，需要重复执行过程，如果采用顺序结构程序，则程序段需要重复书写许多次，循环程序是解决这类问题的有效方法。

一、循环程序的结构

循环程序一般由初始化部分、工作部分、循环控制部分、修改部分和结束处理部分组成，流程图如图 4-5-2 所示。

1. 初始化部分

初始化部分是为循环部分设置循环条件，如设置地址指针和计数器的初始值、预置寄存器初值等。

2. 循环部分

这部分是循环程序的主要程序段，被重复执行的部分。

3. 修改部分

修改部分为下一次循环做准备，如修改地址指针、计数值等。

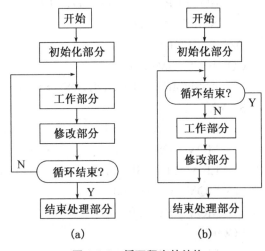

图 4-5-2　循环程序的结构

4. 循环控制部分

循环控制部分判断继续循环还是结束循环。根据控制部分所在位置的不同，分为先工作后判断和先判断后工作两种结构，如图 4-5-2 所示，其区别是循环部分最少执行的次数。

5. 结束处理部分

结束处理部分功能是循环结束后的工作。

二、循环控制的方法

循环控制的方法有计数控制法和条件控制法，以及两者结合。

1. 计数控制法

该方法适用于循环次数已知的情况，某一个寄存器或存储器单元作计数器（8086/8088 中常采用 CX 寄存器），利用计数器的值控制循环。循环计数可用增量计数，也可用减量计数（8086/8088 若用 LOOP 指令进行循环和控制时，不能用增量计数）。

若采用增量计数，将计数器的初值置为 0，每循环一次，计数器的值加 1，然后与要求的循环次数比较,相等则结束循环。

减量计数则将计数器的初值设置为要求的循环次数,每循环一次,计数器的值减1,当计数器等于0,则结束循环。由于 CPU 一般均有结果为0标志(ZF),相对来说采用减量计数法更方便。

例 4-5-4 统计数据块中负数的个数。

有一字节数据块存放在 BUFFER 开始的100个单元中,设计程序,统计数据块中负数的个数,并将统计的结果存放到 NUMBER 单元中。

示例程序如下:

```
DATA  SEGMENT
    BUFFER  DB  100  DUP(?)
    NUMBER  DB  0
DATA  ENDS
CODE  SEGMENT
    ASSUME  CS:CODE,DS:DATA
START:
    MOV  AX,  DATA
    MOV  DS,  AX
    LEA  SI,  BUFFER          ;BUFFER 地址送 SI
    MOV  CX,  100             ;循环次数
    MOV  BL,  0               ;负数计数单元
LOOP1:                       ;循环体
    MOV  AL,  [SI]
    OR  AL,  [SI]
    JNS  LOOP2               ;非负,转
    INC  BL                  ;负数个数增1
LOOP2:
    INC  SI                  ;修改地址指针
    LOOP  LOOP1              ;循环控制
    MOV  NUMBER,  BL
    (MOV  AH,  4CH
    INT  21H)
    NOP
    NOP
CODE  ENDS
    END  START
```

2. 条件控制法

该方法适用于循环次数未知的情况。设定循环条件,每循环一次,测试条件是否满足,若满足,则结束循环,否则继续循环。

例 4-5-5 统计字符串的长度。

假定定义的 STRING 字符串变量中,存有以字符"＊"作为结束标志的一字符串。设计一程序,统计字符串的长度(不包括字符"＊"),并将字符串长度存入 LENGTH 单元。

```
DATA   SEGMENT
    STRING   DB   '123456789……＊'
    LENGTH   DW   0
DATA   ENDS
CODE   SEGMENT
    ASSUME   CS:CODE,   DS:DATA
START:
    MOV   AX,   DATA
    MOV   DS,   AX
    LEA   BX,   STRING        ;字符串地址指针
    MOV   CX,   0             ;字符串计数
LOOP1:
    MOV   AL,   [BX]
    CMP   AL,   '＊'
    JZ   LOOP2
    INC   BX                  ;修改指针
    INC   CX
    JMP   LOOP1
LOOP2:
    MOV   LENGTH,   CX
    (MOV   AH,   4CH
    INT   21H)
    NOP
    NOP
CODE   ENDS
    END   START
```

4.5.4 子程序设计

前面介绍的过程定义伪指令是将一程序段定义为一个过程,并赋予一个名字,在需要时,用调用指令 CALL 调用这个过程。将各种测试好的子程序均定义为 PUBLIC 属性,组成一个文件,成为标准的子程序库。

1. 子程序的定义

子程序是用过程定义伪指令 PROC/ENDP 定义的程序段。定义时要注意类型属性的选择,一般原则在伪指令中已介绍过:

(1)主程序和子程序在同一代码段,可定义为 NEAR 属性或 FAR 属性。

（2）主程序和子程序在不同代码段，定义为 FAR 属性。

（3）主程序一般定义为 FAR 属性。

PC 机 DOS 操作系统将各种应用程序（主程序）看作是 DOS 系统调用的一个子程序，而 DOS 系统对主程序的调用和返回都是 FAR 属性的。

主程序用 CALL 指令调用子程序，子程序用 RET 指令返回调用它的主程序。

主程序调用子程序时，如果某些寄存器的内容在子程序返回后还要使用，而在子程序中又使用了这些寄存器，则会导致程序执行结果错误。因此，子程序有责任保护执行时所使用的寄存器的内容（作为主程序和子程序传递参数的寄存器除外），并在返回主程序之前再恢复这些寄存器的内容。一般，子程序用 PUSH 指令将寄存器的内容保存在系统堆栈中，在返回前用指令 POP 将保护内容弹出堆栈，恢复寄存器的内容。

> **注意：** 堆栈具有先进后出的特点，最先压进堆栈的数据最后弹出。

主程序调用子程序时，向子程序提供需要的数据（即入口参数），而子程序执行完毕返回主程序时，要将执行的结果（即出口参数）传递回主程序。参数的传递一般有三种方式，寄存器传递参数、堆栈传递参数和存储器传递参数。此外，传递的参数既可以是参数本身（传值），也可以是参数的地址（传指针）。

子程序还可以调用子程序，这种情况称为子程序的嵌套调用，如图 4-5-3 所示。有些子程序还能调用自身，这种调用称为递归调用。原则上，子程序嵌套调用的层数不受限制，只要堆栈空间允许。但递

图 4-5-3　子程序的嵌套调用

归调用要注意递归的出口条件，防止发生死循环和陷入无限嵌套之中。

例 4-5-6　编写程序寻找数组中的最大值与最小值。

设 NUM 为一存放 10 个字的数组，用子程序方法，找出该数组中的最大值与最小值，并分别存放到 MAX 和 MIN 单元中。

```
;--------------------------------------------------------------------------
;子程序名：MAX—MIN
;子程序功能：求数组中的最大值与最小值
;入口参数：SI 存放数组首地址，CX 存放数组个数
;出口参数：最大数存放在 MAX 单元，最小数存放在 MIN 单元
;用到的寄存器：SI、CX、AX 和 BX
;典型例子：执行前
;NUM   DW   980,435H,4,547DH,1234H
;      DW   320H,456H,7890H,234,128
;      执行后   MAX  DW  7890H, MIN DW  4
;--------------------------------------------------------------------------
DATA   SEGMENT
```

```
        NUM  DW  980，435H，4，547DH，1234H
             DW  320H，456H，7890H，234，128
        MAX  DW  ?
        MIN  DW  ?
DATA  ENDS
STACK  SEGMENT  STACK
DW  256  DUP(0)
TOP  EQU  $
STACK  ENDS
CODE  SEGMENT
        ASSUME  CS:CODE，DS:DATA，SS:STACK
MAIN：
        MOV  AX，DATA
        MOV  DS，AX
        MOV  AX，STACK
        MOV  SS，AX
        MOV  SP，OFFSET  TOP        ;置堆栈指针
        LEA  SI，NUM                ;数据指针
        MOV  CX，9
        CALL  MIN_MAX
        JMP $

MIN_MAX  PROC  NEAR                ;子程序定义
        PUSH  AX                   ;保护寄存器内容
        PUSH  BX
        MOV  AX，[SI]
        MOV  BX，AX
ADD2：
        ADD  SI，2
        CMP  [SI]，AX        ;比目前最大数小?
        JC  MINU             ;是,转
        JZ  NEXT             ;等于目前最大数,转
        MOV  AX，[SI]         ;保留新最大数
        JMP  NEXT
MINU：
        CMP  [SI]，BX         ;比目前最小数小?
        JNC  NEXT            ;否,转
        MOV  BX，[SI]         ;保留新最小数
```

```
NEXT：
    LOOP  ADD2
    MOV   MAX，AX
    MOV   MIN，BX
    POP   BX
    POP   AX
    RET
MIN_MAX  ENDP
CODE  ENDS
END   MAIN
```

本例中，CX 和 SI 用于主程序向子程序传递参数，因此，尽管子程序中用到 CX 和 SI，也不需保存。此外，对子程序中未用到的寄存器等也不需保留，因为堆栈资源是有限的。

4.5.5　宏功能程序设计

在汇编语言程序中将经常要使用，有独立功能的程序段，设计成子程序，并将其组成子程序库，供需要时调用。此外，在宏汇编程序中还提供了另一种设计独立功能程序段的方法，称宏指令(有时也称宏命令，或直接称"宏"MACRO)。

尽管宏指令与子程序的功能与组成十分相同，但是它们是两个完全不同的程序技术，并且一般它们的应用领域也不同。

宏指令像指令操作助记符一样，定义后可在程序中用这个名字来代替这段指令序列。宏指令同样允许传递参数，传递方式也比子程序简单。同样也可以将宏指令集中在一起建立宏指令库，程序中只需按规定的条件调用即可。

IBM　PC 宏汇编还提供了条件汇编，条件汇编可使宏汇编有选择地汇编源程序。条件汇编与宏指令结合，使宏指令功能更强，技术更完善。

宏指令的调用要经过宏定义、宏调用和宏扩展三个步骤。宏定义和宏调用由用户完成，宏扩展则由宏汇编程序在汇编期间完成。

1. 宏指令的定义

宏指令定义用伪指令 MACRO/ENDM 来实现。

宏定义的格式：　宏指令名　MACRO　[形参 1] [，形参 2，……]

……

ENDM

宏定义必须由伪指令 MACRO 开始，用 ENDM 结束。MACRO 和 ENDM 间的程序段称为宏体。用 MACRO 和 ENDM 定义宏指令名、形参和宏体。宏体是宏指令的程序段，它由一系列指令和伪指令组成。宏指令要先定义，才能调用。因此，宏必须在它第一次调用之前定义完成。

宏指令名是一符号，在程序中按名调用。宏指令名可以与 CPU 指令的助记符、汇编语言的伪指令等同名，且具有比同名的 CPU 指令、伪指令等更高的优先权。即当宏指令与 CPU 指令或汇编语言的伪指令同名时,宏汇编程序一律用宏指令代替,而不管与它同名的指令或伪指令原来的功能如何。因此,采用宏指令可以重新定义 CPU 的指令(集)和伪指令功能。宏的这个功能使软件兼容性能扩展到汇编语言一层。

汇编语言源程序中,宏指令如同 CPU 的指令。

形参(形式参数)是临时变量的名字。形参可有可无,并且个数不限,形参间用逗号或空格分开。

例 4-5-7 用宏指令重新实现例 4-5-6 中子程序的功能。

```
DATA   SEGMENT
     NUM   DW   980,435H,4,547DH,1234H
           DW   320H,456H,7890H,234,128
     MAX   DW   ?
     MIN DW   ?
DATA   ENDS
STACK   SEGMENT   STACK
     DW   256   DUP(0)
     TOP   EQU   $
STACK   ENDS
CODE   SEGMENT
     ASSUME   CS:CODE, DS:DATA, SS:STACK
MAXIM     MACRO   B, C   ;宏定义
           MOV CX, C
           MOV   SI, OFFSET   B
           MOV   AX,[SI]
           MOV   BX, AX
MAX1:
           INC SI
           INC SI
           CMP AX,[SI]
           JNC MAX2
           MOV AX,[SI]
           JMP MAX3
MAX2:     CMP BX,[SI]
           JZ   MAX3
           JC   MAX3
           MOV BX,[SI]
MAX3:
           DEC CX
           JNZ MAX1
```

```
        ENDM
MAIN：                    主程序
    MOV  AX, DATA
    MOV  DS,  AX
    MOV  AX, STACK
    MOV  SS,  AX
MAXIM  NUM,  9
    JMP $
CODE  ENDS
    END  MAIN
```

宏定义中的形式参数不仅可以出现在宏体中指令的操作数部分,也可以出现在指令的助记符部分。若形参是指令助记符的一部分,则在形参前面加上符号"&"。如 8086/8088 指令集中,将任一寄存器或存储器内容进行算术右移(SAR)、逻辑右移(SHR)或算术/逻辑左移(SHL/SAL)三条指令的助记符的第一字符相同,其后的字符不同,故可将不同的字符部分定义为形参,而在第一字符后加符号"&"。

例 4-5-8 设计可实现算术右移、逻辑右移或算术/逻辑左移三条指令的宏指令。

将这三条指令助记符中不同字符部分定义为形参 A,寄存器或存储器定义为形参 B,移位次数定义为 C,则该宏指令定义和调用程序为:

```
CODE  SEGMENT
SHIFT    MACRO  A, B, C        ;宏定义
         MOV  CL, C
         S&A  B, CL            ;形参 A 为指令助记符的一部分,加前缀&
         ENDM
MAIN：
    NOP
    MOV BX, 0FFH
SHIFT  HL, BX, 3              ;宏调用,实现左移功能
    NOP                       ;无作用,为两次显示宏扩展进行隔离
    NOP
    MOV AX, 055H
SHIFT  HR, AX, 2              ;宏调用,实现逻辑右移功能
    NOP
    NOP
SHIFTAR, AX, 4               ;宏调用,实现算术右移功能
    NOP
    NOP
    JMP $
CODE  ENDS
```

```
        END    MAIN
```

取消宏定义的伪指令　PURGE

PURGE 的格式：　PURGE 宏指令名[,宏指令名,…]

　　在程序中使用伪指令 PURGE 可取消所定义的宏指令。被取消的宏指令不再能调用,这时有两种情况发生,一是扩展时错,不能生成可执行程序;二是使若存在与该宏名称相同的指令,随后的程序部分将恢复原指令或原伪指令的功能。

　　2. 宏调用和宏扩展

　　宏指令可直接在源程序中出现,称为宏调用。宏调用的格式:

　　宏指令名　[实参,实参,……]

　　如例 4-5-8 中所示。调用时宏指令名必须与宏定义中的宏指令名一致,其后的实参可以是数字、字符串、符号名或尖括号括起来的带间隔符的字符串。实参在顺序、属性、类型上要同形参保持一致,实参个数与形参相等。

　　用实参代替形参,并将宏体插入到宏调用处称为宏扩展。宏扩展后,程序中不再有宏指令名出现。

　　例 4-5-9

```
        SHIFT   MACRO  A, B, C           ;宏定义
                MOV  CL,  C
                &A  B,  CL
                ENDM
        MAIN:                            ;主程序
         ……
                NOP
                MOV  BX,  0FFH
        SHIFT   SHL,  BX,  3             ;宏调用
                NOP
                NOP
                MOV  AX, 055H
        SHIFT   SHR,  AX,  2
                NOP
         ……
```

经过汇编后的程序如下:

```
        0450H   90          NOP
        0451H   BBFF00      MOV  BX,  00FFH
        0454H   B103        MOV  CL,  03H
        0456H   D3E3        SHL  BX,  CL            ;宏扩展
        0458H   90          NOP
        0459H   90          NOP
        045AH   B85500      MOV  AX,  0055H
```

```
045DH    B102        MOV   CL，02H
045FH    D3E8        SHR   AX，CL              ;宏扩展
0461H    90          NOP
```

与原汇编程序比较,可见在经汇编后的可执行程序中,每一次调用宏指令,都用宏体代替,形参也都用实参替换。若有 100 次调用,程序中将存在 100 次宏扩展。

3. 宏体中的标号和变量

在宏体中还可以定义标号和变量,如例 4-5-7。但宏定义在汇编时要进行宏扩展。若该宏指令在程序中要多次调用,在进行宏汇编时就会产生多个重名的标号,造成多次定义错误。同样,若宏体中定义有变量,(这个变量不是形参时)也会产生变量的多次定义错误。为解决这个问题,宏汇编提供了伪指令 LOCAL。

伪指令 LOCAL 的格式:

LOCAL 符号表

当用伪指令 LOCAL 定义变量、标号等后,它们就只局限在宏定义中。在宏扩展时,宏汇编将按其调用顺序和符号表中的符号顺序自动为其后的符号指定特殊的符号(?? 0000～?? FFFF),并用这些特殊的符号替换宏体中相应的符号,避免了符号多重定义的错误。LOCAL 伪指令只能用在宏定义中,且必须是宏体中的指令或伪指令的第一条。因此,简单的做法是凡宏体中定义的标号和变量均用 LOCAL 伪指令说明,这样,即使宏指令没有被多次调用也无关系,而多次调用也不会发生错误。

例 4-5-10 对例 4-5-7 中的宏定义重写为:

```
MAXIM   MACRO  B，C              ;宏定义
LOCAL   MAX1，MAX2，MAX3
        MOV CX，C
        …………
        ENDM
```

4. 宏指令与子程序的区别

宏指令与子程序都可以用来处理程序中重复使用的程序段,缩短源程序的长度,使源程序结构简洁、清晰,但它们是两个完全不同的概念,有着本质的区别。其区别如下:

(1) 处理的时间和方式不同。宏指令是在汇编期间由宏汇编程序处理的;宏调用是用宏体置换宏指令名、实参置换形参的过程。因此,在汇编时,发生程序代码的置换。汇编结束后,源程序中的宏定义不再起作用。而子程序是目标程序运行期间由 CPU 执行 CALL 指令时调用的,CPU 控制从主程序转向子程序执行,子程序执行完后,又重新返回主程序执行。对子程序来讲,汇编过程中没有发生代码和参数的置换过程。子程序调用需要进行程序的转移和返回、保护和恢复现场、传递参数等工作,而宏指令不需要这些操作,因此,宏指令的执行速度比子程序执行速度快。

(2) 目标程序的长度和执行速度不同。每一次宏调用,都要进行宏扩展,因而目标程序会因宏调用次数的增加而变长,占用内存空间会增大。而在一个程序中,每一子程序的目标代码只需出现一次,无论调用多少次子程序,都是在同一段代码中执行,目标代码长度与子程序调用次数无关,因此,子程序占用内存空间相对小。

（3）参数传递的方式不同。宏调用可以实现参数替换，替换方法简单、方便、灵活，参数的类型不受限制，可以是指令码、寄存器、标号、变量、常量等等。子程序传递的参数一般为地址（指针）或数据，传递方式由用户编程时具体安排，相对较复杂。

宏指令和子程序各有优缺点，可根据实际情况选用。一般来讲，最底层的核心软件编制采用宏指令更适合，而应用程序等设计采用子程序更适合。

4.5.6　条件汇编与宏库的使用

经常使用的宏指令，也可将它们集中在一起，建成宏库，供自己或其他人调用。当程序中需要调用时，应使用伪指令 INCLUDE 将宏库加入自己的源文件中，然后按宏库中各宏指令的规定调用即可。

伪指令 INCLUDE 的格式：

INCLUDE 宏库名

该伪指令的功能是先将宏库进行汇编。因为宏要先定义后调用，所以该伪指令应放在汇编程序源文件的开始部分。宏库汇编完后再继续汇编后面的程序。

宏汇编程序对源程序要经过两遍扫描，第一遍进行宏处理，第二遍是生成机器代码。因此，第二遍若跳过宏定义，可以加快汇编速度。使用条件汇编可达此目的，条件汇编的格式是：

```
IF   条件
    程序段1
[ELSE
    程序段2]
ENDIF
```

其中 IF 和 ENDIF 必须有且要成对，方括号中的 ELSE 部分为可选项。

条件汇编的功能是根据条件有选择地对程序段进行汇编。当条件为真，汇编程序段1，跳过程序段2；当条件为假，不汇编程序段1，而汇编程序段2。若没有 ELSE，则当条件为假，不进行汇编。

可用的条件汇编指令有：

IF(IFF) 数值表达式：≠0 为真（括号中＝0 为真）

IF1(IF2)　：专门用于指定是第一次汇编时执行（或第二次汇编时执行）

IFDEF(IFNDEF)符号名：测试符号名是否已定义，已定义为真（未定义为真）

IFB(IFNB)参数：参数是否空，空为真（否空为真）

例 4-5-11　下列程序中，根据 CHANGE 的值，确定变量 DT 的初始赋值。

```
DATA   SEGMENT
CHANGE EQU 0
IF CHANGE
    DT   DB   -20
  ELSE
    DT   DB   20
```

```
        ENDIF
        DATA   ENDS
        CODE   SEGMENT
            ASSUME   CS:CODE, DS:DATA
        MAIN:
            MOV AX, DATA
            MOV DS, AX
            MOV AL, DT
            NOP
        CODE   ENDS
        END    MAIN
```

该条件汇编的作用是:当 CHANGE＝0 时,DT＝20;CHANGE≠0,DT＝－20。

4.6 DOS 操作系统及 DOS 中断系统简介

计算机系统的基础部分是系统硬件,在它上面的便是所谓的操作系统。操作系统是一类基础软件,用于对计算机系统的硬件设备进行控制和管理。在操作系统之上又是一系列的系统软件,如文本编辑程序、语言编译程序、连接程序、调试程序等各种实用程序。在这些实用程序之上才是用户的各种应用程序(软件)。计算机系统的层次结构如图 4-6-1 所示。

图 4-6-1 计算机系统的层次结构

在这样的计算机系统上运行的应用程序,在层次上已脱离开硬件环境。操作系统介于应用程序和硬件之间。用户程序的整个运行过程都在操作系统管理和调度之下。如文本编辑程序完成源程序的录入、编辑,编译(汇编)程序和连接程序产生可执行程序,生成的可运行程序也在这一层上。应用程序运行时不直接对硬件操作,而是对操作系统发出请求。操作系统接到请求后,再调动操作系统内部的相应程序,对机器硬件进行指定的操作。

DOS(Disc Operation System 磁盘操作系统)在结构上大致可分为核心层与应用层两个层次。核心层是 DOS 与硬件打交道的部分,它向应用程序提供公共服务,并将应用程序与硬件(裸机)隔离开来。DOS 由三个基本模块组成:BIOS(Basic Input/Output System,基本输入/输出模块)、Kernel 模块(系统核心层)和 shell 模块(用户接口)。以PC-DOS 为例,DOS 系统的三个基本模块是:

➢IBMBIO.COM 基本输入输出系统管理模块;

➢IBMDOS.COM 系统功能调用模块;

➤COMMAND.COM 命令行处理程序。

其中前两个文件为隐含文件。如果用户的软盘或硬盘上有这三个基本模块,就可以启动计算机。

4.6.1 DOS 中断系统组成

中断是计算机暂时停止正在执行的程序,执行另一更重要或紧急的程序,在执行完这个程序后,重新回到被暂时停止的程序,从暂停点继续执行程序的过程。中断与子程序调用都会发生程序转移,但子程序调用是编制程序时规划好的,而中断是随机发生的。DOS 系统中还提供了用软件产生中断的能力(执行 INT n 指令),它属于一种计划事件。DOS 系统有三类中断事件。

一、内部硬件中断

内部硬件中断是当系统运行时,因内部硬件出错(如内存奇偶校验错、系统突然掉电等)或发生某些特殊事件(如除数为零、运算溢出或程序调试中的单步跟踪执行等)引起的中断。内部硬件中断占据中断号 00H~07H。

二、外部硬件中断

外部硬件中断是由 8259A 中断控制器通过 INTR 引脚向 8086/8088 请求的中断,这部分将在第六章中详细讨论。IBM PC/XT 微机有一片 8259A,而 IBM PC/AT 等微机系统在 PC/XT 的 8259A 的 IRQ2 引脚扩展了一片 8259A。各中断源的定义及中断类型码见表 4-6-1 所示。外部硬件中断受中断允许标志 IF 的控制。

表 4-6-1 PC 微机可屏蔽中断一览表

端口地址	芯片输入	中断类型码	PC/XT 中断定义	PC/AT 中断定义
主 8259A 020H~021H	IRQ0	08H	日时钟	日时钟
	IRQ1	09H	键盘	键盘
	IRQ2	0AH	保留	从片中断
	IRQ3	0BH	串口 2	串口 2
	IRQ4	0CH	串口 1	串口 1
	IRQ5	0DH	硬盘	并口 2
	IRQ6	0EH	软盘	软盘
	IRQ7	0FH	并口 1	并口 1
从 8259A 0A0H~0A1H	IRQ8	70H		实时钟
	IRQ9	71H		软件重新指向 IRQ2
	IRQ10	72H		保留
	IRQ11	73H		保留

（续表）

端口地址	芯片输入	中断类型码	PC/XT中断定义	PC/AT中断定义
	IRQ12	74H		保留
	IRQ13	75H		协处理器
	IRQ14	76H		硬盘
	IRQ15	77H		保留

三、软件中断

软件中断是程序中执行 INT n 指令所产生的中断。INT 为指令操作码，n 为中断类型码。软中断不受中断允许标志的影响。CPU 在接受 INT 指令后，立即根据类型码得出中断向量表中的入口地址，转向中断服务程序。尽管 INT 指令可调用任一中断服务程序，但由于在 DOS 系统中，00H～07H 已定义为内部硬件中断号，08H～0FH 定义为外部硬件中断号，故一般软件中断号指 10H～0FFH。

软中断通常又可分为两部分：

1. ROM-BIOS 中断

基本的 ROM-BIOS 中断占用中断号 10H～1FH，此外还占用内部中断号 05H（屏幕拷贝），软中断号 41H 和 46H。

ROM-BIOS 中断可用于 I/O 设备控制（如 INT 10H 控制视频显示，INT 13H 为磁盘 I/O 程序，INT 16H 为键盘 I/O 程序，INT 17H 为打印机 I/O 程序等），并提供了多种服务程序和一些特殊中断（如中断 1DH、1EH、1FH、41H 和 46H 等）。

2. DOS 中断

DOS 中断占据中断号 20H～2FH。DOS 系统的主要功能即由该部分中断程序完成。DOS 中断又可分为 DOS 专用中断（包括公开的专用中断 22H、23H、24H 和未公开的专用中断 28H～2EH），DOS 可调用中断（中断 20H、25H、26H、27H 和 2FH）及 DOS 系统功能调用（21H）。

4.6.2　DOS 中断服务程序

DOS 中断服务程序都属于软件中断，它们都存在于 MSDOS 模块之中。DOS 层以上的用户程序和其他实用程序都可在程序中使用软件中断指令 INT n 来调用这些中断服务程序。这些中断服务程序提供的功能有：对内存空间的分配与释放；对文件的组织和读写；对程序的装入、运行和结束处理；对字符设备，如键盘、显示器、打印机、串行通信口的管理以及对块设备（磁盘）等的输入与输出等。

习惯上，将 n=21H 的中断服务称为 DOS 系统功能调用，其他 n 都称为中断调用。无论中断调用，还是 DOS 系统功能调用，应用程序都可在程序中调用，既可以在汇编语言程序中调用，也可以在 C 语言程序中调用。尤其在汇编语言中，使用方法非常简单，一般使用 MOV 指令，根据不同功能在其他指定的寄存器中设置入口参数后，再使用一条软件中断指令（INT n 或 INT 21H）即可。随着 DOS 版本的升级，DOS 系统功能调用中断

(INT 21H)含有近百个系统子功能,不同的服务功能均通过寄存器 AH 中的值(参数)指定。服务功能可分为输入输出管理、时钟管理、磁盘管理、目录操作、文件操作、记录操作、内存管理、程序管理、网络共享、其他功能等 10 大类。下面列举几个,详细服务功能的可参考有关 DOS 系统书籍。

表 4-6-2 部分 DOS 中断调用功能 INT 21H

AH	功能	调用参数	返回参数
00H	程序终止 (与 INT 20H 相同)		
01H	读键盘字符并显示		
02H	显示字符	DL＝输出字符	
25H	设置中断向量	DS:DX＝中断向量 AL＝中断类型号	
2AH	取日期		CX＝年,AL＝星期 DH:DL＝月:日(二进制)
2BH	设置日期	CX:DH:DL＝年:月:日	AL＝00 成功 AL＝0FFH 无效
2CH	取时间		CH:CL＝时:分 DH:DL＝秒:1/100 秒
2DH	设置时间	CH:CL＝时:分 DH:DL＝秒:1/100 秒	AL＝00 成功 AL＝FF 无效
35H	取中断向量地址	AL＝中断类型号	ES:BX＝中断向量的地址 (CS:IP 值)
4CH	终止程序	AL＝返回码	

如前面例子中的指令

    MOV　AH, 4CH

    INT　21H

1. 什么是宏汇编语言?它与高级语言相比有什么优缺点?

2. 定义一个数据区,其结构如下:

(1) 留出命名为 BUFFER,具有 200 个字节的内存空间;

(2) 将字符串'HELLO WORLD'按字节存放于名为 STRING 的起始空间;

(3) 用最适合的数据类型定义各个变量,并赋初值:2040H,8305H,10H,20H,'ABCDEFGHIJ',8F017EF1H;

(4) 画出(3)在内存中的存储映像。

3. 说明为什么有时候必须使用 PTR 属性运算符。

4. 说明子程序与宏指令的相同处和不同处。

5. 编写程序计算：

$A^2 - B^2, (A-B)^X, (A+B)^X$，式中 $X=2,3,4$。

6. 编写一个完整程序，要求完成两个双精度数相减，其中一个数在数据段中，另一个数在扩展段中，两数之和存数据段中。

7. 在以 BUFFER 命名的字数组中存放了 100 个补码数。试编写一个汇编语言程序，计算它们的平均值并找出其中的最大数和最小数。

8. 试编写一个汇编语言程序，将 6 题中的 100 个补码数从小到大重新排列。

9. 编写一个汇编语言程序，将 AX 寄存器中的二进制数转换成 ASCII 码，并写到以 ASCII 命名的字符变量中。

10. 编写循环程序，计算 $1+2+3+\cdots+100$ 的和。

11. 编写一个子程序，完成内存中两个 32 位数据相加。

12. 将第 10 题改用宏指令实现。

13. 编写子程序，实现在内存缓冲区 BUFFER 中搜索指定的字符。若 BUFFER 中不存在该字符串，则返回标志位，ZF = 0；若存在，则 ZF = 1，AX 指示该字符在 BUFFER 中的位置。

第五章

📺))) 存储系统

1944 年夏,著名数学家冯·诺依曼(Von Neumann)在由他执笔的报告里,提出了采用二进制计算、程序存储并在程序控制下自动执行的思想。按照这一思想,数字电子计算机将由五个主要的部件构成,即运算器、控制器、存储器和输入、输出设备,如图 5-0-1 所示。报告还描述了各部件的职能和相互间的联系。此后,这种模式的数字计算机被称为"冯·诺依曼机"。直到今天,尽管计算机科学有了极大的发展,但它的体系结构仍未变化。前面,我们主要介绍了微处理器及其功能,它是冯·诺依曼计算机的运算器和控制器部分,总称中央处理单元 CPU,将这两部分集成在一块芯片上称为微处理器,如图中虚线框所示。本章开始,我们将讨论通过系统总线与微处理器相连的计算机的其他部件的原理和工作过程,以及计算机与其他外部设备的连接和工作过程。本章先讨论存储器的组成与工作过程。

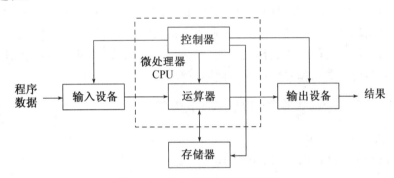

图 5-0-1　冯·诺依曼计算机结构

5.1　存储器概述

存储器是计算机系统中存放程序和数据的硬件设备。从不同角度出发,存储器有不同的分类方式。

1. 按工作时与 CPU 联系的密切程度分类

可分为主存储器和辅助存储器,主存储器简称主存,早期主存储器一般在计算机机柜(机箱)内部,因此,也称为内存储器(简称内存)。早期的计算机系统只有内存,执行程序时,将程序和数据通过输入设备传到存储器中。每次执行程序都要从计算机外部输入,为了保持暂时不执行的程序以及暂时不用的数据,开发了辅助存储器(简称辅存),也称为外存储器(简称外存)。内存与外存的最大区别是 CPU 可按单元直接读写主存中的数据(最基本的单位是字节),而外存的数据按"块"读写,比如 128 字节或 256 字节等。辅存作为主存的后援,相对主存来讲,辅存通常容量很大,而存取速度相对较低。

2. 按存储元件所用的材料分类

目前常用的有半导体存储器、磁存储器和光存储器。其中,半导体存储器主要用来做主存,而磁和光材料主要作为辅存,如常用的磁盘、磁带、光盘等。

3. 按存储器读写方式分类

可分为随机存储器和顺序存储器。所谓随机存储器是说可以随意对存储器中任一单元进行读写。随机存储器又分为可读写存储器 RAM(Random Access Memory)和只读存储器 ROM(Read Only Memory)。为了能随意对存储器中任一单元进行读写,随机存储器的每一个存储单元都有一个唯一的标识,称为地址。CPU 可以按地址直接访问存储器内的任何一个单元,并且访问的时间与存储单元在存储体内部的物理位置无关。而顺序存储器不能分辨存储单元,因此,不能对单个数据读写,只能进行成批数据的顺序读或写,并且访问时间与存储体的物理位置有关。如磁盘、光盘等,是按文件为最小读写单位存储的。

此外,按数据保存特性分,有暂时存储器和永久存储器。所谓暂时存储器是说一旦失电,存储器内所有的信息将不复存在。而永久存储器在失电后信息不会丢失,当得电后,原先存储的信息仍可使用。永久存储器又分为一次可写和多次可改写存储器,多次可改写存储器又分为电可擦除和光可擦除存储器等等。

5.1.1 存储器的性能指标与分级结构

1. 存储器的性能指标

计算机系统中存储器的主要性能指标有 4 项,即存储容量、存取速度、可靠性及性能价格比。

通常存储容量用其可存储的二进制位信息量来表示,以存储单元数与每个存储单元的位数的乘积来表示,即

$$存储器容量 = 存储单元数 \times 每个存储单元的位数$$

大多数存储芯片用可存储的二进制位数作为它的型号的组成部分。例如型号为6116 的存储器,后面两位数 16 表示它的容量为 16 K(16 384 位),前面的 61 表示其类型(存储方式),它是按字节作为存储单元的,因此,6116 的存储容量为 2 K 字节。而型号为6264 的存储器芯片,它的容量为 64 K(65 536 位),也是按字节作为存储单元,容量为 8 K字节。直到现在,计算机系统的内存储器的容量还是以系统中所有存储器芯片的字节总数来表示,例如 PCXT 内存为 256 K、386 内存为 4 M、486 内存为 8 M,即分别为 256 K字节、4 M 字节、8 M 字节等。现在 PC 机的内存已达到 1 G(=1 024 M)以上。

存取速度是指从 CPU 发出存储器地址开始,直到存储器读或写数据过程完成所需要的时间。所需时间越小,表示存取速度越快。比如在存储器芯片型号后跟有 −10、−7

等数字,它就是表示芯片速度(一般×10ns)。数字越小,速度越快。

对存储器的要求总是容量大、速度快、可靠性高和成本低,但实际上要求存储器同时具有这几项性能是不可能的,有些指标本身可能就互相矛盾。随着技术的进步,存储器的综合指标也在不断提高,同时,系统的总体性能也在不断提高。现代计算机系统中,均采用了分级存储器结构。

2. 存储器的分级结构

现代计算机系统采用较多的是三级存储器体系结构,即高速缓冲存储器(cache)、内存储器和辅助存储器。CPU 能够直接访问高速缓存和内存储器系统中的数据。

高速缓存(cache)是存储器体系中速度最快、容量最小的存储器。现在的 PC 机中,用来临时存放部分程序和数据,以提高 CPU 数据处理速度。现代计算机系统更进一步将 cache 分为 CPU 内部 cache 和 CPU 外部 cache 两类。

内存储器中存放的是计算机正在运行的程序和程序运行时所要的数据。一台计算机可以没有 cache,但不能没有内存储器。CPU 可以直接访问内存,也可以访问 cache,其工作过程在后面详细分析。

常见的辅助存储器有磁盘存储器、磁带存储器和光盘存储器等。磁盘存储器包括软磁盘和硬磁盘两种类型。光盘存储器有只读光盘和可改写型光盘等。磁带机目前使用已较少。近年来又以闪存(U 盘)最为常用。辅助存储器是计算机系统中最常用的外部设备之一,用来保存系统程序、应用程序、各类数据文件等各种资料。尽管可以将可执行的系统程序、应用程序保持在辅存内,但计算机并不能直接运行这些程序,而是必须先读到内存中,然后执行内存中的该程序。辅助存储器的一个重要的特点是断电后信息不会丢失。从辅存的使用方式和结构,又可分为联机辅助存储器和脱机辅助存储器两类。联机辅存是指总是存在于计算机系统中,可随时访问的辅助存储器,如计算机硬盘存储系统。脱机辅存是它的存储介质可更换的数据存储设备,如软磁盘、光盘、磁带和 U 盘等,它们的驱动器作为计算机系统的一部分。

上述三类存储器构成现代计算机的三级存储系统,各级的职能不同,性能要求也不同。其中 cache 主要为了提高数据交换速度,使存取数据的速度能和 CPU 的工作速度相匹配;辅助存储器追求的是容量,要满足对海量数据存储和备份的要求;而内存则介于两者之间,要求其具有相当的容量,能容纳较多的系统核心程序和用户运行程序。

除了上述三类存储器外,微处理器内部的通用寄存器组,如 8086/8088CPU 内部的 AX、BX、CX、DX 等,也是一种类型的存储器,它的速度更快、容量更小。通用计算机存储系统的层次结构如图 5-1-1 所示。

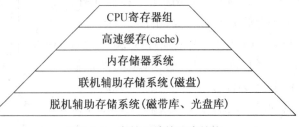

图 5-1-1 存储系统的层次结构

5.1.2　半导体存储器芯片的结构

半导体存储器芯片通常由保存数据的存储体矩阵、存储单元的地址译码器、读写控制逻辑和三态数据缓冲寄存器等部分组成,如图 5-1-2 所示。存储体矩阵是大量存储元件的有序组合。存储元件则是指能存储一

位二进制代码(1 或 0)的物理器件。N 个存储元件构成一个能同时进行读、写操作的存储单元,它能记忆 N 位二进制代码。将存储矩阵中的每个存储单元赋予唯一的标识,称为地址。这样通过存储器芯片的地址线,可以对唯一的存储单元进行读、写操作,确定对芯片是读操作还是写操作,实际上是确定存储器内

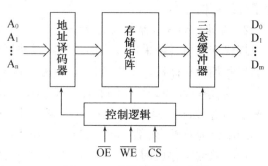

图 5-1-2　存储器结构示意图

部的三态缓冲器的方向。大多数存储器芯片将读写信号分成两个引脚,常用$\overline{\text{OE}}$(Output Enable)表示读信号,$\overline{\text{WE}}$(Write Enable)表示写信号。$\overline{\text{CS}}$(Chip Select)为芯片选择信号,当$\overline{\text{CS}}$为高电平时,三态缓冲器处于高阻状态(断开)。

1. 随机读写存储器

随机读写存储器 RAM 又分为静态 RAM(Static RAM,SRAM)和动态 RAM (Dynamic RAM, DRAM)两种。静态 RAM 内部电路复杂,存储容量相对较小,但它不需要定时刷新,外部操作电路简单,适合存储容量较小的系统使用。动态 RAM 存储元件结构简单,功耗低,因此,存储容量大,但动态 RAM 要求在一定时间内进行数据重写("刷新"),否则会丢失信息,因此,它要增加动态刷新电路等,外部操作电路复杂,适合在大容量存储器系统中使用。

常用的静态 RAM(SRAM)芯片有 6116、6264、62256 等,它们只是存储容量不同,工作方式完全相同。

6116 芯片的引脚和各引脚的功能如图 5-1-3 所示。存储容量为 2 K 字节,一片 6116 芯片包含有 16384 个存储元件,按 8 个存储元件为一组,组成 2 048 个存储单元。6116 有 11 根地址线 $A_{10} \sim A_0$,用于选择片内存储单元。6116 有 8 根数据线 $D_7 \sim D_0$,对选中的存储单元的 8 位信息同时读出或写入。数据的读、写,由芯片的写允许信号$\overline{\text{WE}}$或输出允许信号$\overline{\text{OE}}$控制。

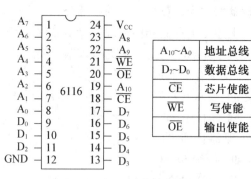

$A_{10} \sim A_0$	地址总线
$D_7 \sim D_0$	数据总线
$\overline{\text{CE}}$	芯片使能
$\overline{\text{WE}}$	写使能
$\overline{\text{OE}}$	输出使能

图 5-1-3　6116 芯片示意图

注意:$\overline{\text{WE}}$和$\overline{\text{OE}}$不能同时有效,即不能同时为低电平。

6116 芯片只有 2 K 个存储单元,而 CPU 可寻址范围大得多,如 8086/8088 有 20 根

地址线,可寻找范围为 1 024 K。因此,必须用许多芯片组成内存,而 6116 芯片只有 11 根地址线,当这 11 根地址线从 000 变到 7FFH 时,就寻遍了 6116 芯片内部所有的单元,而当 CPU 地址线从 800H 到 0FFFH 变化时,由于最高位地址线(即 CPU 的 $AD_{11} \sim AD_{19}$)无法接到 6116 芯片。对 6116 来讲,相当于又重复访问了芯片中所有单元一遍。$\overline{CS}$ 为芯片使能(选择)信号。用来使多片 6116 芯片组成内存储器时,区分它们各自的地址范围。例如,若将 CPU 的 AD_{11} 脚接一片 6116 的 $\overline{CS}$ 脚,同时 AD_{11} 脚通过反相器,接另一片 6116 的 $\overline{CS}$ 脚,这时若 $AD_{11} = 0$,第一片的 $\overline{CS}$ 为低,读写第一片 6116 存储单元,当 $AD_{11} = 1$,由于反相器,使第二片的 $\overline{CS}$ 为低,选中第二片 6116。两片 6116 组成一 4K 存储器。其他类型的存储器芯片也都有 $\overline{CS}$ 引脚,它们的作用也都一样。当 $\overline{CS}$、$\overline{WE}$ 两个信号有效(低电平)时,数据线($D_7 \sim D_0$)上的信息写入该芯片被选中的存储器单元;当 $\overline{CS}$、$\overline{OE}$ 有效(低电平),则被选中的存储器单元中的 8 位二进制信息送到数据线 $D_7 \sim D_0$ 上。

6264 与 62256 芯片的引线功能如图 5-1-4 所示,它们的工作原理与 6116 相同。它们的区别在于 6116 为 24 根引脚,而 6264、62256 为 28 根引脚。6264 共有 65 536 个存储元件,分成 8 192 个 8 位的存储单元,因此要 13 根地址线;而 62256 共有 262 144 个存储元件,分成 32 768 个 8 位的存储单元,因此共需要 15 根地址线。

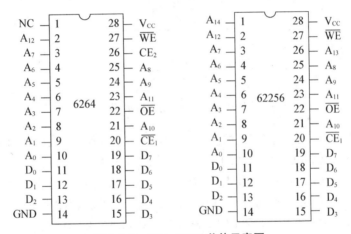

图 5-1-4　6264,62256 芯片示意图

2. 只读存储器 ROM

只读存储器(ROM)的特点是信息可以无限次读出,并且在断电后也不会丢失,但它不能像 RAM 那样随时改写,而要在特定的条件下才能写入。根据写入方式只读存储器可分为掩模 ROM、可编程 ROM(PROM)、紫外线擦除可编程只读存储器(习惯上称为 EPROM)和电可擦除只读存储器(EEPROM)等。掩模 ROM 的内容是由制造厂家在生产芯片的过程中按用户要求写入的,一旦写入,不可更改。PROM 可由用户在特定的条件下写入,同样,一旦写入之后就不可更改了。紫外线可擦除、可编程只读存储器(即芯片上带窗口的 EPROM)芯片是一种可反复改写多次的存储器芯片,这类芯片在紫外线的直接照射下,可擦除原来的内容,在特定的条件下可多次重写,在正常工作条件下只能读。电可擦除 PROM(即 EEPROM),既可像 ROM 那样断电后不丢失信息,又像能 RAM 那

样可以随时进行读写,因此使用更方便。EEPROM 读数据的速度很快,而写数据的速度很慢,因此,在计算机系统工作时,一般仍作为只读存储器使用,它一般用来保留那些系统中经常需要改变的且在下次系统上电时仍需要使用的参数等。

常用的 EPROM 芯片有 2716(容量为 $2\text{ K}\times 8$),2732、2764、27128 和 27256 等,它们的存储容量逐次成倍递增为 $2\text{ K}\times 8$,$4\text{ K}\times 8$,$8\text{ K}\times 8$,$16\text{ K}\times 8$ 和 $32\text{ K}\times 8$。引脚排列如图 5-1-5 所示。

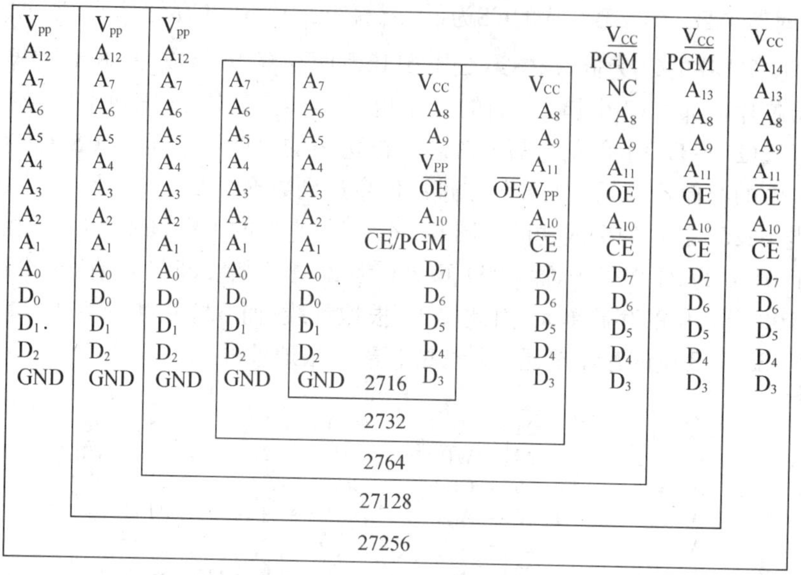

图 5-1-5 ROM 引脚排列图 (左侧地址/数据引脚)

27256	27128	2764	2732	2716
V_{pp}	V_{pp}	V_{pp}		
A_{12}	A_{12}	A_{12}		
A_7	A_7	A_7	A_7	A_7
A_6	A_6	A_6	A_6	A_6
A_5	A_5	A_5	A_5	A_5
A_4	A_4	A_4	A_4	A_4
A_3	A_3	A_3	A_3	A_3
A_2	A_2	A_2	A_2	A_2
A_1	A_1	A_1	A_1	A_1
A_0	A_0	A_0	A_0	A_0
D_0	D_0	D_0	D_0	D_0
D_1	D_1	D_1	D_1	D_1
D_2	D_2	D_2	D_2	D_2
GND	GND	GND	GND	GND

右侧引脚:

2716	2732	2764	27128	27256
				V_{CC}
		V_{CC}/PGM	V_{CC}/PGM	A_{14}
V_{CC}	V_{CC}	NC	A_{13}	A_{13}
A_8	A_8	A_8	A_8	A_8
A_9	A_9	A_9	A_9	A_9
V_{PP}	A_{11}	A_{11}	A_{11}	A_{11}
$\overline{OE}$	$\overline{OE}/V_{PP}$	$\overline{OE}$	$\overline{OE}$	$\overline{OE}$
A_{10}	A_{10}	A_{10}	A_{10}	A_{10}
$\overline{CE/PGM}$	$\overline{CE}$	$\overline{CE}$	$\overline{CE}$	$\overline{CE}$
D_7	D_7	D_7	D_7	D_7
D_6	D_6	D_6	D_6	D_6
D_5	D_5	D_5	D_5	D_5
D_4	D_4	D_4	D_4	D_4
D_3	D_3	D_3	D_3	D_3

图 5-1-5　ROM 引脚排列图

常用的 EEPROM 芯片(如 2864)的引脚与同容量的 EPROM 芯片(如 2764)的引脚兼容。

类似于 EPROM 和 EEPROM 的闪速存储器(Flash Memory)或称作可编程快擦写(Programmable and Erasable)ROM(PEROM)是近年来发展最快的一种存储器。美国 ATMAL 公司生产、容量为 $32\text{ K}\times 8$、$64\text{ K}\times 8$、$128\text{ K}\times 8$、$256\text{ K}\times 8$ 和 $512\text{ K}\times 8$ 的芯片分别是 AT29C256、AT29C512、AT29C010、AT29C020 和 AT29C040 等。

ROM 的内部结构比 RAM 简单得多,它们外部引脚的定义与 RAM 相比,少了一个写允许线,而多了编程控制线 $\overline{PGM}$ 和编程电源线 V_{PP}。在工作期间,EPROM 处于读方式下,$\overline{PGM}$ 和 V_{PP} 都要接电源 V_{CC}。

5.2　存储器与 CPU 的接口

微型计算机系统中存储器与 CPU 连接时主要考虑的问题是根据应用目的确定系统存储器容量和选择合适的存储器芯片,确定各存储器芯片的地址范围。

5.2.1　存储器芯片与地址总线的连接

不同的 CPU 设计的寻址能力不同,8086/8088CPU 共有 20 根地址线,因此,最多可直接寻址的能力为 1 百万(1 M)字节。不同的存储器芯片,容量不同,地址线的引脚数也不同。根据芯片地址线的根数,就可以知道它的存储单元数:

存储单元数 $= 2^n$(n 为地址线的根数)

每增加 1 根地址线,芯片中所含的存储单元数量就在原来的基础上翻一倍,如 2116 为 11 根地址线,因此内含 2 048 个单元(2 K 字节),6264 为 13 根地址线,内含 8 192 个单元(8 K 字节),等等(但要注意的是,芯片并不一定都是以 8 个存储元件为一个存储单元)。计算机系统中的存储器容量应根据应用目的确定,同样,组成计算机存储系统也不一定只能用一片存储器芯片,也不局限于必须采用一种存储器芯片。当计算机采用多片存储器芯片组成内存系统,必须分配各存储器芯片在系统中的地址范围,保证每次读写操作只有一个存储单元被选中。另一方面,内存系统的单元数量也不需要与 CPU 的寻址范围一样大,比如 8086/8088 的寻址范围为 1 M,内存可以只有 256 K,甚至更少。这时,要确定这 256 K 存储器地址是如何分配的,在设计程序时要注意,不能对不存在的存储器地址进行操作。存储器芯片的地址范围由片选信号 $\overline{CE}$ 确定。

存储器芯片的基本连接方法(其他扩展芯片的连接方法也类似)如下:

一、地址线的连接

系统中所有存储器芯片的地址线按它们的编号并联,然后与系统的地址总线连接。对采用地址数据复用总线的处理器,存储器芯片的地址线应与系统中的地址锁存器的编号相同的输出脚顺序相连。

二、数据线的连接

系统中所有存储器芯片的数据线按它们的编号并联,然后与系统的数据总线相接。系统数据总线在有些时候直接与 CPU 的数据总线(引脚)相连,有时接到总线收发器的一端,而总线收发器的另一端再与 CPU 的数据总线相连。

三、读、写控制线的连接

存储器芯片的读、写控制线分别对应相连,并分别与处理器的读、写控制线连接。

四、存储器芯片的片选线的连接

存储器芯片的地址线用于选择片内单元,而片选线用来选择芯片,本质上是确定芯片在系统地址空间中所处的范围(地址段)。确定各存储器芯片在计算机系统中的地址范围有如下两种方法:

1. 线选法

所谓线选法,就是直接以系统空闲的高位地址线作为存储器芯片的片选信号,为此只需将所用的高位地址线与存储器芯片的片选($\overline{CE}$)端直接连接即可。如 6116 芯片共有 11 根地址线,都接系统地址总线 $A_{10} \sim A_0$,而系统总线 A_{11}、A_{12}……分别接各片 6116 的 $\overline{CE}$ 脚,如图 5-2-1 所示。线选法连接的特点是简单,不需要其他电路,但这种连接方法存储空间是断续的,特别的,$A_{11} \sim A_{19}$ 这 8 根地址线不允许出现两根及两根以上同时为低电平

("0")。因此,不能充分利用处理器的寻址能力,只适用于系统寻址能力大,而对内存需求较小的系统。此外,由于存储器空间是间断的,给程序设计也带来许多麻烦。

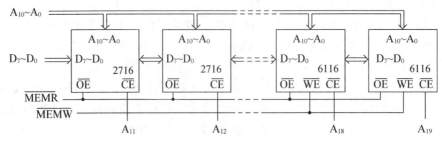

图 5-2-1   线选法存储器结构

2. 译码法

译码法使用译码器,对系统总线中的高位地址线进行译码后,再作为存储器芯片的片选信号。它能有效地利用地址空间,适用于大容量存储器系统。常用的译码芯片有74LS138(3～8 译码器),74LS139(双 2～4 译码器)和 74LS154(4～16 译码器)等。这里以 74LS138 为例,介绍译码法产生片选信号的原理,74LS139 和 74LS154 的工作原理完全相同。

74LS138 是 3～8 译码器芯片,引脚及功能如图 5-2-2 所示。它有 3 个数据输入端(A、B、C)、8 个数据输出端 $Y_0 \sim Y_7$,3 个控制端 G_1,$\overline{G_{2A}}$,$\overline{G_{2B}}$。当 74LS138 译码器的三个控制端 G_1,$\overline{G_{2B}}$,$\overline{G_{2A}}$ 不为 100 时,所有输出端均为高电平。只有在控制端为 100 时,8 个数据输出端中的某一个为低电平,其余的仍保持高电平。数据输入端 C、B、A 的状态从000 到 111,对应输出 $Y_0 \sim Y_7$ 依次为低电平"0",如图 5-2-2(b)所示。

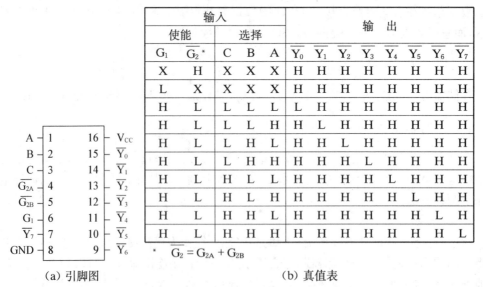

（a）引脚图   （b）真值表

图 5-2-2   74LS138 引脚图与真值表

例 5-2-1   用译码法组成容量为 64 K×8 位的存储器系统,若采用 8 K 字节的存储器芯片(如6264),共需要8片芯片。用一片74LS138作为译码电路,产生8个片选信号。由图5-1-4可知,6264芯片有13根地址线,用于内存储单元选择。用系统的地址总线的A_{12}～A_0作为芯片内部单元选择。地址线A_{15}～A_{13}依次接译码电路74LS138的输入端C、B、A,此时译码电路输出对应的地址范围如图5-2-3所示。

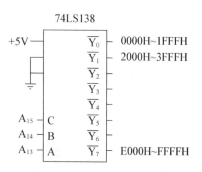

图 5-2-3 译码法存储器选址

若采用线选法,同样用8K字节的存储器芯片,3根地址线(A_{15}、A_{14}和A_{13})各用作一片存储器芯片的片选信号,仅能组成容量为24 K×8的存储器系统,并且A_{15}、A_{14}和A_{13}输出必须为011,101,110三种情况,才有对应的存储器芯片被选中,三片存储器芯片的地址范围分别为:6000H～7FFFH、A000H～BFFFH和C000H～DFFFH。其他5种组合均是不允许的。它们要么没有芯片选择(如111),要么有两片芯片同时被选中,这在计算机系统中是绝对不允许的。

5.2.2 存储器芯片与系统连接示意

存储器芯片与系统总线的一般的连接如图5-2-4所示,以8086/8088CPU为例,静态随机读写存储器,只要将芯片的输出允许线$\overline{OE}$和写允许线$\overline{WE}$分别与8086/8088的存储器读信号$\overline{MEMR}$和存储器写信号$\overline{MEMW}$相连,若为只读存储器,则只要将芯片的输出允许线$\overline{OE}$与8086/8088的存储器读信号相连接。图5-2-4为4片存储芯片的连接示意图,图中,M_1、M_2为4 K×8的只读存储器,M_3、M_4为2 K×8的读写存储器。根据74LS138输入端A、B、C所接系统地址线和输出控制端所接信号,可计算出各存储器芯片在系统中的地址。图中,74LS138每一输出端对应的地址范围为4 K,M_3、M_4芯片的容量为2 K,因此,在片选($\overline{CE}$)端外接逻辑电路,将$\overline{Y_2}$对应的4 K分成两部分。若设计的存储器系统允许不连续,也可将$\overline{Y_2}$直接接M_3的$\overline{CE}$,将$\overline{Y_3}$接M_4的$\overline{CE}$。此时由于74LS138输

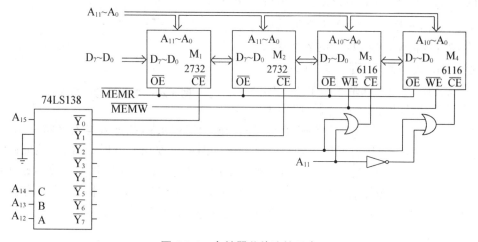

图 5-2-4 存储器芯片连接示意

出脚对应的范围没变,两片 6116 都对应地址范围 4 K,无论 A11 为"0"还是"1",都能选中一个存储单元,因此,在相应的地址范围每个单元都有两个选中地址。

5.2.3 存储器与 CPU 连接时的速度匹配问题

微型计算机系统中,CPU 对存储器的读写操作是最频繁的基本操作。存储器的读写速度是整个微型计算机系统工作效率的关键。

存储器芯片的时序要求很严格,为确保正常工作,处理器向存储器提供的地址信号和控制信号必须满足存储器的工作时序要求,其中最重要的时序参数是存储器的存取时间。

存储器读周期的波形如图 5-2-5 所示。图中,t_{RC} 是 CPU 对存储器进行读操作所需的时间,即存储器进行两次连续的读操作所必须间隔的时间(读周期时间);t_A 是 CPU 读信号出现在存储器输出允许端 $\overline{OE}$ 的时间延迟,t_{CX} 是存储器中数据出现在引脚上的延迟时间,t_{CO} 是 CPU 读数据持续时间,它是存储器芯

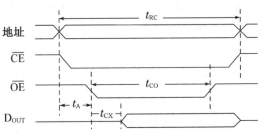

图 5-2-5 存储器读周期波形

片从读信号 $\overline{OE}$ 有效到数据稳定出现在数据总线所需的时间。当微处理器进行存储器读操作时,要求 t_{RC} 大于 $t_A + t_{CO}$,且要求 CPU 发出的读存储器控制信号 $\overline{OE}$ 保持有效,直到微处理器将总线上的数据读入。当时序满足这些条件时,CPU 对存储器的读操作可正确完成,否则就需要插入等待周期 T_w。

存储器的写周期与读周期类似,除了要求地址和片选信号有效外,只是输出允许信号 $\overline{OE}$ 变成写允许信号 $\overline{WE}$。存储器的写周期波形如图 5-2-6 所示。图中 D_{OUT} 表示 CPU 输出的数据。当地址信号、数据信号稳定之后,$\overline{WE}$ 变为低电平,存储器数据输入线 D_{IN} 上的数据送入存储器内部缓冲器,由存储器内部逻辑电路将数据写入地址线指定的单元。t_{WC} 为存储器写周期时间。在这段时间内,

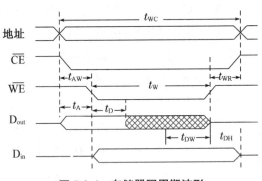

图 5-2-6 存储器写周期波形

地址信息必须保持稳定,t_W 为存储器写时间,在这段时间内,数据被写入存储单元。t_{DW} 是数据有效时间,即从数据稳定到存储器写入的时间。要求 CPU 所发出的地址码有效时间大于 t_{WC},发出的控制信号应使 $\overline{WE}$ 的有效时间大于 t_W。CPU 将数据放到数据总线上到数据被写入存储单元的时间大于 t_{DW},也就是说,CPU 给定的时间应大于存储器进行写数据操作所要求的时间。当存储器速度低时,同样要插入等待周期 T_w。

> **注意:**这里仅对 CPU 与存储器速度匹配问题做了定性的讨论。当进行具体的微机系统设计时,则需根据选定的 CPU 的读写时序参数,参照上述讨论,选定速度能与 CPU 相匹配的存储器芯片。

5.2.4　16 位存储器系统设计

大部分存储器芯片为 8 位(字节),而 8086CPU 有 16 根数据线,一次可同时读写 16 位数据。因此,要将 8 位的存储器芯片构成 16 位的存储器系统。这样的存储器系统要求既能支持 16 位数据读写,也应支持 8 位数据读写。8086 的 $\overline{BHE}$ 引脚与最低地址总线引脚 A_0 共同用于 16 位存储器系统,见表 5-2-1 所示。16 位存储器系统结构示意如图 5-2-7 所示。图中,M_0、M_1,M_2、M_3 分别组成两个 16 位存储体。其中 M_0、M_2 的数据线接系统数据总线的低字节($D_7 \sim D_0$)。M_1、M_3 的数据线(对芯片来讲仍是 $D_7 \sim D_0$)接系统数据总线的高字节($D_{15} \sim D_8$)。用系统地址总线的 $A_{13} \sim A_1$ 接芯片地址线 $A_{12} \sim A_0$。系统地址总线的最低位 A_0 与 $\overline{BHE}$ 作为偶地址存储器与奇地址存储器的选择信号的一部分,$\overline{CS_1}$、$\overline{CS_2}$ 为片选信号。从图中可见当 A0 = 0,只能选中 M_2

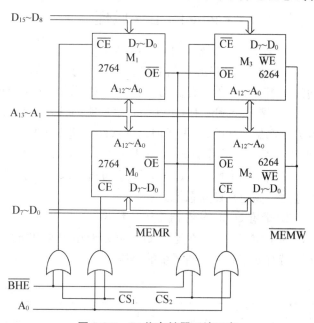

图 5-2-7　16 位存储器系统示意

和 M4 偶地址存储体,当 A0 = 1,$\overline{BHE}$ = 0 时,只能选中 M1 和 M3,因此为 M1 和 M3 奇地址存储体。若 A0 = 0 且 $\overline{BHE}$ = 0,同时选中两个存储体。其代码组合与对应操作见表 5-2-1 所示。由此类推,我们也可得到 32 位存储器的结构。

表 5-2-1　$\overline{BHE}$ 与 A_0 的代码组合和对应操作

$\overline{BHE}$	A_0	作用
0	0	16 位数据传送(D15~D0)到偶地址开始的连续两个单元
0	1	用高 8 位总线(D15~D8)传送字节数据,到奇地址单元
1	0	用低 8 位总线(D7~D0)传送字节数据,到偶地址单元
1	1	无效操作
0	1	从奇地址开始读写一个字,需要两次操作 第一次将低 8 位数据(D15~D8)送到奇地址单元
1	0	第二次将高 8 位数据(D7~D0)送到偶地址单元

5.3 高速缓存系统

本章开始时,我们就提到存储器4项主要性能指标,即存储容量、存取速度、可靠性和性能价格比,并且说这些指标有些是矛盾的。前面我们又提到,在计算机系统中,CPU 与存储器之间的信息交换最频繁。现代计算机的运行速度不断提高,就存储子系统而言,除了器件本身的工作速度提高外,还应归功于高速缓冲存储器(cache)技术的应用。目前的 PC 机中高速缓存都分为两个级别:L1 cache 和 L2 cache,并且 Ll cache 集成在 CPU 内部。

5.3.1 cache 的工作原理

1. 为引入 cache 必须解决的问题

(1) 希望 CPU 要访问的绝大多数信息都能从 cache 中得到,只有极少一部分需要转而访问相对低速的主存储器。也就是说,希望 cache 的命中率接近于 1。

(2) 希望 cache 对 CPU 而言是透明的,即不论是否有 cache 存在,CPU 访问存储器的方法都是一样的,不需任何附加软件。这样,CPU"看不到"cache 的存在,而仅仅"感觉到"了一个高速的存储器(实际上是由 cache 和主存构成的)。

解决了以上两个问题,从 CPU 的角度来看,内存将是具有主存的容量和接近 cache 的速度的高速存储器系统。

2. 带有 cache 的存储系统的结构

为了使 CPU"看不到"cache,必须要由硬件电路来实现对数据读写控制。图 5-3-1 显示了带有 cache 的存储系统的结构。

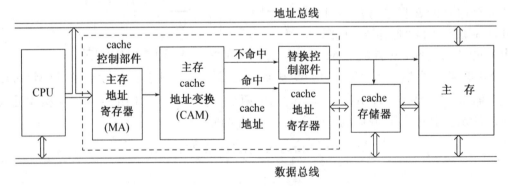

图 5-3-1 cache 的工作原理

(1) 由于 cache 对 CPU 是透明的,因此,CPU 输出的地址均是主存储器单元的地址。该地址保存在 cache 控制部件内的主存地址寄存器(MA)中。

(2) 由于 cache 的容量远小于主存的容量,因此,只有一部分主存储器的信息能复制到 cache 中,cache 控制部件应能检索出哪一部分信息在 cache 中。为此,用 MA 中的地址作为关键字,在主存 cache 地址变换部件(由按内容进行访问的相联存储器 CAM 构成)中进行检索。

（3）如果检索成功，说明要访问的信息已经在 cache 中。此时可根据 CAM 中的 cache 地址转而访问 cache。

（4）如果检索不成功，说明要访问的信息不在 cache 中。此时 CPU 直接访问主存储器，同时 cache 控制部件依据某种算法将主存中的信息以及该地址附近的主存储器中的信息送入 cache 中。在第二章中，我们已经知道，CPU 中的程序指针（IP）寄存器中保留的是下一条将执行的指令的地址，并且 IP 用加 1 修改读指令地址。这就是说，程序是在内存中连续存储的。同时假设程序所需要的数据也是连续存储的。

由此可以看出，cache 控制部件需要解决三个问题：如何在主存地址与 cache 地址之间进行变换；在 cache 不命中时如何替换 cache 中的内容；如何保持主存与 cache 中的信息的一致性。

5.3.2　cache 地址映射和地址变换

如图 5-3-2 所示，假定主存容量为 2^n，cache 容量为 2^m，$m \ll n$。将它们都按一定的存储单元数作为一个整体访问单位（比如 256 个字节或 512 个字节等，用 2^p 表示），这样的访问单位称为"页"。主存和 cache 都以页为基本单位。如图 5-3-2 所示，设主存容量为

2^n 页，cache 容量为 2^m 页，而页面大小都为 2^p。于是主存地址可分为由 p 位的页内地址和 $n-p$ 位的主存页号（页地址）组成，而 cache 地址则由 p 位的页内地址和 $m-p$ 位的 cache 页号（页地址）组成。由于主存和 cache 的页面大小相同，在主存和 cache 地址映射时，只需对页地址进行映射。只要 CPU 发出的地址信息中的页地址与 cache 中保留的页地址相同，则该页在 cache 中。为实现

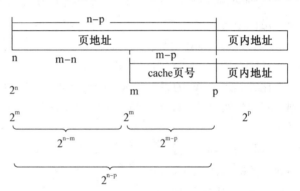

图 5-3-2　CACHE 和内存地址分页示意

地址映射，需要在 cache 控制部件中设置主存——cache 地址变换部件（CAM）和页号映射表。地址映射方法有三种：

1. 全相联映射

这种方法，主存——cache 页号映射表有 $m-p$ 个单元，每个单元为 $n-p$ 位，主存中的任何一页可映射到 cache 中的任何一页。在查找时，只需将 CPU 给出的地址的高位地址（图 5-3-2 中的 $n-p$ 根地址线状态）与映射表中各个单元内容比较，若相同，则主存的该页已在 cache 中，并且就在相匹配的 cache 页中。如没有发现，则该页不在 cache 中。这种映射方法每次映射都需要根据主存页号逐一检索该表，以确定该主存页是否在 cache 中。因此，需要一个速度很快的主存页号——cache 页号映射表，特别地，若 cache 容量较大时，要求速度更高。全相联方式的地址映射简单，只需用检索到的 cache 页号替换主存页号，即可形成 cache 地址。缺点是每次访问平均需要进行 2^{m-p-1} 次比较，花费时间较长。

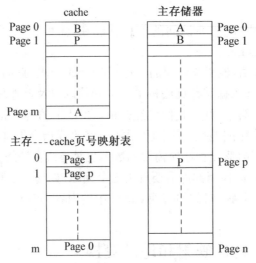

图 5-3-3   全相联映射

2. 直接映射

全相联映射要求在一定时间周期内完成遍历性的查找,若不能完成,将影响 CPU 工作,直接映射避免高速查找过程。这种映射方法,要求主存的页号 B 和 cache 的页号 b 必须满足以下等式:

$$b = B \bmod 2^{m-p}$$

其中,2^{m-p} 是 cache 的总页数。

比如,若 cache 的容量是 4 页,则只有主存中页号是 $4 \times I$(I 为自然数)的页才可映射到 cache 的第 0 页内,而页号是 $4I+1$ 的主存页,只可映射到 cache 的第 1 页内,依此类推。

这种方法将主存按与 cache 容量相同大小的许多段,每一段中的相同页调入 cache 的同一页,因此,不需要专门的地址变换部件(地址可以直接映射而无需变换)。优点是速度快、实现简单;缺点是主存的页面被固定到 cache 的某个页面,而且只有这一个页面。当主存的两个经常用到的页面映射到 cache 的同一页上时,即使 cache 中有其他空闲页,也无法使用,因此,使用不灵活,冲突概率较高,使得命中率显著降低。

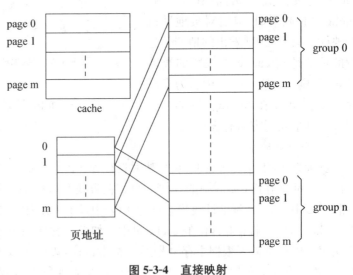

图 5-3-4   直接映射

3. 组相联映射

组相联方式在 cache 和主存分页的基础上,将主存和 cache 都再进行分组,如图 5-3-5 所示,将 cache 分成组,每一组有 m 页,每一页有 p 个存储单元。主存中一组的页数与 cache 中一组的页数相等。由于主存的容量远大于 cache 的容量,因而将主存进一步分区,每个分区的大小等于 cache 的大小。这样主存地址由区号 S、组号 G、组内页号 P 和页内地址 W 四部分组成,而 cache 地址则由组号 g、组内页号 p 和页内地址 w 组成,如图 5-3-6 所示。页内地址同样无需变换。

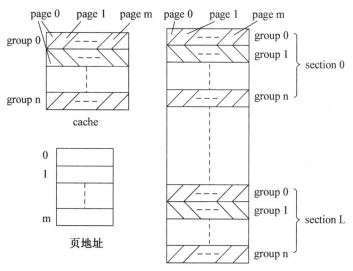

图 5-3-5 组相联映射

由于按照 cache 容量对主存地址进行分区,主存组号与 cache 的组号直接对应,映射时,组采用直接映射,但组内各页则用主存的区号和组内页号,采用全相连映射。为了进行地址变换,同样需要一个高速存储器构成的页表,但页表的行数要少得多。因为组间是直接映射的,所以组号可以直接用于寻址而不必映射。实现时可以每一组安排一个页表,也可以用一个大页表按照组号进行组织,每组对应其中的一段。每组所对应的页表的长度与组内包含的页数相等。每一页表项给出了该组内的两个参数之间的对应关系:其一是由主存区号 S 和主存组内页号 P 组合而成的"标记",其二是 cache 组内页号。地址变换的过程如图 5-3-6 所示。

地址映射时,将主存地址中的区号和组内页号组合起来,根据主存地址中的组号部分直

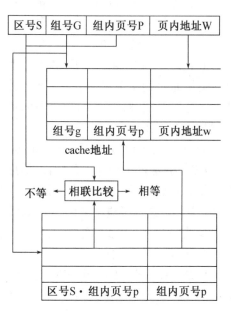

图 5-3-6 组相联映射及其变换

接寻址,找到该组在映射页表中所对应的部分,与页表中的区号 S 和组内页号 P 的组合进行相联比较。若存在匹配的表项,则表示被访问的页在 cache 中(命中)。这时,把主存地址中的组号 G 作为 cache 地址的组号 g,把页表中匹配的一行中保存的 cache 组内页号作为 cache 地址的组内页号 p。主存地址中的页内地址 W 无需变换,直接作为 cache 的页内地址 w,用这样构成的地址访问 cache。若相联比较没有匹配,表示 cache 没有命中,CPU 应访问主存储器,并把被访问的页装入 cache,同时修改页表。

组相联映射综合了全相联映射和直接映射的优点。在直接映射中,主存中的多个页面只能映射到 cache 中的一个页面,因而冲突的概率较大。而在组相联方式中,主存中的多个页面可以映射到 cache 中的几个页面,从而大大提高了命中率。而与全相联相比,组相联无需在整个页表中进行检索,只需在组内的页表中进行检索,提高了速度,降低了对硬件速度的要求。

当每组只含一页时,组相联映射就退化成直接映射;当整个 cache 只有一组时,它就是全相联映射。所以全相联映射和直接映射是组相联映射的特例。组相联映射是目前采用较多的一种映射方式。

5.3.3 替换算法

上节介绍,如何判断所需要的数据是否在 cache 中,当 CPU 访问的数据不在 cache 中时,则要直接访问主存储器,并把数据所在页调入 cache 中。由于 cache 的容量远小于主存,所以在调入数据时,还要确定被替换出的 cache 中的页,这就是替换算法应解决的问题。替换的原则是保证替换以后的命中率尽可能高。

1. 随机替换法

这种方法是从 cache 中任意选一页替换。该方法不考虑程序运行的历史记录,随意将 cache 的某一页替换出,效果不好。

2. 先进先出替换算法

它把最先调入 cache 的页作为被替换对象。它是根据数据调入的时间先后进行替换,因此,每页均需保存一个装入顺序数。这种算法的优点是实现简单,但同样效果不好。因为采用此算法,对所有页同等看待,那些经常使用的页,可能刚调出,立即又要调入,无谓增加许多工作量。

3. 最近最少使用(LRU:Least Recently Used)算法

LRU 算法基于这样一种假设,即最近最少使用的页将来被使用的概率也很小。因此在替换时,总是选择 cache 中最近很少使用的页。这种算法考虑了程序的运行特性,对 cache 中的页进行了概率考虑。它要求提供每一页的使用频度,替换时要做大量比较,找出最少使用的页。因此,实现过程复杂,速度较慢。

4. 最久没有使用(LFU:Least Frequently Used)算法

它是 LRU 算法的一个变种,选择最长时间不使用的页进行替换。这样,将使用次数多少的比较变为判断是否使用,而最久没有使用算法可以借用堆栈法来实现。所谓堆栈法是指利用堆栈的概念,把 cache 看作堆栈,将 CPU 访问的页面当作入栈数据看待,每次 CPU 访问后的页面放在栈顶位置,这样栈底位置的页面总是最长时间未使用的页面,将被替换出。

其操作过程如下：当命中 cache 时，将该页从堆栈中取出，再从栈顶压入堆栈，栈中其他页顺序下移，直到栈内该页原来所处的位置为止，下面的页不动。若 cache 未命中，则直接访问主存，并把该页直接压入堆栈顶部，堆栈中其他页依次下移。这样，每次调入新页面时，被淘汰的页就是堆栈栈底被挤出的页。实际工作时，并不需要对 cache 内的数据进行入栈和出栈操作，只需对页号操作即可。因为这种算法的实现简单，因而被很多 cache 采用。

5.3.4　cache 的一致性问题——更新算法

cache 中保存的信息是主存储器中的一小部分信息的副本。由于 cache 的命中率很高，所以大部分时间 CPU 实际上直接访问的是 cache，而不是主存储器。这样就有一个主存和 cache 中内容一致性的问题。有两个原因会导致主存和 cache 内容的不一致：一是 CPU 改变了 cache 的内容，而主存没有改变；二是输入输出设备或其他主控部件改变了主存，而 cache 的内容没有随之改变。

对于前一个原因，常用的解决办法有写直达法和写回法两种：

（1）写直达（WT：Write Through）法：这种方法是在写入 cache 的同时也写入主存。它的优点是可以始终保证 CPU 操作时主存和 cache 内容的一致性；缺点是这势必会造成 CPU 访问存储器的速度降低。

（2）写回（WB：Write Back）法：在 CPU 写入 cache 时，主存并不立即更新，而是在 cache 中加标记。当该页从 cache 中被替换时，检查标记，若有改动，则把该页全部写回主存。若没有被更改过，则无需写回操作。

5.4　虚拟存储器概念

CPU 只能执行内存中的程序和处理内存中的数据。若程序和程序执行时需要的数据的长度大于计算机内存容量时，则该计算机就不能执行该程序。为解决此矛盾，一种办法是扩大内存容量，但一般内存的价格比联机辅存（磁盘）要高得多。另一方面，受到 CPU 的直接寻址空间限制，比如 8086/8088 共有 20 根地址线，因此，可寻址存储器空间限制在 1M 字节。分析 CPU 执行程序的过程，无论程序代码多长，程序所需要的数据量多大，CPU 总是逐条指令执行，逐个数据处理，绝大部分的程序指令和数据尽管在内存中，也并未执行。因此，只要当 CPU 要执行该段程序或处理该部分数据时，能及时将它们调入主存，就可以执行更大的程序。这种实际上不存在的内存，但在逻辑上又表现为内存的存储器称为虚拟存储器。

所谓虚拟存储器就是在联机辅存（硬盘）上开辟一块比内存大得多的空间，通过操作系统管理，允许将部分暂未执行的程序段和数据段保留在其中，当要执行时，再调入内存中；同样将内存中暂不执行的程序段和数据段调出到虚拟存储器中。采用虚拟存储技术，使得计算机如同配置了一个容量极大的内存。

虚拟存储管理技术是操作系统存储管理的重要组成部分。它不像高速缓存采用硬件实现,是一种完全由软件实现的技术。与高速缓存类似,虚拟存储器对应用软件来讲也是完全透明的。操作系统中,将在内存中执行的任务(程序)统称为进程。采用了虚拟存储管理技术后,进程的逻辑地址空间可以远大于实际的主存储器空间。

要正确地理解虚拟存储器的概念,首先要分清进程运行时访问的地址空间(逻辑地址)和主存储器的实际地址空间(物理地址)。目标程序中指令和数据存放的位置,称为相对地址或逻辑地址,它不同于 CPU 能直接访问的主存储器地址(物理地址)空间。程序在执行时,CPU 根据指令的寻址方式,在 CPU 的地址总线上产生实际存放指令和数据的内存单元的地址,从中获得指令和数据。这一个个具体的内存单元,称为物理地址。

在并发系统中,用户的程序按进程来执行。一个进程的映象包含要执行的程序段(正文段)、程序要访问的数据(数据段)和运行时所用的堆栈(堆栈段),这些构成了进程的逻辑地址空间。每个进程都有自己的逻辑地址空间,各个进程的逻辑地址空间是相互独立的。进程只有获得了处理机(CPU),才能真正运行。CPU 又只能访问在主存中的指令和数据。所以当某个进程获得了 CPU 时,就必须把它的指令和数据放到实际的主存储器中。由此可见,逻辑地址空间和物理地址空间在概念上是不同的,但又是有联系的。

5.4.1 虚拟地址空间与物理地址空间

在虚存管理中,将进程访问的地址称为"虚拟地址(逻辑地址)",而 CPU 可接直访问的主存地址称为"实地址(物理地址)"。把一个进程可访问的虚拟地址的集合称为"虚拟地址空间",而把一个计算机所实际配置的主存称为"实地址空间(物理地址空间)"。为了使进程能运行,就必须把虚地址空间中的指令和数据放入到实地址空间中去,建立虚地址与实地址的映射关系,也就是要由虚拟地址转换到物理地址。这种转换由虚存管理中的动态地址映射机制来实现。

把进程访问的虚拟地址空间和实地址(主存)空间区分开来后,这两个地址空间的大小就是独立的了,这样进程的虚拟地址空间可以远远大于主存的实地址空间。在实际运行时,只需要将最近要用到的那部分程序和数据调入主存。当要用到程序的别的部分时,再把那部分调入,而把不用部分调出。这种调入和调出工作是由具有虚拟存储器功能的操作系统实现的。

为此,将主存和虚存划分成若干块,和 cache 类似,虚存管理系统将主存和辅存用页、段和段页以三种不同的方案划分。页式和段式存储结构采用二维地址格式,它们把整个存储器空间(包括主存和虚拟存储器)分成若干个页或段,每个页或段又包含若干个存储单元。段页式存储结构采用三维地址格式,它把整个存储器分成若干个段,每段又分成若干页,每页包含若干个存储单元。三种虚拟存储器的地址格式如图 5-4-1 所示。

页号	页内地址

(a) 页式虚拟地址格式

段号	段内地址

(b) 段式虚拟地址格式

段号	页号	页内地址

(c) 段页式虚拟地址格式

图 5-4-1　虚拟存储器地址格式

5.4.2 页式虚拟存储器

页式管理系统以一定字节的存储单元为基本信息传送单位,称为页。主存的物理空间从低地址到高地址,按与页同样的大小分成许多块(页),并顺序编号,称为页面。每一页面的起始地址和结束地址都是固定的。虚拟存储器也按与页面相同的大小分块。这样只要有空闲的页面,新的页就可调入主存。唯一可能造成浪费的是程序最后一页的零头不能充分利用页内空间。用页式管理,要将程序段分页,这个过程由操作系统负责,对应用程序来讲是完全"透明"的。

页式虚拟存储器将主存和虚拟存储器都按页面为单位进行分配。页面大小都取 2 的幂次方个字节。主存中的页称为实页或物理页,页的编号为 $0,1,2,\cdots,l$;虚拟存储器中的页称为虚页或逻辑页,页的编号也为 $0,1,2,\cdots,m,m\gg l$。虚存地址分为两个字段,高字段为逻辑页号,低字段为页内地址。主存地址也分为两个字段,高字段为物理页号,低字段为页内地址。每一页面的起始地址都是低字段为零的地址,因此,虚存和主存两者的页内地址是相等的。在页式存储管理系统中,用一张虚地址页号和实地址页号对照表记录信息在虚页调入主存时安排在主存中的位置,这张对照表叫页表。

页表由操作系统的存储管理模块自动建立,对程序员来说是透明的。每个程序都有一张页表,页表的内容按虚页号顺序排列,页表的长度为该程序的虚页数。每一虚页的状态用页表中一个存储字反映,叫页表信息字。页表信息字包含装入位、修改位、替换控制位和实页号等,如图 5-4-2(a)所示。图中为一需要5 个页面的程序。装入位为 1,表示该虚页内容已从辅存调入主存;装入位为"0",表示该虚页尚未调入主存。修改位记录虚页内容在主存中是否被修改过,为 1 表示修改过。对被修改过的页,若被新的页覆盖前,必须写回辅存。替换控制位与替换策略有关。图 5-4-2(b)为程序实页与虚页的对应关系。假定主存共分为 $l+1$ 页,页表中,实页号反映该虚页分配在主存中的位置,即实地址页号,图中该程序的0 页装入在主存的 2 号实页,1 页和 2 页也已分别装入主存的 Q 和 P 页,3、4 页还未装入主存,并且 1 页有修改。虚存在主存空间的分配不一定是连续的。根据页表可以完成虚地址和实地址之间的转换。页表还可根据需要,设置其他控制位。

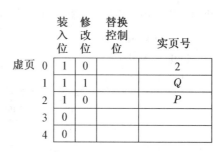

(a) 页表结构

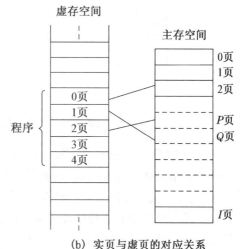

(b) 实页与虚页的对应关系

图 5-4-2　页表结构与实页、虚页对应关系

页表存放在主存中,程序投入运行时,由操作系统的存储管理模块把这个程序的页表读入。程序在虚存中以虚页顺序编号。页式虚拟存储器操作简单,系统开销小,得到广泛的应用。但由于页长度固定,程序长度不可能正好是页面的整数倍,因此,程序的最后一页会造成一定的浪费。

5.4.3　段式虚拟存储器

段式管理系统考虑了程序的模块化性质,例如,8086/8088 将汇编语言程序分为代码段、数据段(扩展段)、堆栈等。每段都有它的名称、段的起点和段的长度等。段式虚拟存储器将程序按照其组成逻辑结构划分,段作为基本信息单位,在主存和虚存之间传送和定位,段的界线分明,易于管理、修改和保护等。特别在多个运行程序都需要时,段可以共享,节约存储器空间。段式虚拟存储器用段表来指明各段在主存中的位置和占用的单元数(段表本身也是主存的一个可再定位的段)。段的分界与程序的自然分界相对应,这是段式管理的优点。

段式虚拟存储器也有一张反映虚地址与实地址的段表。段式虚拟存储器的地址由段号和段内地址两部分组成,如图 5-4-1(b)所示。段表结构与页表类似,装入位为"1"表示该段已经调入主存,为"0"表示该段还未调入主存。由于段的长度不同,段表中需要有长度指示,如图 5-4-3 所示。段表也是一个段,一般存放在主存中。

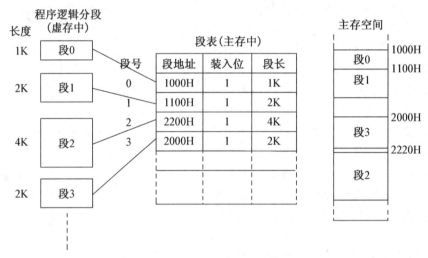

图 5-4-3　段式虚拟存储器段表与映射过程

但是,因为段是根据程序逻辑结构划分的,因此,各个程序的段的长度各不相同,段的起始地址和结束地址也不固定,这给主存空间分配带来较大的麻烦,而且容易在主存的"段"与"段"之间留下碎片,不好利用,这是段式管理的不足。

段页式虚拟存储器结合段式虚拟存储器和页式虚拟存储器的优点。程序按逻辑单位进行分段,再把每段分成固定大小的页。主存仍以页为基本单位,用段表和页表(每段一个页表)进行两级定位管理,如图 5-4-1(c)所示。在这种方式中,程序在主存和外存之间调入调出是按页为单位,但它又可以以段为单位实现共享和保护。因此,它可以兼顾段式和页式虚拟存储系统的优点。它的缺点是在地址映射过程中需要多次查表。

无论哪种虚拟存储器管理模式,同样有页面失效和页面替换过程。当程序执行到某页(或段),该页(或段)装入标志为 0,则出现页面失效。这时操作系统要将该页面从虚存中调入。如果此时主存所有页面都被占用,必须将主存中的某个页面调出,这就产生了替换算法的问题。一些替换算法与 cache 替换算法类似,这里不再详细介绍。

1. 计算机的内存和外存有什么区别?

2. 简述计算机的三级存储系统各自的组成和在计算机系统中的主要作用。

3. PC 机中为什么要采用高速缓存器(cache)?

4. 若用 4 K×1 位的 RAM 芯片组成 8 K×8 位的存储器,需要多少芯片? 最多需要多少根地址线,其中哪些用作片内寻址? 哪些用作片选信号?

5. 下列不同容量的 RAM 各需要多少条地址线进行寻址? 各需要多少条读写数据线?

(1) 512 K×8;　　　　(2) 1 K×4;

(3) 16 K×8;　　　　(4) 64 K×1。

6. 计算图 5-2-3 中各存储器芯片的地址范围。

7. 设计用 8 片 64 K×8 的 RAM 芯片组成的连续地址的存储系统,要求地址从 10000H 开始,写出各片 RAM 的地址范围,画出系统草图(地址译码、地址线、数据线、片选线、读写控制线的连接)。

8. 如果用 8 位存储器芯片组成 32 位存储器系统,每一芯片中单元地址如何确定?

9. cache 中采用哪些地址映射和地址变换技术?

10. cache 中采用哪些替换算法? 目前常用的算法是什么?

11. 什么是虚拟存储器? 引入虚拟存储系统的目的是什么? 它能否加快外存的存取速度?

第六章

中断技术

6.1 中断和中断系统

6.1.1 中断的概念

8086/8088 微处理器有两个称为中断的引脚信号,NMI 和 INTR,前者称为不可屏蔽中断,后者称为可屏蔽中断。它们都用来响应外部突发性事件。计算机工作的一般过程是根据预先设计好的流程,顺序执行,当需要与外部交换信息时,计算机查询外部设备的状态,若已准备好,则进行信息交换;若未准备好,CPU 则等待外部设备,直到可以进行信息交换。这种计算机和外设之间的信息交换方式称为"查询"方式。通常 CPU 的工作速度比外部设备的工作速度快得多,按这种方式工作,CPU 的大部分时间都将浪费在反复询问和等待外部设备工作上,阻碍了 CPU 性能的发挥,这是计算机在发展过程中遇到的严重问题之一。为解决这个矛盾,可以采用提高外部设备工作速度的方法,使外部设备能适应 CPU 的工作要求。但实际上,这种方法是不可行的。因为采用这种方法,必须对外部设备进行改造或重新设计,这样所花费的代价很高。另外,许多外部设备是其他的工程系统,它们有自己的工作特点和要求,不能随意改变。此外,它们中有许多是早于计算机前就已广泛应用的设备,计算机是后来者。因此,改造外部设备,以满足 CPU 的高速性能的方法不可取。另一种方法是改变 CPU 的工作方法和流程,既不降低 CPU 的数据处理能力,又能适应外部设备的慢速工作特性,其中一种技术就是"中断"技术。实际上中断是根据数字计算机在自动控制领域应用时出现的问题所提出的。

所谓中断,是指计算机暂时停止当前执行的程序,转向处理突然发生的事件;在处理完该事件后,再返回去继续执行被暂停程序的过程。中断技术,使得 CPU 从主动为外设服务(CPU 查询外设状态、等待外设)变为被动地为外设服务(外设提出请求,CPU 响应)。这样只要外设没有服务请求,CPU 就执行预先计划好的工作。一旦外设提出请求,CPU 立即响应,大大提高了 CPU 的效率。随着计算机技术的发展,中断技术不断被赋予新的功能,从最初的由外设请求(硬件)中断到目前程序请求中断,如 8086/8088 就有 INTO、INT n 等软件中断指令。

为实现中断功能设计的各种硬件和软件,统称为中断系统。不同的 CPU 由不同的中断系统组成,但它们的基本工作原理是相同的。

6.1.2 中断源

中断源,顾名思义,就是引起中断的原因或发出中断申请的来源。通常中断源有以下几种:

(1) 外部设备请求服务中断,如键盘输入、打印机打印完成等。

(2) 定时器中断,各类控制任务中常会见到根据时间周期进行工作的情况。当需要定时时,CPU 发出命令,命令时钟电路(该电路的定时周期通常是可设置的)开始工作,待规定的时间到后,时钟电路发出中断申请,由 CPU 处理。

(3) 外部突发事件中断,例如,电源掉电,如果要求在电源恢复后,能继续完成掉电前正在执行的程序,就必须在掉电瞬间将当时的工作状态,如 IP、CS、各个寄存器的内容和标志位等保留下来,以便重新来电后,能继续运行。

(4) 为调试程序而设置的中断。程序调试是一个复杂的过程,在程序调试时,为了检查中间结果或为了寻找问题,在程序中设置断点或进行单步操作(一次只执行一条指令),这些也由中断来实现。

6.1.3 中断系统的功能

中断系统应具备如下功能:

1. 响应中断及中断返回

当某一中断源发出中断请求时,CPU 应该立即响应中断。然而可能 CPU 还未准备就绪,这时如果有中断请求,会造成系统混乱,因此,CPU 有权决定是否响应中断请求,当CPU 工作还未就绪时,可以暂不响应中断。若允许响应该中断请求,CPU 必须自动保护被中断程序的工作现状,称为"断点"信息,如标志寄存器 FR 的状态、CS 和 IP 的值(即下一条要执行指令的地址),然后能准确地根据中断源,转到相应的中断服务程序,中断服务过程中会用到 CPU 中的寄存器,如 AX、BX 等,而当发生中断请求时寄存器中的内容是被中断程序使用的,也必须保存,这是中断服务程序应尽的义务。当完成中断服务后,要回到被中断的程序,从中断点开始继续执行。因此,在中断服务程序结束前,要恢复 CPU内部寄存器原来的内容(称为恢复现场),恢复 IP 和 CS 值和标志寄存器 FR 的状态(称为恢复断点),重新返回中断点,继续被中断程序的执行。

2. 优先权排队

系统中如果有多于一个中断源时,就会出现两个或多个中断源同时提出中断请求的情况,此时要根据它们的重要性,确定先响应哪个中断请求。对每个中断源规定一个中断级别,即优先权(Priority)。当多个中断源同时发出中断请求时,系统根据中断级别,只响应最高优先权的中断请求。在对优先权级别高的中断服务完成后,再响应级别较低的中断请求。

3. 中断嵌套

当 CPU 正在对某个中断进行服务时,若优先级别更高级的中断源发出中断请求,CPU 要能暂停(中断)正在进行的中断服务程序,保留服务程序的断点和现场,响应更高级的中断请求。在高级中断处理完以后,再继续执行被暂停(中断)的中断服务程序。这种高级别的中断源能中断 CPU 相对低级别中断源服务的程序过程称为中断嵌套(类似于子程序嵌套)。

6.2 中断的处理过程

6.2.1 中断系统的基本结构

1. 中断请求触发器

中断源向 CPU 发出中断请求是随机的,而 CPU 都是在当前指令周期结束时,检测有无中断请求。因此,中断请求必须等到当前指令结束,也就是说中断请求必须有一段持续时间,为了保证不丢失中断请求,每一个中断源有一个中断请求触发器,如图 6-2-1 所示。

2. 中断屏蔽触发器

每一个中断请求电路中,还有一个中断屏蔽触发器。只有当此触发器为"1"(Q 端控制)时,对应的中断请求才能送至 CPU,如图 6-2-2 所示。这样,可以根据需要,允许或禁止某些外设请求中断。可以将 8 个外设的中断屏蔽触发器组成一个端口,系统可以随时根据工作需要,通过指令设置它们的状态,开放某些中断和禁止某些中断。

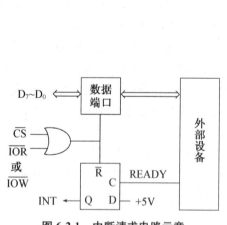

图 6-2-1 中断请求电路示意

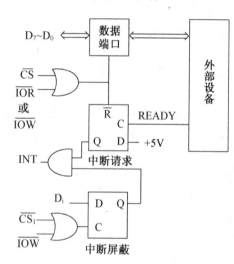

图 6-2-2 带中断屏蔽中断请求电路示意

在 PC 机中,中断请求和中断屏蔽触发器集成在 8259A 芯片中,这部分工作将在 8259A 中的控制器中详细讨论。

3. 中断允许触发器

8086/8088CPU 只有一个可屏蔽的外部中断请求引脚 INTR。在以 8086/8088 为 CPU 的计算机系统中,所有外部中断最后都要通过 INTR 请求线连到 CPU。

在 8086/8088CPU 内部有一个中断允许触发器(即 CPU 中的标志寄存器 FR 中的 IF 位),它相当于可屏蔽中断系统的总开关。只有当它置"1"时,CPU 才能响应 INTR 的中断请求；当它为"0"时，即使 CPU 的 INTR 线上有中断请求，CPU 也不会响应中断请求。这个触发器的状态可由 STI 和 CLI 指令来改变。CPU 复位时，中断允许触发器总为"0"，即不允许中断。所以如果要允许中断，在程序中必须用 STI 指令来打开中断允许标志（置"1"）。

　　一旦 8086/8088 响应中断后，CPU 内部逻辑会自动关中断允许标志（IF＝0），使得 CPU 不再响应中断。如果希望程序具有中断嵌套功能，必须在中断服务程序中用 STI 指令再次开中断。当执行中断返回指令 IRET 时，CPU 将中断发生时标志寄存器 FR 的状态重新恢复，由于发生中断时，IF＝1，中断返回自动恢复中断允许状态。

6.2.2　中断源及其优先权的识别

　　前面已提到，实际的系统中有多个中断源，而许多 CPU（如 8086/8088 微处理器）由于受引脚的限制，往往只有一条中断请求线。因此，当有多个中断源时，必须要在 CPU 外部记录中断请求，并在外部辨别和比较它们的优先级，响应级别最高的中断请求。另外，当 CPU 正在进行中断服务时，除了要有屏蔽相同级别或更低级别的中断的能力外，还要有允许更高级别的中断请求的能力，并能暂停目前的中断服务过程，转而对更高优先级的中断服务（中断嵌套）。

　　1. 查询式中断

　　CPU 响应中断后，通过中断服务程序，确定是哪个（些）外设请求中断，并判断它们的优先级别，称为中断查询。如图 6-2-3 所示，假定有外设 A 到外设 H 共 8 个中断源，把这 8 个外设的中断请求触发器组合起来，成为一个端口，接到系统数据总线 DB，同时，把这 8 个外设的中断请求信号相"或"后，接 CPU 的 INTR 引脚。这样，任意一个外设有中断请求时，都可以向 CPU 发出 INTR 信号。当 CPU 响应中断后，通过 I/O 端口，将 8 个中断请求触发器的状态读入 CPU，逐位检测它们的状态，凡没有中断请求的，它的状态为"0"；当有中断请求时，它的状态为"1"，转到相应的中断服务程序。其流程如图 6-2-4 所示。

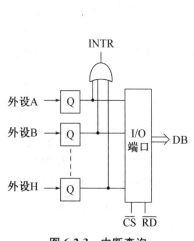

图 6-2-3　中断查询

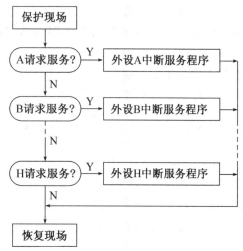

图 6-2-4　查询式中断服务执行过程示意

查询程序有两种方式(假定中断请求触发器的端口地址为 INTPORT)。

例 6-2-1 屏蔽法中断查询。

```
MOV  DX，INTPORT
IN   AL，DX
TEST AL，80H
JNZ  AIS            ;转 A 设备服务程序
TEST AL，40H
JNZ  BIS            ;转 B 设备服务程序
……
TEST AL，01H
JNZ  HIS            ;转 H 设备服务程序
……
```

例 6-2-2 位移法中断查询。

```
MOV  DX，INTPORT
IN   AL，DX
RCR  AL， 1
JC   HIS
RCR  AL， 1
JNZ  GIS
……
RCR  AL， 1
JNZ  AIS
……
```

采用中断查询方法,进入中断服务程序后,首先就是查找中断源,查询的次序即是优先权的次序。显然,最先被查询的是优先权级别最高的中断。如上面的示例程序,前者最高位(80H)对应的设备优先级最高,而后者最低位对应的设备优先级最高。

查询中断采用软件方式,硬件电路简单,但时间较长,特别是如果中断源较多时。

2. 向量中断(Vectored Interrupt)

在具有向量中断的微型计算机系统中,每个中断源设备都预先指定一个中断向量,中断向量即为中断服务程序的入口地址。

> **注意:**中断向量与该设备的端口地址是不同的概念。

当 CPU 响应中断时,中断控制逻辑就将该中断源的中断向量号送到 CPU。CPU 根据中断向量号直接查中断向量表,得到中断服务程序的入口地址,转入中断服务。这种确定中断源的方法是由硬件来实现的。当发生中断时,向量中断不用查询中断请求触发器,而是直接转到相应的地址单元,执行相应的中断服务程序。因而,向量中断方法比查询中断方法能更快地响应中断,当然,中断控制逻辑也相应复杂得多。

此外,向量中断电路还应有多重中断判断逻辑,保证 CPU 响应中断后,只有比正在获得服务的中断源优先级别高的中断请求才能送出(向 CPU 请求中断),而比该中断源优先级别低的或相同级的中断源的中断请求则不能送出。保证 CPU 在执行中断服务程序时,只会检测到优先级别更高的中断请求,挂起正在服务的中断。

8086/8088CPU 预先规定了五个中断向量(0~4)的作用。

中断向量 0:除法出错,当 CPU 执行除法指令时,若除数为 0 或商溢出时,产生该中断。

中断向量 1:单步,当标志 TF=1 且 IF=1 时,每执行一条指令,产生一次该中断。

中断向量 2:NMI,不可屏蔽中断。

中断向量 3:软件断点中断,这是一个特殊的单字节断点指令 INT3,常用于调试程序时存储程序的断点,当 CPU 执行该指令时,产生"断点指令"中断,将下一条指令的地址入栈保存。

中断向量 4:溢出中断,INTO。当执行指令 INTO 且溢出标志 OF=1 时,产生该中断。

6.2.3　CPU 对中断的响应及中断过程

8086/8088CPU 有两个中断输入引脚,NMI(不可屏蔽中断输入)和 INTR(可屏蔽中断输入),采用向量式中断。

不可屏蔽中断(NMI)请求的响应不受 IF 标志的影响。也就是说,任何条件下 CPU 都会响应 NMI 请求。通常 NMI 请求用于处理一些比 INTR 请求更紧急的事件,比如系统断电。NMI 是"边沿触发"请求,当 NMI 脚由低电平跳变到高电平时,CPU 内部的 NMI 触发器置 1。为了避免由于某种原因,在 NMI 引脚出现干扰,引起误触发,8086/8088 要求 NMI 的脉冲宽度(高电平)至少应持续两个 CPU 时钟周期,以便能使 CPU 内部的 NMI 触发器可靠置位(INTR 是电平触发)。8086/8088 在执行完本指令后,或在执行数据块移动指令时完成一次完整传输(对 8088 在字传输时为两个字节)后,响应 NMI 中断。因此,在最坏的情况下,是在执行乘、除和某些移位指令时,NMI 中断对系统正常运行影响很大,若不需要 NMI 中断时,应将 NMI 接地。对 NMI 中断请求,CPU 不判断 IF 的状态,自动生成中断向量号 2,转入相应的中断服务入口。

对 INTR 中断,若 CPU 处于允许中断状态,当前指令运行到最后一个机器周期的最后一个 T 状态结束时,检测 INTR 线。若发现有中断请求,CPU 就进入中断响应周期。

中断响应时,CPU 自动完成以下几件事:

第一步　在下一个总线周期响应中断,并发出中断响应信号$\overline{\text{INTA}}$,通知外部中断系统(8086/8088 系统中常用的是 8259A),CPU 已接受中断请求;当 8259A 接到该信号时,准备好中断向量号。

第二步　紧接着,在下一总线周期,CPU 发出第二个中断响应信号$\overline{\text{INTA}}$,在系统数据总线上读取中断向量号。

第三步　CPU 根据中断向量号读取中断矢量(中断服务程序的入口地址)。

第四步　然后,CPU 保留断点。把标志位寄存器 FR、CS 和 IP 推入堆栈保存,自动关中断(清零 IF 位);然后根据中断向量号,查找到中断服务程序入口地址,并转移到该服务程序(将中断服务程序入口地址送到 IP,CS 寄存器)。

第五步　开始执行中断服务程序:保护中断现场信息。为了不影响被中断程序的运行,中断服务程序要负责将中断服务过程中会发生变化的各个寄存器的内容保护起来。这些工作在 8086/8088 中是由软件(即在中断服务程序中)完成的,一般情况也是将它们用 PUSH 指令压入堆栈。

第六步　恢复现场信息。在中断服务程序结束前,把保存在堆栈中的信息(寄存器内容),按照后入先出的顺序从堆栈中弹出,在中断服务程序中用 POP 指令完成恢复现场信息。

第七步　中断返回。中断服务程序的最后一条指令必须为 IRET(中断返回指令)。它依次将堆栈中保存的 IP、CS 和 FR 弹出,恢复成中断以前的状态,恢复被中断程序的运行。

上述整个中断响应过程中第一至三步是 8086/8088 硬件电路自动完成的,称为中断处理。第六步的工作,是执行中断返回指令 IRET 的过程,是由硬件电路自动进行的,也可以归为中断处理过程的一部分。而第四、五两步是对请求中断的对象的服务过程,称为中断服务。这部分的程序要根据对象由用户专门设计,称为中断服务程序。

整个中断过程分为中断处理和中断服务两个阶段。中断处理过程包括从响应中断开始到转向中断服务程序,以及从中断返回被中断程序的过程两部分。

这里需要注意 CPU 响应中断时,只自动保护了 FR、CS、IP 三个寄存器,其他寄存器都没有保护。因此,其他寄存器的保护要由中断服务程序负责。此外,在中断返回时不需要开中断过程。但 CPU 中断响应时自动关闭了中断允许触发器(IF＝0),因此,若要求在中断服务过程中还能响应中断(中断嵌套),必须在中断服务程序中用指令 STI 开中断。

6.3　中断控制器 8259A

Intel 8259A 是 8080/8085 序列以及 80×86 序列微处理器兼容的可编程中断控制器,PC 机采用它来管理中断。每一片 8259A 具有 8 个中断请求端,8 级优先权控制。8259A 可级联工作,即在 8259A 的中断请求端可再接一片 8259A,这样,采用两级级联时最多可扩展至 64 级硬件优先权控制。每一级中断都可以单独屏蔽或允许。8259A 可提供相应的中断向量,从而能迅速地转至中断服务程序,也允许 CPU 采用查询工作方式。

6.3.1　8259A 的内部结构和引脚

8259A 的内部结构及引脚定义参见图 6-3-1,它可分成中断逻辑和处理器接口两部分:

1. 中断逻辑

8259A 中断请求输入对应引脚为 $IR_7 \sim IR_0$,可以接收外界 8 个独立的中断请求。当 IR_x 引脚中断请求有效时,8259A 中断逻辑的优先权判决电路确定当前最高优先权的中断请求,并通过 8259A 的中断请求输出信号 INT 向处理器请求中断。若此时,8086/8088

处于允许中断状态(IF=1),则8086/8088进入中断响应周期,在连续的两个总线周期各发一次中断响应信号$\overline{\text{INTA}}$。第一个$\overline{\text{INTA}}$通知8259A中断请求已得到响应,并在第二次$\overline{\text{INTA}}$有效期间,读取8259A提供的中断向量号。8259A要确保在第二次$\overline{\text{INTA}}$有效前,准备好中断向量号。

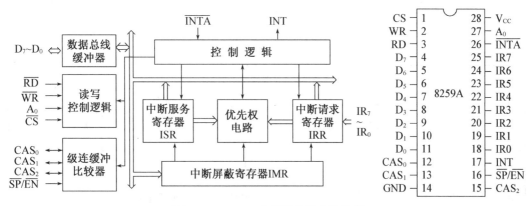

图 6-3-1　8259A 内部结构示意及引脚

8259A中断逻辑中有3个8位的可读写寄存器,它们分别为:

➤ **中断请求寄存器**(Interrupt Request Register,IRR):保存从引脚$IR_7 \sim IR_0$来的外设中断请求信号。D_i位为1表示IR_i引脚有中断请求。

➤ **中断服务寄存器**(Interrupt Service Register,ISR):保存正在服务的中断源。D_i位为1表示CPU正在对IS_i的中断服务中;若均为0,表示目前CPU中没有中断服务。IS_i与IR_i各位一一对应。

➤ **中断屏蔽寄存器**(Interrupt Mask Register,IMR):用于对单个IR_i中断请求允许或禁止。D_i位为1表示IR_i中断被屏蔽(禁止),为0表示该中断被允许。IMR对各个中断源的屏蔽是相互独立的,即对较高优先权的中断屏蔽,并不影响较低优先权的中断请求。

优先权电路根据IRR新到的请求及ISR正在服务的中断,判别出最高优先级中断。若没有正在服务的中断,则送出IRR中最高优先级中断。若有正在服务的中断,则将IRR中最高优先级中断申请与ISR中正在服务的中断优先级比较,若新到的中断优先级更高,则8259A向CPU请求中断,否则8259A不发中断请求。

2. 处理器接口

8259A与微处理器的接口引脚有双向三态数据总线$D_7 \sim D_0$、读信号线$\overline{\text{RD}}$、写信号线$\overline{\text{WR}}$、地址信号线A_0和片选信号线$\overline{\text{CS}}$,此外还有中断逻辑中的INT和$\overline{\text{INTA}}$。其中,数据总线$D_7 \sim D_0$与系统数据总线连接(8086为与低字节数据总线),读信号线$\overline{\text{RD}}$、写信号线$\overline{\text{WR}}$分别与CPU对应的信号线相连,地址线A_0与系统地址总线的A_0相连,片选线$\overline{\text{CS}}$一般与译码电路输出相连,确定8259A芯片在系统中的地址。由于只有一根地址线,因此,一片8259A在系统中只需要占用两个地址。8259A的中断响应信号$\overline{\text{INTA}}$接8086/8088 CPU的$\overline{\text{INTA}}$,若系统中有多片8259A时,各8259A芯片的$\overline{\text{INTA}}$都接在一起,并与

8086/8088 CPU 的$\overline{\text{INTA}}$相接。而中断请求 INT 根据 8259A 芯片在中断系统中所处的地位,有不同的连接,对主 8259A,INT 接 8086/8088CPU 的 INTR 引脚,对从 8259A,接主 8259A 的 8 个中断请求(IR_i)引脚之一。IBM PC 机中共用两片 8259A,其中主、从 8259A 的地址分别为 20H、21H 和 0A0H、0A1H,见表 6-3-1 所示。它们为 PC 机的端口地址(用指令 IN 或 OUT 操作)。表 6-3-1 为 8259A 地址与控制信号对 8259A 的操作条件及功能。

表 6-3-1　8259A 命令字/状态字读写条件

A_0	$\overline{\text{RD}}$	$\overline{\text{WR}}$	$\overline{\text{CS}}$	主 8259A 地址	从 8259A 地址	功　能
0	1	0	0	20H	A0H	写入 ICW1,OCW2 和 OCW3
1	1	0	0	21H	A1H	写入 ICW2,ICW3,ICW4 和 OCW1
0	0	1	0	20H	A0H	读出 IRR,ISR 和查询字
1	0	1	0	21H	A1H	读出 IMR
X	1	1	0			数据总线高阻状态
X	X	X	1			数据总线高阻状态

从表中可见,8259A 与处理器交换的信息共有 7 个命令字:4 个初始化命令字 ICW,3 个操作命令字 OCW,4 个状态字 IRR、ISR、IMR 以及查询字。各个命令字的格式如图 6-3-3 所示。它们的详细操作流程在本章 8259A 编程部分介绍。

	A0	D7	D6	D5	D4	D3	D2	D1	D0
ICW1	0	×	×	×	1	LTIM	×	SGNL	IC4
ICW2	1	T7	T6	T5	T4	T3	×	×	×
ICW3	1	S7	S6	S5	S4	S3	S2/ID2	S1/ID	S0/ID0
ICW4	1	0	0	0	SFNM	BUF	M/S	AEOI	μPM
OCW1	1	M7	M6	M5	M4	M3	M2	M1	M0
OCW2	0	R	SL	EOI	0	0	L2	L1	L0
OCW3	0	0	ESMM	SMM	0	1	P	RR	RIS
查询字	0	1	—	—	—	—	W2	W1	W0

图 6-3-2　8259A 初始化命令字、操作命令字和查询字格式

其中初始化命令字 ICW2 实际就是 8259A 的中断向量号寄存器,从图可见最低三位无效,这三位由 8259A 根据 IR0～IR7 中断输入引脚的编码产生,如中断请求引脚为 IR0,则这三位编码为 000,中断请求引脚为 IR7,则这三位编码为 111,与高五位合成 8 位中断向量号。根据 8259A 为主片还是从片,ICW3 有不同的含义。主片为 S7～S0,用于表示 8 个中断输入引脚是否接有从片。若接有从片,Si = 1;否则 Si = 0。从片 ICW3 只有最低三位有效,它用编码表示接到主片的任一中断输入引脚。比如为 011,则表示该从片接主 8259A 的 IR3。

操作命令字 OCW1 实际上就是 8259A 的中断屏蔽寄存器(IMR)。其他命令字的意

义在 8259A 编程中介绍。

3. 中断级连

8259A 可以级连工作,8259A 的每一 IR_i 引脚可级连一片 8259A。因此,两级级连系统最大可有 1 片主 8259A 和 8 片从 8259A,组成具有 64 级硬件中断逻辑的中断系统。8259A 在级连时,主 8259A 的三条级连线 $CAS_2 \sim CAS_0$ 作为输出线,而从 8259 的 $CAS_2 \sim CAS_0$ 为输入,所有的 $CAS_2 \sim CAS_0$ 对应相连。每个从 8259A 的中断请求信号 INT 连至主 8259A 的某一个中断请求输入端 IR_i,只有主 8259A 的 INT 线连至 CPU 的中断请求输入端 INTR。因此,从 8259A 的中断请求要通过主 8259A 向 CPU 申请。

当 CPU 响应中断时,在第一个中断响应周期,主 8259A 判断 CPU 响应的是否为从 8259A 请求的中断,若是,通过三条级连线 $CAS_2 \sim CAS_0$ 选择相应的从 8259A 芯片,在第二个中断响应周期,选中从 8259A 输出的中断向量号(从地址总线);若 CPU 响应的是主 8259A 本身的中断请求,则在第二个中断响应周期,主 8259A 输出对应的中断向量号。PC 机中,扩展了一片 8259A,因此,共有 15 个外部中断。

6.3.2 8259A 的中断过程

8259A 的中断请求和响应过程如下,它配合 CPU 的中断响应周期,共同实现中断控制,如图 6-3-3 所示。

第一步 当 8259A 的一条或几条 IR_i 信号出现高电平,使 IRR 对应的 D_i 位置位表示有中断请求。

第二步 如果 8259A 的中断屏蔽寄存器对应位为 0(允许中断),8259A 对这些中断请求进行分析,若该中断请求优先级最高,则向 CPU 发出 INT 信号。

第三步 CPU 若也为允许中断状态,CPU 进入中断处理(响应)周期,发出第一个 $\overline{INTA}$ 信号。

第四步 8259A 收到第一个 $\overline{INTA}$ 信号后,表示 CPU(8086/8088)已受理此中断,8259A 准备中断向量号,并封锁 IRR(不再接受外来的中断)。

第五步 8259A 在收到第二个 $\overline{INTA}$ 信号时,将中断向量号送上数据总线,供 CPU 读取,同时置相应的 ISR 位和清 IRR 位并开放 IRR,允许接受新的中断请求。CPU 利用 8259A 发来的中断向量号,检索中断向量表,读出中断服务程序入口地址到 IP、CS。

第六步 依次保留断点信息 FR、CS、IP。

第七步 转到中断服务程序。执行中断服务程序,直到执行 IRET 指令返回。

第八步 中断服务程序的最后一条指令必须是 IRET。执行 IRET 指令,依次将保护在堆栈中的断点信息 IP、CS、FR 弹出,恢复被中断程序的执行。

图 6-3-3 为 8086/8088CPU 响应中断请求的时序。对 8259A 的中断请求,8086/8088 产生两个中断响应周期,时间与总线周期相同。每个响应周期都发出中断响应信号 $\overline{INTA}$。发出第一个中断响应信号的同时,还启动 $\overline{LOCK}$ 信号,使得在中断响应过程中,其他处理器不能控制系统总线。在级连方式时,第一个 $\overline{INTA}$ 还被 8259A 用来选择从片。第二个 $\overline{INTA}$ 响应周期,8259A 送出中断向量号。

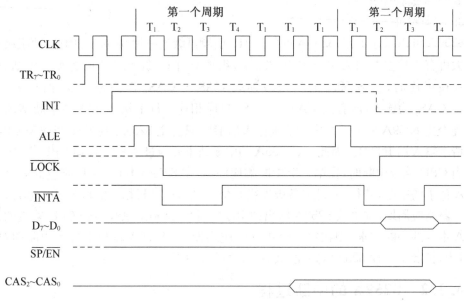

图 6-3-3   8259A 中断与 8086/8088CPU 响应中断过程

6. 3. 3　8259A 的工作方式

8259A 具有多种工作方式,可实现灵活和复杂的中断控制功能,如图 6-3-4 所示。

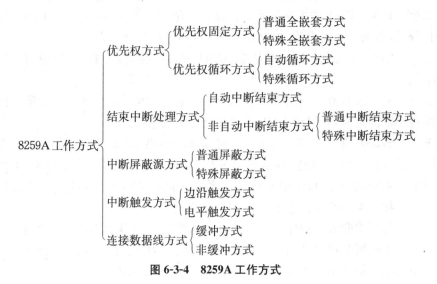

图 6-3-4　8259A 工作方式

一、设置优先权方式

按照对 8 个中断请求的优先权设置方法来分,8259A 有两类共 4 种工作方式。

1. 普通全嵌套方式

普通在全嵌套方式中,8259A 的中断优先权顺序固定不变,从高到低依次为 IR_0,

$IR_1, \cdots, IR_7$。当外设请求中断后,8259A 对当前优先权最高的中断请求 IR_i 予以响应,将其向量号送到数据总线,对应的 ISR 位 D_i 置位,直到中断结束(由 CPU 发来结束中断命令 EOI,ISR 的 D_i 位复位)。在 ISR 的 D_i 置位期间,8259A 禁止同优先级和低优先级的中断请求,但允许高级优先级的中断请求(嵌套)。

全嵌套方式是 8259A 初始化后默认的工作方式,也是最常用的工作方式。

2. 特殊全嵌套方式

这种方式特殊在当处理某一优先级的中断时,允许相同级别的中断源再次请求中断(嵌套),其他与普通全嵌套方式相同。特殊全嵌套方式用在 8259A 级连系统,并且主片 8259A 设置为特殊全嵌套方式,从片仍用其他方式。

在级连系统中,主片的某一中断请求端若接有从片,它实际代表了 8 个中断源。此时,若主片设为全嵌套方式,当来自从片的中断未结束前,主片将禁止该引脚的再次中断请求,即禁止了从片的所有的中断(包括从片上比目前正在得到服务的优先级别更高的中断)。当采用特殊全嵌套方式,主片在对该中断服务时,不屏蔽相同优先级的中断,实际上是开放了该引脚上的从片的中断。这样,一方面允许来自主片的优先权更高的其他引脚上的中断请求,另一方面也允许来自同一从片上的更高优先权的中断请求。

3. 优先权自动循环方式

上两种方式,优先权是固定的。这样优先级别高的设备,获得服务的机会多;而优先级别低的设备,获得服务的机会相对较少。在中断源较多并且假定中断事件也比较多的情况下,优先权低的设备可能得不到及时服务。在有些情况下,各中断源相互之间并没有实质意义上的重要性区别,这样中断管理不太合理。

优先权自动循环方式中,各中断源的优先权是变化的。一个中断得到响应后,它的优先权自动降为最低级,而原来比它低一级的中断源则成为当时最高优先级的中断。8 个输入端的优先权依次排列。例如,初始优先权队列从高到低规定为 $IR_0, IR_1, \cdots, IR_7$。若 IR_4 有中断请求,则响应 IR_4 中断请求后,IR_5 将置为最高优先级,依次为 $IR_6, \cdots, IR_3$,IR_4 自动变为最低优先级。这种方式使系统中各设备获得服务的机会均等,适用于系统中同等设备较多的场合。

4. 优先权特殊循环方式

这种方式特殊之处在于初始最低优先权是由对 8259A 编程确定的,其他与优先权自动循环方式相同,仍为按 $IR_0, IR_1, \cdots, IR_7$ 排列进行循环。指定某一 IR_i 为最高优先级后,它后面的 IR_{i+1} 为次高,……

二、结束中断处理方式

当中断请求 IR_i 得到响应时,8259A 自动将中断服务寄存器 ISR 中对应的位 D_i 置位,表示 CPU 正在对该中断服务,同时清除相应的中断请求触发器 IR_i。当有新的中断请求时,中断优先权判决电路根据中断请求触发器和中断服务触发器状态,确定新发生的中断请求是否接受。因此,当中断服务完成后,必须使 ISR 中的 D_i 位复位,否则,8259A 认为该中断仍在服务中,低于该优先级的中断将会屏蔽。而 ISR 寄存器的复位,对 8259A 而言就意味着 CPU 中断服务完成。

8259A分自动中断结束方式和非自动中断结束方式,而非自动中断结束方式又分为普通中断结束方式和特殊中断结束方式。

1. 自动中断结束方式

若8259A置为自动中断结束方式,在8259A响应CPU发来的第二个$\overline{INTA}$时,请求中断的ISR位就复位了,尽管实际上CPU才开始中断服务程序。对8259A来说,意味该中断服务已完成。

2. 普通中断结束方式

若8259A置为普通中断结束方式,则8259A要等待CPU发送中断结束命令(End Of Interrupt,EOI),ISR的相应位才复位。直到此时,8259A才认为中断处理完成。若EOI命令是在中断服务程序尾部发出的,此时,中断服务过程也确实已完成。

普通中断结束方式下,8259A等待CPU的中断结束命令,复位当前最高优先权的ISR位。在全嵌套方式中,当前ISR中最高优先权者,一定是最后被响应的中断,也一定是当前得到服务的中断。所以当前最高优先权的ISR位复位,相当于结束了当前正在处理的中断。此时ISR有两种状态,ISR非0,表示CPU还在进行中断服务(对被中断的中断服务)。ISR=0,表示CPU已没有中断服务。

3. 特殊中断结束方式

特殊中断结束方式一般配合循环优先权方式使用。8259A的ISR寄存器可判断是否有中断在服务,在非循环优先权方式时,ISR可自动判断正在得到服务的中断设备。但在循环优先权方式时,由于优先级是动态的,要求CPU在中断服务程序向8259A发送特殊中断结束命令,命令中指出要清除ISR寄存器的哪一位。

有8259A级连工作的系统中,一般不采用自动中断结束方式。不管是用普通中断结束方式,还是用特殊中断结束方式,级连系统对从片的中断服务结束时,必须发两次中断结束命令,一次对主片,另一次对从片。

三、屏蔽中断源

8259A内部有一个中断屏蔽寄存器IMR(OCW1),它与中断请求输入端一一对应。随时可以对IMR中任意一位清"0"或置"1",允许或禁止该中断请求。8259A有两种屏蔽中断源的方式。

1. 普通屏蔽模式

普通屏蔽模式中,将IMR的D_i位置1,则对应的中断IR_i就被屏蔽。如果IMR的D_i位置0,则开放IR_i中断。

2. 特殊屏蔽模式

在某些应用场合,要求能用软件动态地改变系统中断优先权结构。如CPU正在进行中断服务时,希望另一些比正在得到服务的优先权更低的中断源能申请中断。通常情况下,当较高优先权的中断正获得服务时,所有优先权更低的中断都被屏蔽,达不到上述的要求。为此,8259A设计了特殊屏蔽模式。若OCW3中的D_6位ESMM=1,且D_5位SMM=1,则8259A工作在特殊屏蔽模式。此时,OCW1为"1"的那些位的中断被屏蔽,而为"0"的那些位,不管其中断优先权如何,都可申请中断。

当 OCW3 中的 ESMM＝1,而 SMM＝0,则恢复为正常的屏蔽方式。

在特殊屏蔽方式中,将 IMR 的 D_i 位置"1",同时使 ISR 的 D_i 位清"0",可允许级别较低的中断。未被屏蔽的更高级中断不受影响。

四、中断触发方式

中断触发方式是指中断请求信号 IR 的有效形式,可以是上升沿触发,也可以是高电平触发。

1. 边沿触发方式

边沿触发方式下,8259A 将中断请求输入端出现的上升沿作为中断请求信号。设置成上升沿触发后,中断请求端可以一直保持高电平,不会再次触发中断。只有中断请求端恢复低电平后,输入端再次出现的上升沿,才会再次触发中断请求。

2. 电平触发方式

电平触发方式下,中断请求端出现的高电平是有效的中断请求信号。在这种方式下,应注意及时撤除高电平。否则,如果在 CPU 发出 EOI 命令之前或 CPU 开放中断之前,没有及时撤消高电平信号,会引起不应该有的第二次中断请求。

无论是边沿触发还是电平触发,中断请求信号 IR 都应维持足够的宽度,即在第一个中断响应信号$\overline{INTA}$结束之前,IR 都必须保持高电平。如果 IR 信号提前变为低电平,8259A 就会自动假设这个中断请求来自引脚 IR_7。这种办法能够有效地防止由 IR 引脚的输入噪声干扰所产生的假中断。为了防止这种虚假的中断请求,如果 IR_7 未接外部中断源时,可以在 IR_7 的中断服务程序中设计一条返回指令(IRET),以滤除这种假中断。当然,如果 IR_7 确实接有中断源,则应该在 IR_7 的中断服务程序中增加读 ISR 状态的指令来判别非正常的 IR_7 中断。因为正常的 IR_7 中断会使 ISR 的 D_7 位置位,而非正常的 IR_7 中断则不会使 ISR 的 D_7 位置位。

五、8259A 数据线的连接

8259A 数据线与系统数据总线的连接有两种方式。

1. 缓冲方式

缓冲方式是指 8259A 的数据线需加缓冲器予以驱动。这时 8259A 把$\overline{SP}/\overline{EN}$引脚作为输出端,$\overline{EN}$为输出允许信号,用以锁存或开启数据总线缓冲器。

2. 非缓冲方式

在非缓冲方式时,$\overline{SP}/\overline{EN}$引脚为输入端,若中断系统有 8259A 级连时,用SP确定是主8259A 还是从 8259A。

6.3.4　8259A 的编程

8259A 必须进行初始化编程后,才能正常工作。8259A 只有一个地址总线引脚 A0,因此,只有两个地址。而 8259A 有四个初始化命令字和三个操作命令字以及一个查询字,因此,对 8259A 工作状态的设置(即对 8259A 编程)必须按一定的流程进行。8259A 的编程分为初始化编程和正常工作时修改设置编程。

初始化编程也就是对 8259A 的四个初始化命令字(ICW)进行设置。初始化程序一般在程序开始时运行,并且执行一次即可。操作命令字(Operation Command Words, OCW)可以在程序运行时随时修改,以改变 8259A 操作状态。在程序运行过程中通过读取 8259A 的状态字,可以了解它的工作状态。

一、初始化命令字 ICW

在 8259A 可以正常工作前,必须按照规定的顺序写 8259A 的四个初始化命令字 ICW1~ICW4。由于 8259A 只有两个地址,因此,用命令字中的某些位的状态来区别是写哪个命令字,这是 8259A 编程的特殊之处。四个初始化命令字中 ICW1 和 ICW2 是必需的,而 ICW3 和 ICW4 是由工作方式决定的(根据 ICW1 中的有关位),初始化命令字的写入流程如图 6-3-5 所示。图中 D7~D0 即为要对 8259A 写入的数据,其中×表示该位状态无关,"0"或"1"分别表示该位必须为 0 或 1。A0 为地址。

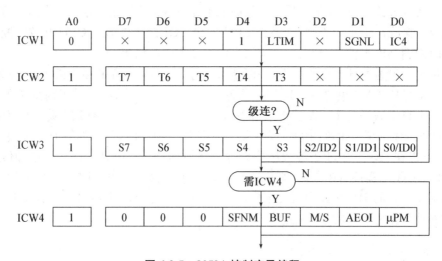

图 6-3-5 8259A 控制字及编程

1. 初始化对命令字 ICW1

ICW1 是 8259A 第一个写入的命令字。写入 ICW1 的条件是 8259A 地址的引脚 $A_0 = 0$ 以及 ICW1 的 D_4 位为"1"。其余各位的含义如下:

IC4(D_0):是否要写 ICW4,IC4 = 1,要写入 ICW4;IC4 = 0,不需要写 ICW4。初始化后 ICW4 全为"0"。

SNGL(D_1):单片或级连方式。SNGL = 1,单片 8259A 方式,此时不需要写 ICW3;SNGL = 0,级连方式,要写 ICW3。

LTIM(D_3):规定 8259A 接受中断触发信号类型。LTIM = 1,电平触发方式;LTIM = 0,上升沿触发方式。

另外,ICW1 的 D_4 位必须为 1,用作写 ICW1 的标志。其他用"×"表示的位,在 8086 作为 CPU 的系统中没有定义,可以任意设置(建议置 0)。(其他命令字中相同)

2. 中断向量字 ICW2

ICW2 应紧跟着 ICW1 后写,并且 $A_0 = 1$。ICW2 中,$T_7 \sim T_3$ 为中断向量号的高 5

位,而低 3 位由 8259A 根据申请中断的输入端 IR 确定,并在向 CPU 发出中断类型码时,自动填入。如 IR_0 申请中断,则最低三位为 000,IR_1 为 001,$\cdots$,IR_7 为 111。

3. 级连命令字 ICW3

写 ICW3 时,仍要求 $A_0 = 1$。ICW3 是级连命令字,8259A 根据 ICW1 中的 SGNL 位自动判断是否写 ICW3。若系统中只有一片 8259A,则不需写 ICW3,8259A 自动转向接收 ICW4 过程。如果是级连系统,则得到的数据为 ICW3。主片和从片的 ICW3 含义不同。对主片 8259A,ICW3 用 $S_7 \sim S_0$ 表示,当 $S_i = 1$,表示对应的引脚 $IR_7 \sim IR_0$ 上接有从片;$S_i = 0$,则表示该引脚没有接从片。

从片 8259A 的 ICW3 仅最低 3 位有效,并用 $ID_2 \sim ID_0$ 的组合编码说明从片的 INT 引脚接到主片的哪个 IR 引脚上。000 接到主片的 IR_0,$\cdots$,111 接到主片的 IR_7。它实际上表示了本片 8259A 在中断系统中的序号,在响应中断过程中,若是从片的中断请求得到 CPU 响应,主片通过级连线 $CAS_2 \sim CAS_0$ 通知从片 8259A。组合编码 $ID_2 \sim ID_0$ 符合的从片,在 CPU 的下一个 $\overline{INTA}$ 有效期内,将中断类型码送到数据总线上。

4. 中断方式字 ICW4

用于设置 8259A 的基本工作方式。

$\mu PM(D_0)$:微处理器类型,80×86 时 $\mu PM = 1$,(这里必须置"1")。8080/8085 微处理器时 $\mu PM = 0$。

$AEOI(D_1)$:中断结束方式设定。$AEOI = 1$,为自动中断结束方式;$AEOI = 0$,为非自动中断结束方式。

$M/S(D_2)$:若 8259A 是主片,$M/S = 1$;从片,$M/S = 0$。

$BUF(D_3)$:8259A 数据线采用缓冲方式,$BUF = 1$;非缓冲方式 $BUF = 0$。

$SFNM(D_4)$:$SFNM = 1$,8259A 工作于特殊全嵌套方式;$SFNM = 0$,8259A 工作于普通全嵌套方式。

对 8086/8088CPU 来讲,$\mu PM = 1$,因此,必须要写 ICW4,从四个 ICW 写入看,只有 ICW1,$A_0 = 0$;其余 $A_0 = 1$。ICW 在 8259A 通电后,只需写一次,以后不再需要重写。

二、操作命令字 OCW

8259A 工作期间,可以随时修改操作命令字 OCW。OCW 共有 3 个:OCW1～OCW3,如图 6-3-6 所示。OCW 写入时没有顺序要求。操作命令字 OCW2 和 OCW3 用同一个地址,根据数据位 D_3 区别。

	A0	D7	D6	D5	D4	D3	D2	D1	D0
OCW1	1	M7	M6	M5	M4	M3	M2	M1	M0
OCW2	0	R	SL	EOI	0	0	L2	L1	L0
OCW3	0	0	ESMM	SMM	0	1	P	RR	RIS
查询字	0	I	—	—	—	—	W2	W1	W0

图 6-3-6　8259A 的操作命令字和查询字

1. 屏蔽命令字 OCW1

它实际上就是 8259A 的中断屏蔽寄存器 IMR。$D_i = 1$，对应的中断请求输入端 IR_i 被屏蔽。

2. 控制命令字 OCW2

OCW2 是中断结束、优先权等控制命令字，其中，R、SL 和 EOI 3 位组合，用来设置中断结束和改变中断优先权顺序等，它们的组合方式见表 6-3-2 所示。$L_2 \sim L_0$ 3 位编码指定 IR 引脚，其编码规则如同 ICW2 中的 $IR_2 \sim IR_0$。当在优先权自动循环方式时，由于各中断源的优先权是动态变化的，因此，必须由 CPU 发送中断结束命令中指明（$L_2 \sim L_0$）是哪一个中断。

表 6-3-2   中断结束和优先权组合编码

R	SL	EOI	功　　能	
0	0	1	普通 EOI 命令，全嵌套方式	中断结束
0	1	1	特殊 EOI 命令，全嵌套方式，$L_2 \sim L_0$ 指定对应的 ISR 位清 0	
1	0	1	普通 EOI 命令，优先权自动循环	自动循环
1	1	1	普通 EOI 命令，优先权特殊循环，$L_2 \sim L_0$ 指定优先权最低的 IR	
1	0	0	自动 EOI 时，优先权自动循环	
0	0	0	自动 EOI 时，取消优先权自动循环	特殊循环
1	1	0	优先权特殊循环，$L_2 \sim L_0$ 指定最低的 IR	
0	1	0	无操作	

3. 设置中断屏蔽方式和读状态命令字 OCW3

其中，ESMM 和 SMM 两位用于设置中断屏蔽方式，表 6-3-3 为它们的组合。8259A 中有中断请求寄存器（IRR）、中断服务寄存器（ISR）和中断屏蔽寄存器（IMR）。其中 IMR 即为 OCW1，而 IRR、ISR 状态以及查询字的状态可通过 P，RR 和 RIS 三位的组合来规定随后读取指令所读到的状态字的含义，它们的组合及意义见表 6-3-4 所示。

表 6-3-3   中断屏蔽方式

ESMM	SMM	功　　能
1	0	复位为普通屏蔽方式
1	1	置位为特殊屏蔽方式
0	X	无操作

表 6-3-4   状态字含义

P	RR	RIS	功　　能
1	X	X	下一个读指令，读查询字
0	1	0	下一个读指令，读 IRR
0	1	1	下一个读指令，读 ISR
0	0	X	无操作

三、读取查询字

CPU 可以读出 IRR，ISR 和 IMR 三个寄存器和中断查询字的内容。

其中，当 8259A 的地址线 $A_0 = 1$ 时读到的都是 IMR（中断屏蔽寄存器），其他 IRR，ISR 和中断查询字三个寄存器共用一个地址 $A_0 = 0$。8259A 用 OCW3 中的 P、RR 和

RIS 三位编码确定读取哪个寄存器，当 P=1 为读查询字，当 P=0 且 RR=1，由 RIS 的状态确定寄存器。读取过程分两步，先写 OCW3 选择寄存器，然后再读 8259A。

读取查询字时，如果最高位（I）为 1，表示有外设请求中断，而 $W_2 \sim W_0$ 的编码（其编码规则同 $ID_2 \sim ID_0$）表明当前中断请求的最高优先级。I=0 说明无外设请求中断。因此，通过查询字也可以获得外部中断请求情况。

通过查询字可以进一步扩展外部中断源数量。当系统中采用 9 片 8259A 组成 64 级的中断系统，此时系统中主片、从片均无法再增加。若系统还希望扩展外部中断源时，可在从片的中断输入脚再级连 8259A，通过两次级连向 CPU 请求中断，而 CPU 只能得到第一级级连 8259A 的中断向量号。第二级级连无法再采用主、从片设置。因此，只能在这个中断服务程序中，对第二级级连的从片采用查询方式确定中断源。

6.3.5　IBM PC 中断系统

IBM PC/XT 使用一片 8259A 管理 8 级可屏蔽中断，称为 $IR_0 \sim IR_7$，IBM PC/AT 在原来保留的 IR_2 中断请求端又扩展了一个从片 8259A，所以相当于主片的 IR_2 又扩展了 8 个中断请求端 $IR_8 \sim IR_{15}$，形成的主从结构共提供了 15 级中断。其硬件连接图如图 6-3-7 所示。

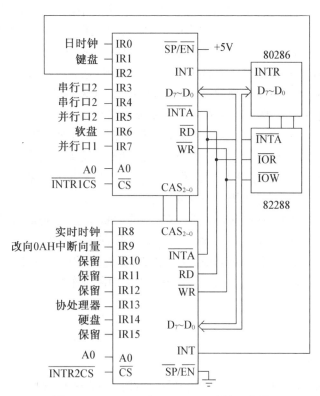

图 6-3-7　IBM PC/AT　8259A 连接示意图

6.4 外部中断服务程序

中断服务程序与普通的子程序的结构与执行方式基本相同,但又有其特殊性。因此,编写 8086/8088CPU 中断服务程序需要注意如下问题:

(1) 发送中断结束命令。由于 8086/8088 采用 CPU 外接中断控制器管理可屏蔽中断,在用普通中断结束方式时,中断服务程序必须发中断结束命令(即置"1"OCW2 中EOI 位,20H),8259A 才认为中断服务结束,否则 8259A 将屏蔽同级和更低级别的外部中断。

(2) 外部中断是随机发生的。所以系统进入中断服务程序时,除 FR、CS 和 IP 三个寄存器由硬件自动压入堆栈外,其他寄存器都没有进行保护。因此,凡在中断服务程序中要使用到的寄存器,均必须保护,并在退出中断服务程序前恢复它们被中断时的内容。

(3) 中断服务程序尽量短小。一般而言,外部中断的实时性很强,应处理必要的急迫性事务,中断服务时间应尽量短。能放在主程序中完成的任务,不要由中断服务程序来完成,尽量减小对其他中断设备的影响,例如显示电路的刷新等操作。

主程序除了需要设置中断服务程序地址(即置中断向量)外,还要注意如下几点:

(1) CPU 的中断允许标志 IF 操作。可屏蔽中断受中断允许标志控制。因此,若要允许外部中断,必须置 IF=1,当不希望中断或在程序执行的某些时间不允许中断时,必须关中断(IF=0);而当允许中断时,又要及时开中断。例如,在设置中断服务程序地址(中断向量)之前和中断服务程序初始化完成前,不能响应中断,所以必须关闭中断,在此之后,则应开中断。各种 CPU 硬件设计成上电时为关中断状态。因此,如程序需要中断功能时,在初始化结束后要及时在程序中开中断。另外,CPU 响应中断后,又自动使 IF=0(关中断),直到中断服务完成,执行中断返回指令时,再次自动开中断。因此,8086/8088CPU 硬件上不能自动实现中断嵌套,即使 8259A 设置成自动中断结束方式,也不行。若希望实现中断嵌套,在进入中断服务程序后,应马上重开中断(在中断服务程序中,执行 STI 指令),这样较高优先级的中断才能被响应。

(2) 设置 8259A 的中断屏蔽寄存器。CPU 的中断标志 IF 是针对引脚 INTR 的中断屏蔽,它屏蔽了所有外部中断,而 8259A 的中断屏蔽寄存器是对个别可屏蔽中断源的屏蔽位,它对应的是 8259A 各中断输入引脚。因此,通过 8259A 中断控制器可对每一中断源进行管理,屏蔽中断受 CPU 的 IF 和 8259A 中的中断屏蔽寄存器两者共同控制。

1. 什么是不可屏蔽中断,什么是可屏蔽中断?

2. 什么是外部中断? 什么是内部中断? 中断向量表的功能是什么? 已知中断向量号 1AH 和 35H,它们的中断服务程序入口在中断向量表的什么位置?

3. 为什么 INTR 中断要有两个中断响应周期,而非屏蔽终端 NMI 和软件中断却没有中断响应周期?

4. 试说明可屏蔽中断响应过程包括哪些步骤，每步实现哪些基本功能。

5. 简述中断控制器 8259A 的内部结构和各组成部分的主要功能。

6. 8259A 中，IRR、IMR 和 ISR 三个寄存器的作用是什么？

7. 8259A 对中断优先权的管理方式有几种？各是什么含义？特殊屏蔽方式和普通屏蔽方式有什么不同？特殊屏蔽适用于什么场合？

8. 8259A 只有一根地址线，它是如何区别 4 条 ICW 和 3 条 OCW 命令的？引脚 $A_0 = 1$ 读出的是什么？

9. 8259A 的中断请求寄存器何时置位？何时清零？

10. 8259A 的 ISR 寄存器有什么作用？ISR 寄存器何时置位，何时清零？

11. 8259A 有哪几种优先结构？各是怎样工作的？

12. 8259A 的判优电路只在中断请求、中断响应或中断返回时起作用。试说明在正常全嵌套方式下：

(1) 若 ISR 寄存器的某一位已置位，再次发出中断请求的条件是什么？

(2) 在 CPU 响应中断时，ISR 寄存器置位的条件是什么？

(3) 若有多个 IS 寄存器置 1，在收到普通 EOI 指令时，ISR 寄存器的哪位被清除？

13. 说明 8259A 在单级方式和级联方式下响应中断时，是如何提供中断矢量号的。

14. 当 8259A 收到中断响应信号 INTA 时，在单级情况下，如何决定发出哪个中断向量？在级连时，主 8259A 如何决定是自己发出中断向量号，还是从 8259A 发出中断向量号？从 8259A 又如何知道应该发出中断向量号？

15. 当某一中断正在服务时，若要允许比其优先级更低的设备能中断它，8259A 应进入什么方式？如何进入这种方式？在此方式下，该用哪种 EOI 命令使它复位？为什么？

16. 8259A 的自动循环优先中，若进入 AEOI 循环方式后，优先级在什么时候改变？怎样改变？

17. 若对 8259A 的中断处理中，没有执行 EOI 命令，会出现什么现象？

18. 能否用 8259A 将系统的外部中断源扩充到大于 64 个，如何实现？

19. 假定 8259A 的地址为 A000H 和 A001H，编写程序段实现：屏蔽 8259A 中断 IR1，开放其他中断。IR2 中断服务程序：开放 IR1 中断。IR1 中断服务程序：用 AX 计数发生的中断次数，到 100H 次时，清 AX 并关闭 IR1 中断。

第七章

输入输出和接口技术

　　输入输出设备是计算机与外界交换信息的工具,而输入输出接口则是中央处理器与输入输出设备之间的控制电路。从更一般的意义上说,接口就是在两个电路、两个部件或两个设备之间协调工作的电路。本章我们讨论处理器与外设之间的接口及一些 PC 机常用的外围芯片的功能、应用和它们与 CPU 的连接等技术,也就是微机原理的接口技术部分。

　　接口的设计涉及两个基本问题,一是中央处理器如何区别各个设备;二是中央处理器如何控制设备的工作、响应设备的请求和进行数据交换。

　　现代微机系统,都是以大规模集成电路芯片为核心构成系统主板,并且在系统主板上集成若干通用功能部件或通用接口逻辑电路。因此,一块系统主板插上 CPU、内存条,再将硬盘(软盘)驱动器、键盘、显示器等的连接电缆插到对应的接口插座上,配上电源、机箱部件,就可以组成一台微型计算机。如 PC 系列微机就是由系统板、内存条、显示卡、键盘、鼠标和磁盘驱动器等构成的。此外,系统主板上还集成了几个通用插槽,用于系统功能的扩展,这种通用插槽也称为系统总线。随着微机技术的发展,PC 机的系统总线也扩展了许多标准。系统中各功能部件(及通过系统总线插槽连接的插件板)通过系统中的各种总线与 CPU 连接并在 CPU 协调下工作。

7.1　接口的基本概念

　　8086/8088CPU 只有 40 个引脚,分为地址线、数据线、状态线、控制线及电源线、地线、时钟脉冲输入线、复位线等类型。由于引脚少,因此,8086/8088CPU 采用地址/数据和地址/状态复用设计。一台完整的计算机系统,除了 CPU 和存储器外,还至少要有数据输入和数据输出设备,以接受外界的信息并将处理结果送回外界。

7.1.1　接口的功能和基本结构

　　在计算机系统中接口是在不同功能部件(设备)之间进行信息交换的电路。数据传输接口电路一般由数据变换、数据缓冲、控制和状态信号等电路组成,如图 7-1-1 所示,其中控制口部分用来完成对接口电路的操作。状态口由一组寄存器构成,中央处理器和外设根据状态口(寄存器)的"状态"协调各自的动作。数据口是中央处理器和外设之间传送数据的通道。接口电路一般都由这三个部分组成。它可能完全由硬件电路实现,也有可能用硬件加软件逻辑来实现。不同的接口电路的复杂程度不同,有时,接口电路本身就带有微处理器而成为智能型接口。

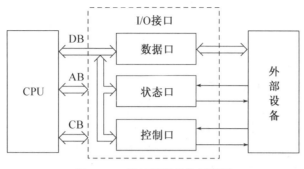

图 7-1-1 接口逻辑结构示意图

7.1.2 接口控制原理

无论通用接口还是专用接口,就数据传送而言,只有两种方式,串行传送和并行传送。所谓串行传送是说所有数据都通过一根数据传送线逐位传送的过程,而并行传送是采用多根数据传送线同时传送若干位数据的过程。串行传送过程将在第9章中介绍。本章讨论并行数据传送方式。

一、并行数据传送

在微机系统内部,信息传输速度是关键问题。因此,系统中各部件之间的数据传送一般都采用并行传送方式。并行数据传送要求每一位数据对应一根传送线,例如,8 位并行数据传送需要 8 根数据线。除了数据传送线外,在并行传送时还需要表示数据就绪,数据传送方向的状态线,以及读数据、写数据等控制线等。提高系统传送数据的速度,可采用两种措施,一是提高数据传送频率(缩短每一次数据传送时间),采用此办法,要求提高CPU 及外部设备、芯片的工作速度,当 CPU 及芯片已确定的情况下较难实现;另一种方法是采用更多的数据传送线,如 16 根数据线、32 根数据线。如 8088 只有 8 根数据总线,一次只能传送 8 位二进制数,而 8086 有 16 根数据总线,一次能传送 16 位二进制数。

二、数据传送控制方式

处理器可以采用查询、中断和 DMA 三种方式实现数据传送。

1. 查询方式

查询方式是中央处理器在数据传送之前,通过接口电路询问外部设备,等待外设准备好后才传送数据的操作方式。在查询方式下,中央处理器需要完成下面的操作:

(1)中央处理器向接口发出传送数据命令,如输入数据命令或输出数据命令。

(2)中央处理器查询外设状态是否就绪。若未就绪,则继续查询(等待),直到外设就绪(输出数据时,对方接收完成;或输入数据时,对方数据就绪),开始传送数据。

查询方式下,中央处理器需要花费较多的时间不断地主动"询问"外设状态,外设处于被动的应答状态。有些外设具有永远处于就绪状态的特性,则 CPU 可以不询问外设状态,随时直接发送或接收数据,例如,作为指示器的发光二极管,控制用继电器、电机的启动或停止控制,或继电器触点的闭合或断开控制等;外部开关位置(闭合或开断),电动机的工作状态(转动或停)等检测等。这种情况可以简化接口逻辑的设计。CPU 不必考虑外设的状态,直接发送数据或读取外部设备的状态数据。

2. 中断方式

查询方式中,CPU 是主动方,频繁地查询和等待要占用 CPU 较多的时间;而减少查询次数,又可能对外设服务不及时,这是查询方式的主要缺点,为此发明了中断方式。中断方式是外设主动向 CPU 请求服务,CPU 处于被动响应。中断原理和中断处理过程在前一章已介绍过。它提高了 CPU 的工作效率,又能及时响应外设请求,但这种方式处理器的接口要复杂得多(中断系统硬件和软件)。

3. DMA 方式

采用中断方式可提高处理器的利用率,但是有些 I/O 设备需要高速而又大量的数据交换,而这些数据又不需要 CPU 处理。如对磁盘、光盘等存储系统的读写,它们要将成批数据一次性读到内存或从内存一次性写到外存储器中。这时,查询方式肯定不合适;中断方式,每传送一个数据,要中央处理器响应一次,也不合适。DMA(Direct Memory Access)方式就是为解决这类问题而发明的一种技术。它在存储器与外设之间开辟一条高速数据传送通道,实现外设与存储器之间直接进行大量数据传送,并且在传送过程中不需要 CPU 参与。DMA 方式将在第八章详细讨论。

7.2 简单的输入输出接口芯片

8086/8088CPU 共有 20 根地址线,可形成 1M 个不同的地址,并且 8086/8088CPU 将外部地址空间分为内存(20 位地址)空间和外部端口(16 位地址,A16～A19 为 0)空间,用引脚 IO/M 电平区分对哪一空间操作。8086/8088 用指令 MOV 对存储器空间读写,用 IN 指令对端口(I/O)空间进行读操作,用 OUT 指令对端口(I/O)空间进行写操作。

CPU 对存储器或端口操作的一个基本原则是任何时间只能有一个单元被选中。同样,只有被选中的单元才能将数据发送到系统的数据总线上,或接收从总线上传来的数据。这是对外设接口电路的基本要求。此外,在外设接口电路中,还需要对传输过程中的信息进行增强(整形)、隔离以及锁存等,实现上述功能的最简单的接口芯片就是缓冲器、数据收发器和锁存器等。

目前市场上常见的数字电路有 74 系列,4000 系列,4500 系列等,其中有些可作为输入输出接口芯片用。

1. 锁存器芯片 74LS373(74LS374、74LS273)

74LS373 是内部有 8 个 D 触发器,具有三态驱动输出的锁存器芯片,其等效内部逻辑电路和引脚如图 7-2-1 所示,8 个输入端 1D～8D,8 个输出端 1Q～8Q,两个控制端 G 和 $\overline{OE}$,以及电源和地线。当 G 有效时(高电平),将 D 端数据输入锁存器中。当 G 无效时,不管输入端数据如何变化,内部 D 触发器的状态不会发生变化(锁存)。当输出允许端$\overline{OE}$有效时(低电平),74LS373 内部 D 触发器的状态出现在输出端 Q;而当$\overline{OE}$无效时,输出端 Q 呈高阻状态(断开)。

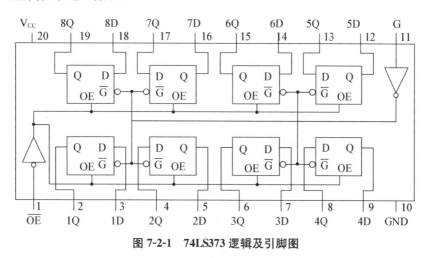

图 7-2-1　74LS373 逻辑及引脚图

74LS374 和 74LS273 内部结构和外部引脚排列基本相同,只是控制逻辑不同,图 7-2-2 列出了三种芯片的逻辑真值表。74LS373 的 11 脚为 G,74LS374 的 11 脚为 CLOCK。从真值表可见,74LS373 为电平触发,74LS374 为上升沿触发。74LS273 与 74LS374 相同,也是上升沿触发,但输出允许引脚变成清零(CLEAR)控制端,因此,74LS273 不具备三态输出功能,只能作为 CPU 的输出接口使用。

74LS373 真值表

$\overline{OE}$	G	Data	373 Output
L	H	H	H
L	H	L	L
L	L	X	Q_0
H	X	X	Z

74LS374 真值表

$\overline{OE}$	Clock	Data	Output
L	↑	H	H
L	↑	L	L
L	L	X	Q_0
H	X	X	Z

74LS273 真值表

Inputs			Outputs
Clear	Clock	D	Q
L	X	X	L
H	↑	H	H
H	↑	L	L
H	L	X	Q_0

图 7-2-2　74LS373、74LS374 和 74LS273 真值表

2. 缓冲器芯片 74LS244

74LS244 是一种三态输出八缓冲器和线驱动器芯片。芯片的内部等效逻辑电路和引脚如图 7-2-3 所示。

74LS244 内部分成两组功能完全相同的逻辑电路,每组各有 4 个输入端 A_i 和 4 个输出端 Y_i,每组有一控制端,分别为$\overline{1G}$和$\overline{2G}$。当控制端信号有效(低电平)时,输入端 A_i 信号出现在输出端 Y_i,而当控制端信号无效(高电平)时,输出端呈高阻态。输入信号经 74LS244“缓冲”后,增强了驱动能力(74LS244 可驱动 8 个 LSTTL 芯片)。

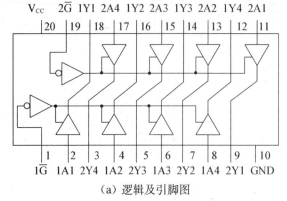

（a）逻辑及引脚图

$\overline{1G}$	1A	1Y	$\overline{2G}$	2A	2Y
L	L	L	L	L	L
L	H	H	L	H	H
H	L	Z	H	L	Z
H	H	Z	H	H	Z

（b）真值表

图 7-2-3　74LS244 缓冲器芯片

3. 数据收发器 74LS245

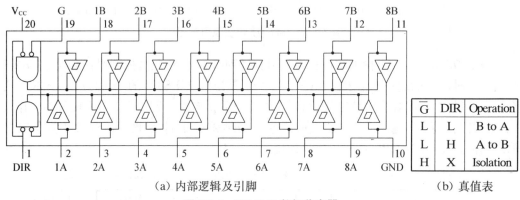

（a）内部逻辑及引脚

$\overline{G}$	DIR	Operation
L	L	B to A
L	H	A to B
H	X	Isolation

（b）真值表

图 7-2-4　74LS245 数据收发器

74LS245 是一种三态双向 8 总线收发器，其内部逻辑电路如图 7-2-4 所示。它的 16 个数据端分为 A、B 两组，8 个完全相同的单元，每一引脚既可以是输入，也可以是输出。数据传送方向由控制端 DIR 确定，当 DIR 为高电平时，数据从 A 到 B；反之，数据从 B 到 A。$\overline{G}$ 为使能端，当为低电平时，数据端 A、B 连通；当为高电平时，呈阻断状态（高阻态）。

对比 74LS244 内部逻辑，可见 74LS245 相当于将 74LS244 的两组电路对应的输入与输出短接。与 74LS244 一样，输入信号经 74LS245"缓冲"后，增强了驱动能力（可驱动 8 个 TTL 芯片）。图 7-2-5 为利用 74LS245 和 74LS373 做简单的开关状态检测和指示灯显示控制接口的示例。

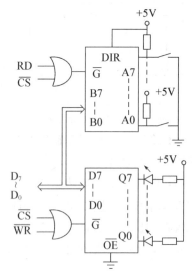

图 7-2-5　用 74LS245 和 74LS373 的简单接口

通用逻辑电路如 74 系列,4000 系列或 4500 系列可以组成各种简单的应用接口电路。若要构成相对功能较强的接口电路时,采用的芯片将较多,逻辑设计、调试等也较复杂。因此,根据计算机系统常见的接口类型,开发了许多专用的功能电路,如通用并行接口电路、串行通信接口电路、直接数据传送电路、定时/计数器电路等等。它们功能明确,与计算机接口简单,大部分可通过软件设置(可编程)成不同的功能,使用方便、灵活。

7.3　并行接口电路 8255A

Intel 8255A 是一种通用可编程并行接口电路芯片,采用双列直插式封装,40 个引脚,单5V 电源工作;TTL 逻辑电平。8255A 有 3 种工作方式,可构成各种类型的接口应用电路。

7.3.1　8255A 的内部结构和引脚

8255A 引脚分为与外设接口和与处理器接口两部分,如图 7-3-1(a)所示。其引脚及定义如图 7-3-1(b)所示。

1. 外设接口部分

8255A 有 24 条既可作为输入,又可作为输出的可编程引脚,用于与外部设备连接,24个引脚分成 3 个端口:端口 A、端口 B 和端口 C,每个端口都是 8 位。3 个端口对应的引脚分别是 $PA_7 \sim PA_0$、$PB_7 \sim PB_0$ 和 $PC_7 \sim PC_0$。其中端口 C 又分为上、下两个部分,每一部分各有 4 位 $PC_7 \sim PC_4$、$PC_3 \sim PC_0$。通过编程,8255A 各端口有多种不同的工作方式。如简单的输入输出端口、带控制的输入或输出端口及双向端口等。

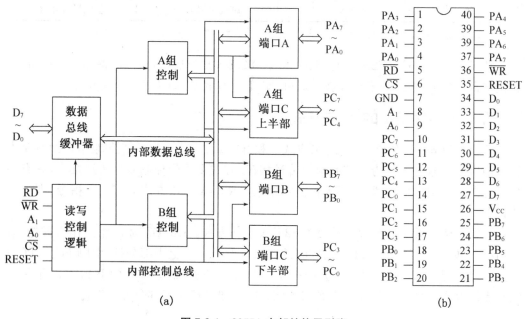

(a)　　　　　　　　　　　　　　　(b)

图 7-3-1　8255A 内部结构及引脚

8255A 的 3 个数据端口可分为带控制的两个组:A 组由端口 A 和端口 C 的高半部分

（$PC_7 \sim PC_4$）组成；B 组由端口 B 和端口 C 的低半部分（$PC_3 \sim PC_0$）组成。

将 A 组或 B 组配置为带控制功能的接口时，端口 A 和端口 B 作为数据端口，端口 C 作为控制或状态端口，分别与数据端口 A 和 B 配合使用。根据 A 组或 B 组工作方式，征用指定的 C 口引脚。端口 A 和 B 只能作为一个 8 位数据口使用，而端口 C 的每个引脚都可以按位进行操作（置位或复位）。此外，端口 C 未被征用的引脚仍可作为简单端口使用。

2. 8255A 与处理器接口

8255A 与处理器的接口由数据总线 $D_0 \sim D_7$，读、写控制线 $\overline{RD}$、$\overline{WR}$，片选线 $\overline{CS}$ 和地址线 A_0、A_1 等组成。复位信号 RESET 用于芯片强制复位。8255A 内部的数据总线缓冲器是与系统数据总线的接口，具有三态功能。CPU 对 8255A 的编程（写控制字），CPU 与外设之间传送的数据等都通过它传送。表 7-3-1 中列出了 PC/XT 机上 8255A 的 I/O 端口地址及操作状态。根据表 7-3-1，当 8255A 片选 $\overline{CS}$ 有效（＝0）且地址线为 11 时，执行写操作为写控制字，也就是设置 8255A 的工作方式。控制字端口只能写，不能读。A、B、C 三个端口的操作分别为地址 00、01 和 10。

表 7-3-1　8255A 端口操作

$\overline{CS}$	A_1	A_0	PC/XTI/O 地址	读操作（$\overline{RD}$）	写操作（$\overline{WR}$）
0	0	0	60H	读端口 A	写端口 A
0	0	1	61H	读端口 B	写端口 B
0	1	0	62H	读端口 C	写端口 C
0	1	1	63H	非法 *	写控制字
1	X	X	XX	总线呈高阻态	总线呈高阻态

* 有些 8255A 芯片为读控制字

8255A 复位信号 RESET 为高电平有效。8255A 复位后，所有内部寄存器均被清除，控制字寄存器为 9BH，所有外设数据端口（端口 A、B 和 C）均被置成输入方式。

7.3.2　8255A 的工作方式

8255A 有 3 种工作方式，方式 0、方式 1 和方式 2。方式 0 为不带控制简单接口（基本输入输出方式），方式 1 为带控制单向传送接口，方式 2 为带控制双向传送接口，只有 A 口具有方式 2。图 7-3-2 为 8255A 控制字格式。8255A 工作方式只需一条指令，即可完成设置。

其中：D7 必须等于 1，表示是设置 8255A 工作方式。D6、D5 为 A 组工作方式选择，A 组有三种方式。D4 为端口 A 的方向设定，D3 为端口 C 上半部分（即引脚 $PC_4 \sim PC_7$）的方向设定，其中 D4、D3 设定还要根据 A 组的工作方式确定。D2 为 B 组方式选择，B 组只支持方式 0 和方式 1。D1 为 B 口方向，D0 为端口 C 下半部分方向设置。

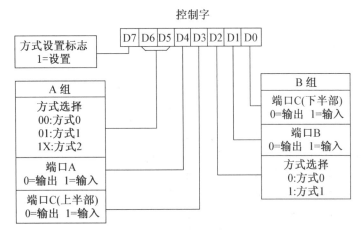

图 7-3-2　8255A 控制字格式

一、方式 0：基本输入输出方式

方式 0 是一种基本的输入或输出方式，没有应答联络信号。

8255A 没有时钟输入信号，其时序由引脚控制信号定时。图 7-3-3 为工作在方式 0 时的输入和输出时序。图中，$D_0 \sim D_7$ 是 8255A 与 CPU 间的数据总线，而端口是指 8255A 与外设间的数据线，即 $PA_7 \sim PA_0$、$PB_7 \sim PB_0$ 和 $PC_7 \sim PC_0$。当处理器执行输入 (IN)指令时，产生读信号 $\overline{RD}$，将 8255A 指定的端口上的数据通过 $D_0 \sim D_7$ 读入 CPU。当处理器执行输出(OUT)指令时，产生写信号 $\overline{WR}$，将 CPU 输出的数据从 $D_0 \sim D_7$ 通过 8255A 由指定的端口输出到外设。8255A 在此仅起到了数据缓冲作用。

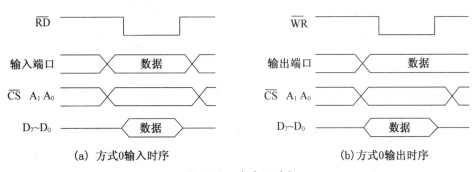

(a) 方式0输入时序　　　　　　　　　　　　(b)方式0输出时序

图 7-3-3　方式 0 时序

8255A 工作在方式 0 时，CPU 只要用输入或输出指令，就可以与外设进行数据交换。方式 0 作为无条件传送数据的接口电路十分方便。比如代替图 7-2-5 所示的简单接口电路。8255A 的 3 个端口都可以工作在基本输入输出方式(方式 0)。其中，端口 C 还可以分成上、下两个 4 位端口，分别设置成输入端口或输出端口，而端口 A、B 只能按一个 8 位口统一设置。因此，在方式 0，8255A 实际上可分为 4 组，每组均可设为输入或输出。这样从设置成全为输入口到设置成全为输出口，共有 16 种不同的组合(由控制字中 D4、

D3、D1、D0 四位组成的 16 种组合）。

工作方式 0,8255A 对输出数据进行锁存,但对外设输入数据不锁存,读到的数据就是 8255A 端口状态。

二、方式 1:选通输入输出方式

方式 1 是一种借助于选通（应答）联络信号进行输入或输出的工作方式。8255A 端口 A 和端口 B 都可以作为方式 1 的数据端口。工作方式 1 是单向传输口。除了 A、B 口用作数据端口外,每个数据端口还征用端口 C 的 3 个引脚作为应答联络信号。应答联络信号与端口 C 的引脚是规定的,在设置成输入端口或输出端口时,征用的 C 口引脚不同,如图 7-3-4 和图 7-3-5 所示。当 8255A 工作在方式 1 时,控制字中对 C 端口设置位只对未被征用的 C 口引脚设置有效。方式 1 对端口 A、B 输入或输出数据都进行锁存。8255A 对工作于方式 1 的端口还提供了中断请求逻辑和中断允许触发器。

8255A 端口 A 和 B 可以同时工作于方式 1,此时端口 C 剩下的两个引脚仍可作为基本输入或输出引脚（方式 0）。8259A 也可以只设置一个端口工作于方式 1,此时剩下的 13 个引脚都可以工作在方式 0。

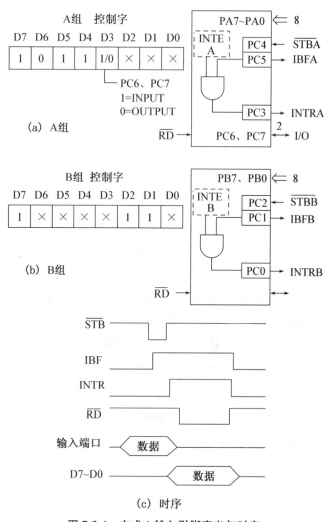

图 7-3-4 方式 1 输入引脚定义与时序

图 7-3-4 和图 7-3-5 分别为 8255A 工作方式 1,设置成输入口和输出口的控制字,设置所征用的 C 口引脚及引脚的功能定义。

1. 选通输入方式

端口 A 和端口 B 工作于方式 1 输入方式时,其引脚和时序如图 7-3-4 所示。

方式 1 的端口除 8 根数据线外,分别还有 3 根控制信号线,在输入方式下它们的功能为:

$\overline{STB}$(Strobe):选通信号,低电平有效。这是由外设来的输入信号。有效时,将外设来的数据锁存至 8255A 内部的输入锁存器。

IBF(Input Buffer Full):输入缓冲器满信号,高电平有效。8255A 对外设的输出信号,用于反映 8255A 内部输入缓冲器状态。有效时(高电平),表示输入缓冲器中有数据,并且 CPU 还未读取。当$\overline{STB}$为低电平时(外部数据写入)置高。CPU 读数据信号$\overline{RD}$的上升沿(后沿)使其变为低,表示输入缓冲器空。

INTR(Interrupt Request):中断请求信号,高电平有效。8255A 输出信号,用于向 CPU 提出中断请求,接到 8259A 的某个输入脚 IR_X。当$\overline{STB}$和 IBF 同时为高时,INTR 置为有效(高电平)。$\overline{RD}$信号的下降沿将其恢复为低。

对照方式 1 的输入时序(如图 7-3-4),外设通过 8255A 将数据输入 CPU 的过程如下:

(1)外设将数据送至 8255A 端口(A 或 B)数据线后,发选通信号$\overline{STB}$将数据送到 8255A 内部的输入锁存器。

(2)$\overline{STB}$信号的上升沿将端口数据锁存到输入锁存器,并置 IBF 为高(有效),该信号与外设的状态检测线连接,通知外设 8255A 输入缓冲器中有数据,防止外设再次输入新的数据。

(3)选通$\overline{STB}$信号无效后(变为高电平),IBF 有效,8255A 的 INTR 信号有效,通过 8259A 向 CPU 提出中断请求。

(4)CPU 响应中断,执行输入指令(IN),发出$\overline{RD}$读信号读入数据。CPU 也可以采用程序查询方式读入数据。

(5)$\overline{RD}$信号上升沿完成读数据操作,同时使 IBF 变低(无效),通知外设输入锁存器已空,可以输入新的数据。

由此可见,$\overline{STB}$和 IBF 是 8255A 接收外设数据时的一对应答联络信号(也称握手信号)。

图 7-3-4 中分别给出了端口 A 和端口 B 设置为工作方式 1 作为输入端口的控制字格式。从图 7-3-4 还可见,当 A 口工作于方式 1 时,征用了 C 口上半部分的 PC4、PC5 两引脚,因此,控制字中 D3 位只对 PC6 和 PC7 两位有效。同时,端口 A 还征用了 C 口下半部分引脚 PC3。

当 B 口工作于方式 1 时,征用了 C 口的 PC0、PC1 和 PC2 三引脚。当 A 口工作于方式 0 时,控制字中 D0 只对 PC3 有效,这里 PC3 被 A 口工作方式 1 征用,因此 D0 已无作用。

图中虚线框 INTE 为 8255A 内部的中断允许触发器,置"1"时允许中断,复位(=0)时禁止中断。通过写端口 C 的对应位,对 INTE 进行置位或复位操作。INTE 触发器对应的端口 C 的位作应答联络信号的位,并且在作为输入端口或输出端口时不相同,作为输入端口时对应$\overline{STB}$位,作为输出端口时对应$\overline{ACK}$位。(方式 1,设为输入端口时,INTEA 对应 PC4,INTEB 对应 PC2)

2. 选通输出方式

端口 A 和端口 B 工作于方式 1 输出方式时,其征用的引脚和时序如图 7-3-5 所示。3

个控制信号线在输出方式时的功能为：

➢ OBF(Output Buffer Full)：输出缓冲器满信号，低有效。8255A 输出到外设的状态信号有效时，表示 CPU 已把数据输出到端口，通知外设可以读取数据。它由 CPU 写信号$\overline{WR}$的上升沿置成有效，而由外设ACK恢复为高电平（无效）。

➢ ACK(Acknowledge)：外设响应信号，低有效。外设对 8255A 发出的读数据选通信号。在读出数据后，同时清除$\overline{OBF}$(成高电平)。

➢ INTR(Interrupt Request)：8255A 向 CPU 的中断请求信号（高电平有效）。当输出设备读取数据后，该信号有效。当$\overline{ACK}$为高，$\overline{OBF}$为高和 INTE 为高（允许中断）时，INTR 有效，而写信号$\overline{WR}$的下降沿使其复位。

方式 1 输出控制字格式、征用 C 口引脚和输出时序如图 7-3-5 所示。

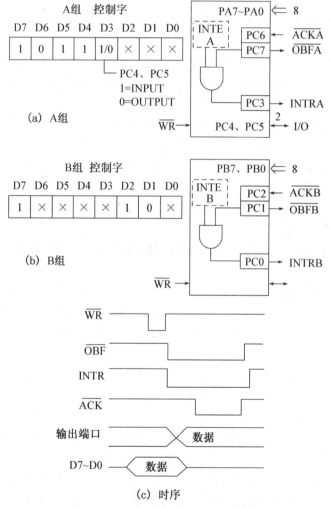

图 7-3-5　方式 1 输出引脚定义及时序

对照方式 1 的输出时序，CPU 通过 8255A 向外设输出数据的过程如下：

（1）中断方式下 CPU 响应中断，执行输出指令（OUT），用$\overline{WR}$信号将数据写入8255A 的输出缓冲器；查询方式下，查询端口 C 的状态，若允许输出数据，CPU 执行输出指令。

（2）$\overline{WR}$信号一方面清除 INTR，另一方面它的上升沿使$\overline{OBF}$有效，通知外设数据就绪。

（3）外设发$\overline{ACK}$响应信号，读取数据。

（4）$\overline{ACK}$信号使$\overline{OBF}$无效，并使 INTR 有效（允许中断时），向 CPU 发出新的中断请求。

$\overline{OBF}$和$\overline{ACK}$是 8255A 向外设传送数据时的一对应答联络信号。在选通输出方式下，中断允许触发器对应位变成 A 口的 INTEA 对应 PC6，B 口的 INTEB 对应 PC2。

8255A 的端口 A 和端口 B 可同时工作在方式 1。图 7-3-6 列出了方式 1 在输入、输出混合方式时的引脚和控制字格式。因此，8255A 方式共有四种组合方式。

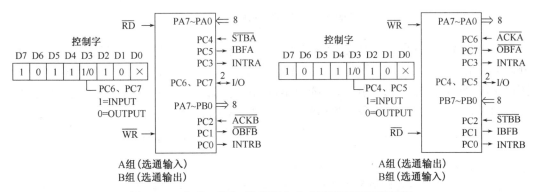

图 7-3-6 方式 1 输入、输出混合方式引脚定义及控制字

三、方式 2：双向选通传送方式

方式 2 是将方式 1 的选通输入、输出功能结合成一个双向数据端口。这个端口既能发送数据，又能接收数据，输入和输出的数据都被 8255A 锁存。

8255A 只有端口 A 可以工作于方式 2，同时要征用端口 C 的 5 个引脚。此时，端口 B 仍可以工作于方式 1（同时征用端口 C 剩余的 3 个引脚），也可工作于方式 0（端口 C 剩余的 3 个引脚也能工作于方式 0）。

端口 A 工作在方式 2 的引脚和工作时序如图 7-3-7 所示，其中$\overline{STB}$、IBF、$\overline{OBF}$、$\overline{ACK}$和 INTR 5 个控制和状态信号的定义和工作过程与方式 1 完全相同。INTE1 为输出中断允许触发器，由 PC6 控制置位/复位。INTE2 为输入的中断允许触发器，由 PC4 控制置位/复位。

由图 7-3-7 的时序图可见，方式 2 的数据输入过程与方式 1 的数据输入过程相同；方式 2 的数据输出过程与方式 1 的数据输出过程类似，但有所不同。方式 1 时，8255A 与外设之间的数据线是单方向的，因此，不会发生数据冲突问题。在 CPU 向 8255A 写数据时（$\overline{WR}$有效时），数据在写入 8255A 输出缓冲（锁存）器的同时，已出现在 8255A 的端口线上。而在方式 2 时，端口线是双向的，可能产生数据冲突。因此，工作在方式 2 时，CPU

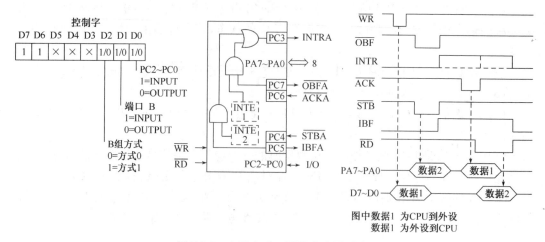

图 7-3-7　A 口方式 2 引脚定义及时序

向 8255A 写数据,只写入输出缓冲(锁存)器,并不出现在端口线上,使$\overline{OBF}$信号有效。当外设响应信号$\overline{ACK}$有效时,数据才会出现在端口线上。从图 7-3-7 的双向数据传送时序图可见,数据在系统总线和端口数据线上出现的顺序可以不相同,它们分别有各自的控制信号和状态信号,在双向通信时 8255A 成为带锁存双向数据缓冲器。

图 7-3-8 为 8255A 的方式 2 与方式 1、方式 0 的组合情况及控制字格式。

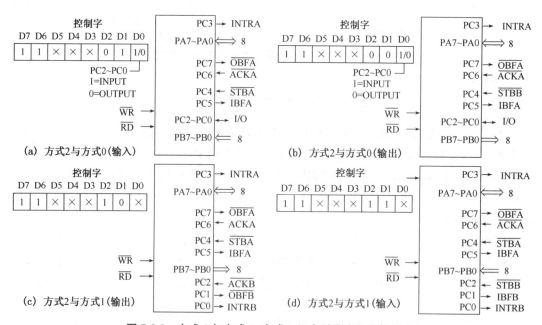

图 7-3-8　方式 2 与方式 0、方式 1 组合引脚定义和控制字

7.3.3　8255A 编程

8255A 并行接口芯片只需要一个方式控制字就可以将 3 个端口设置完成。8255A 有

两根地址线 A_1、A_0，因此，在系统中占用 4 个地址单元。端口 A、B、C 地址分别为 00、01、10。控制字的地址为 11，CPU 读写 8255A 端口 A、B、C 和控制字的地址见表 7-3-1 所示（其中第二栏是 PC/XT 计算机中 8255A 占用的地址，并不具有代表性）。根据 8086/8088CPU 设计，读写 8255A 端口要用 IN 和 OUT 指令。

一、写入方式控制字

方式控制字决定端口 A、B 和 C 的工作方式，如图 7-3-9 所示。8255A 上电后或 RESET 引脚信号为高电平，所有端口为方式 0 并均为输入方式。只需一条指令即可完成对 8255A 工作方式的设置，如图 7-3-9 所示。方式控制字分为 3 段，最高位 D_7 是标志位，必须为 1，表示写方式控制字；D_6～D_3 4 位为 A 组设置段，包括端口 A 和端口 C 的上半字节（PC7～PC4）；D_2～D_0 3 位为 B 组设置段，包括端口 B 和端口 C 的下半字节（PC3～PC0）。8255A 随时可更改工作方式，改变工作方式时，所有的输出寄存器均被复位（全"0"状态）。

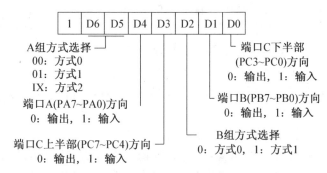

图 7-3-9　8255A 方式控制字

例如，要把 A 端口指定为方式 1 输入，C 端口上半部分定为输出，B 端口指定为方式 0 输出，C 端口下半部分定为输入，则方式控制字为 10110001B 或 0B1H。

二、读写数据端口

对控制字编程后，就可以对 3 个数据端口进行读写操作，实现处理器与外设间的数据交换。在不同方式下的工作过程和时序在上面已讨论过了。当数据端口作为输入接口时，执行输入指令（IN）读取外设数据，根据工作方式，若为方式 0，直接读外设端口状态，方式 1 和 2，读锁存在 8255A 输入锁存器中的外设数据。当数据端口作为输出接口时，执行输出指令（OUT），不管何种工作方式，数据都写入 8255A 的输出锁存器中，方式 0 和 1 时，数据立即出现在 8255A 的端口上，方式 2 时，数据不出现在端口 A。直到外设读信号 $\overline{ACKA}$ 有效，数据出现在端口 A。

值得指出的是，8255A 具有输出数据锁存功能。因此，对设置成输出方式的端口，同样可以执行输入操作，但是读到的数据不是外设提供的数据，而是上次 CPU 输出到外设的数据。利用这个特点，CPU 不必记忆输出数据，只需从 8255A 读回即可得到上次输出的数据。

三、端口 C 读写操作

8255A 的 3 个数据端口中,端口 C 的用法比较特殊和复杂。其操作归纳如下:

(1) 端口 C 被分成两个 4 位端口,并且都只能工作于方式 0。它们可按 4 位的端口分组,分别设置为输入端口或输出端口。同一端口各位设置相同。在控制上,端口 C 的高 4 位和端口 A 编为 A 组,端口 C 的低 4 位和端口 B 编为 B 组。

(2) 当端口 A 和 B 工作在方式 1 或端口 A 工作在方式 2 时,端口 C 的部分引脚乃至全部引脚将被征用,若有未被征用的引脚,它们仍可工作在方式 0。

(3) 端口 C 的数据输出有两种办法:

通过端口 C 的 I/O 地址,向 C 端口直接写入字节数据,数据被写进端口 C 的输出锁存器,并从输出引脚输出。对设置为输入的引脚,数据无效。

通过控制端口,向端口 C 写入位控字,单独设置端口 C 的某个引脚输出。用此方法还可对 8255A 内部的中断允许触发器操作。端口 C 的位控制字与 8255A 控制字用同一地址($A_0 A_1 = 11$),而用数据字节的最高位区别写 8255A 控制字($D7 = 1$),还是对端口 C 位操作命令。当 $D7 = 0$,表示是对端口 C 位操作。端口 C 位操作控制字的格式如图 7-3-10 所示。

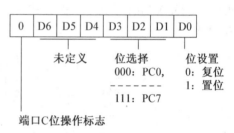

图 7-3-10 端口 C 位操作控制字

(4) 读端口 C 数据有两种情况:

对未被端口 A 和 B 征用的引脚,从定义为输入端口的位读到的是引脚上的输入信息;从定义为输出的端口读到的是输出锁存器中的信息(为 CPU 最后一次输出的数据)。

对被端口 A 和 B 征用的作为联络线的引脚,读到的是反映 8255A 状态的状态字或内部中断触发器的状态信息。在不同工作方式时,读端口 C 的各位的意义如图 7-3-11 所示。

	A组					B组		
	D7	D6	D5	D4	D3	D2	D1	D0
方式1输入	I/O	I/O	IBFA	INTEA	INTRA	INTEB	IBFB	INTRB
方式1输出	$\overline{OBFA}$	INTEA	I/O	I/O	INTRA	INTEB	$\overline{OBFB}$	INTRB
方式2双向	$\overline{OBFA}$	INTE1	IBFA	INTE2	INTRA	X	X	X

图 7-3-11 端口 C 读出内容

注意:图 7-3-11 中仅说明在各种方式下读取的内容,并不是实际的组合。例如,如果 A 组为方式 1 输出,B 组为方式 1 输入,则选取的内容将是图 7-3-11 中第 2 行 $D_7 \sim D_3$ 和第 1 行 $D_2 \sim D_0$ 所表示的信息的组合。

7.4　8255A 的应用

8255A 是一种通用的并行接口电路芯片,具有较广泛的应用。本节给出几个应用实例。

7.4.1　8255A 在 IBM PC/XT 机上的应用

IBM PC/XT 使用一片 8255A 管理键盘、控制扬声器和系统配置 DIP 开关的状态等。这片 8255A 的 I/O 地址范围为 60H～7FH,实际只用 60H～63H。端口 A、B 和 C 的地址分别为 60H、61H 和 62H,控制字寄存器地址为 63H。

在 XT 机中,8255A 工作在基本输入输出方式。端口 A 为方式 0 输入,用来读取键盘扫描码。端口 B 为方式 0 输出,PB_7 和 PB_6 进行键盘管理,PB_1 和 PB_0 控制扬声器发声。端口 C 为方式 0 输入,高 4 位为状态测试位,低 4 位用来读取主板上的系统配置 DIP 开关的状态。

7.4.2　用 8255A 方式 0 与打印机接口

打印机一般采用并行接口 Contronics 标准。Contronics 接口是工业界的一个并行接口协议。该协议规定了 36 脚簧式插头座作为打印机标准插座,并规定了 36 脚的信号,见表 7-4-1 所示。其中前 11 条线是主要信号,它们是 8 条数据线、3 条联络线(选通 $\overline{STROBE}$、响应 $\overline{ACK}$ 和打印机忙 BUSY),还有一些特殊的控制线、状态线。在一些简单的场合,只用这 11 条信号线,就能使打印机正常工作。各种微型打印机的并行接口往往只用这 11 条信号线。

表 7-4-1　并行打印机接口信号定义

引脚	Contronics 标准信号	引脚	PC 机 25 芯并口信号
1	$\overline{STROBE}$	1	$\overline{STROBE}$
2～9	$DATA_0 \sim DATA_7$	2～9	$DATA_0 \sim DATA_7$
10	$\overline{ACK}$	10	$\overline{ACK}$
11	BUSY	11	BUSY
12	PE	12	PE
13	SLCT	13	SLCT
14	$\overline{AUTOFEEDXT}$	14	$\overline{AUTOFEEDXT}$
15	N.C(未定义)	15	$\overline{ERROR}$
16	逻辑地	16	$\overline{INIT}$
17	机壳地	17	$\overline{SLCTIN}$
18	N.C(未定义)	18～25	信号地 GND
19～30	信号地 GND		

引脚	Contronics 标准信号	引脚	PC 机 25 芯并口信号
31	$\overline{\text{INIT}}$		
32	$\overline{\text{ERROR}}$		
33	地		
34	N.C（未定义）		
35	+5 V		
36	$\overline{\text{SLCTIN}}$		

PC 系列机的并行接口是一个 25 针 D 型插座，它只是在个别信号的引脚安排上与标准 Contronics 接口有些不同，实质相同。表 7-4-1 同时列出了 PC 系列机并行接口的定义。

并行打印机接口信号可以分成数据、控制和状态 3 类信号。

1. 控制打印机的输出信号

$\overline{\text{SLCTIN}}$：选择信号，输入。仅当该信号为低电平时，才能将数据输出到打印机。实际上，它是允许打印机工作的选中信号。

$\overline{\text{INIT}}$：初始化，低电平有效。打印机被复位成初始状态，打印机的数据缓冲区被清除。

$\overline{\text{AUTOFEEDXT}}$：自动走纸，低电平有效。打印机自动走纸一行。

$\overline{\text{STROBE}}$：选通信号，低电平有效。打印机接收数据的选通信号。在接收端负脉冲的宽度应大于 $0.5\mu s$，数据才能可靠地存入打印机数据缓冲区。

2. 反映打印机状态的输入信号

➤ BUSY：忙信号，高电平有效。当 BUSY 信号有效时，表示打印机不能接收数据。打印机处于下列状态之一时为忙：

(1) 正在输入数据；

(2) 正在打印操作；

(3) 打印机处于脱机状态；

(4) 打印机出错。

➤ $\overline{\text{ACK}}$：响应，低电平有效。打印机接收一个数据字节后，就回送一个响应的负脉冲信号（脉宽约为 $5\mu s$），表示打印机已准备好接收新数据。

➤ PE：无纸，高电平有效。打印机内部的检测器发出的信号，若为高，说明打印机无纸。

➤ SLCT：选择，高电平有效。该信号为高表示处于联机选中状态。

➤ $\overline{\text{ERROR}}$：错误，低电平有效。当打印机处于无纸、脱机等状态之一时，这个信号变为低电平。

3. 8255A 与微型打印机的接口

各种 PC 机都支持一个并行打印机接口，用于连接配有 Contronics 标准并行接口的打印机、绘图仪、扫描仪等设备。打印机接收主机传送数据的过程是这样的：当主机准备好输出打印的一个数据时，通过并行接口把数据送给打印机接口的数据引脚 $DATA_7 \sim DATA_0$，同时送出一个数据选通信号$\overline{STROBE}$给打印机，打印机收到该信号后，在 BUSY 信号线上发出忙信号，同时把数据锁存到内部缓冲区。待打印机处理好输入的数据时，打印机撤消忙信号，同时又向主机回送一个响应信号$\overline{ACK}$。主机可以利用 BUSY 信号或$\overline{ACK}$信号决定是否输出下一个数据。

微型打印机应用在许多仪器仪表中，共需 11 根信号线，8 根数据线 $DATA_7 \sim DATA_0$，3 根控制线$\overline{STROBE}$、$\overline{ACK}$和 BUSY，外加一根地线等。

图 7-4-1 为采用 8255A 与微型打印机接口的电路示意图，CPU 与 8255A 利用查询方式输出数据。端口 A 置为方式 0，与打印机的并行数据信号线 $DATA_7 \sim DATA_0$ 相接，输出打印数据，用端口 C 的 PC_7 引脚产生负脉冲选通信号，PC_2 引脚连接打印机的忙信号，以查询其状态。通过$\overline{STROBE}$、$\overline{ACK}$和 BUSY 联络信号控制数据传送，其时序参见图 7-4-1。

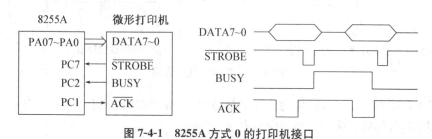

图 7-4-1　8255A 方式 0 的打印机接口

7.4.3　键盘及其接口

键盘是微机系统和其他电子仪器等最常使用的输入设备。对单片机或以微处理器为基础的仪器来说，通常只需使用简单的小键盘实现数据、地址、命令等的输入。现在 PC 微机中则采用独立的键盘，通过 5 芯电缆与主机连接。

1. 简易键盘的工作原理

在有些应用中，只需要几个键的小键盘，这时可以采用最简单的线性结构键盘，如图 7-4-2(a)所示，8255A 每一个引脚接一个键，设置成方式 0，输入。当没有键闭合时，端口各位均处于高电平；当有一个键闭合时，对应端口接地成为低电平，CPU 只要检测到某一位为"0"，便可判别出该位有输入。

每一端口对应一按键的方式适合按键较少的情况。当需要较多按键时，常采用矩阵结构，如图 7-4-2(b)所示。采用 8255A 的 A 和 B 两个端口，16 条引线构成 $8 \times 8 = 64$ 个键的键盘。图中从左到右，每个键的具体电路如图 7-4-2(c)所示。设置 8255A 工作于方式 0，A 口为输入，B 口为输出。采用逐位扫描方式。平时 B 口输出都为高电平（"1"），工作时依次将其中的某一位输出为低电平（"0"），其他位保持高电平；读输入端口 A 的状态，若读到的数据全为"1"（高电平），则表示没有键按下；若读到的数据有"0"，则表示该行和列相交叉的键按下，有输入。例如，键 04 按下，将使第 0 行和第 4 列线接通而形成通

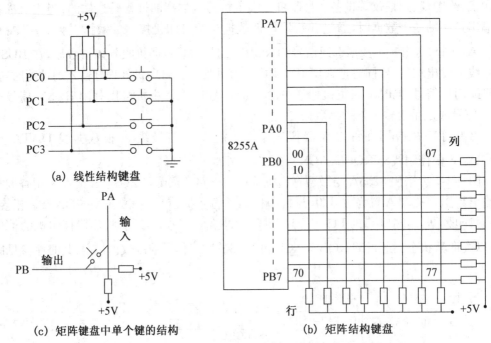

图 7-4-2　8255A 键盘接口

路,从第 4 列读到的是"0",其他列读到的都是"1"。如果没有控制行线为低电平,则无论键 4 是否闭合,都只会从第 4 列读取高电平"1"。

7.4.4　LED 数码管及其接口

最简单的显示设备是发光二极管(Light Emitting Diode,LED)。

1. LED 数码管的工作原理

LED 数码管的主要部分是 7 段发光管,如图 7-4-3(a)所示。这 7 段发光管按顺时针分别称为 a、b、c、d、e、f、g,有的产品还附带有一个小数点 dp(此时称为 8 段 LED 数码管)。通过 7 个发光段的不同组合,数码管可以显示 0~9 和 A~F 一个 16 进制的数字。

LED 数码管分共阳极(如图 7-4-3(b))和共阴极(如图 7-4-3(c))两种结构。共阳极结构,是所有段 LED 的阳极为公共端。阳极接高电平,各发光段的输入为低电平时发光。如为共阴极结构,则 LED 的阴极为公共端,要接低电平,而各段为高电平时发光。共阳极或共阴极只是控制发光的逻辑电平相反,工作原理是相同的。例如,当 a、b、g、e、d 段发光,而其他段不发光,则显示数字"2"。图 7-4-4 为多位 LED 显示电路。

2. 单个 LED 数码管的显示

发光二极管发光时,通过的平均电流为 10mA~20mA,而通常的输出锁存器不能提供这么大的电流,所以 LED 各段必须接驱动电路。例如,对于共阴极数码管,阴极接地,则阳极要加驱动电路。驱动电路可由三极管构成,有些集成电路是专门为驱动 LED 设计的,如 CD4511,是一个既能用于共阴极 LED,又能用于共阳极 LED 数码管的 7 段 BCD 码解码、栓锁、显示驱动器,但它只能显示十进制数。

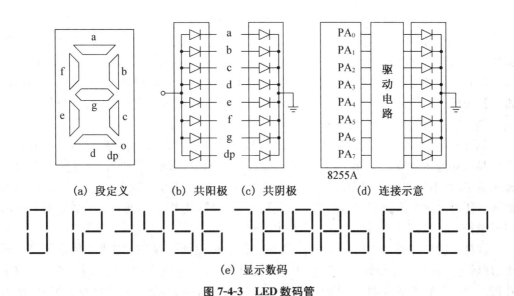

(a) 段定义   (b) 共阳极 (c) 共阴极   (d) 连接示意

(e) 显示数码

图 7-4-3 LED 数码管

3. 多个 LED 数码管的显示

实际使用中往往要用几个数码管实现多位显示。这时,如果每一个数码管用一个独立的输出端口,那么,不但需要的输出端口多,而且驱动电路的数量也很多。这时可根据上面的矩阵键盘的思想,设计扫描式显示电路。图 7-4-4 是这种多位 LED 数码管显示电路示意图,以共阳极 LED 为例。用 2 个 8 位输出端口,在软件上用扫描方法逐位显示数码,可以实现 8 个数码管的显示控制。其工作过程如下:

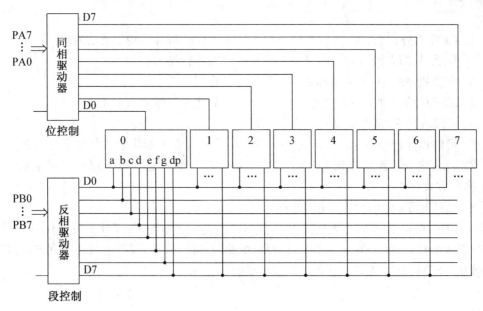

图 7-4-4 多位 LED 显示电路

(1) 位控制端口:接数码管的公共端,控制哪一位数码管显示。当位控制端口的某位为"1"时,便在相应数码管的阳极加上高电平,这个数码管就具有显示数据的可能。

(2) 段控制端口:决定具体显示什么数。段控制端口通过段驱动电路送出显示代码到数码管相应段,要发光的段为"1",经反相驱动器,成低电平。此端口由 8 个数码管共用。数码管的各对应段并联后接驱动器。当 CPU 送出显示代码时,各数码管的相同段都收到该代码。但是,只有位控制为"1"的那个数码管其阳极加有高电平,具备显示数字的条件,其他数码管因没有电压不能发光。

只要 CPU 在段控制端口送出段显示代码,位控制端口送出选择显示位,指定的数码管便显示相应的数字。如果 CPU 顺序地输出段显示码和位选择码,依次让每个数码管显示数字,并不断地重复这个过程,利用眼睛的视觉惯性,当重复频率达到一定速度后,数码管上便可见到相当稳定的显示数字。显而易见,重复频率越高,每位数码管延时显示的时间越长,显示数字就越稳定,显示亮度也就越高。

这种节省硬件的多位显示电路中,要用软件完成段译码,CPU 需要不断重复扫描每个数码管。为此,程序设计时可以开辟一个数码缓冲区,存放要显示的数字,第一个数字在最左边的数码管显示,下一个数字送到左边第二个数码管显示,依次类推。另外,还需要建立一个显示代码表,从前向后依次存放 0~F 对应的 7 段显示代码。注意,显示代码和硬件是有关的。

图中之所以要加同相驱动电路和反相驱动电路,是因为 8255A 的驱动能力有限(2.5 mA),而一般来讲为了能有较高亮度,每一段要大约 10 mA 电流。

8255A 是一种通用的并行接口电路,控制简单,获得了广泛的应用。

1. CPU 与外设为什么要有 I/O 接口? I/O 接口电路有哪些主要功能?

2. 什么是并行接口,计算机系统中为什么要有并行接口?

3. 在微机系统中,缓冲器和锁存器各起什么作用?

4. 8255A 的三种工作方式各有什么特点,它们适用于哪些应用场合?

5. 8255A 的 24 条外设数据线有什么特点?

6. 可编程并行接口芯片 8255A 有几个控制字? 每个控制字的各位含义是什么?

7. 若 8255A 两组都定义为方式 1 输入,则方式控制字是什么? 端口 C 还有哪几位可工作在方式 0?

8. 总结 8255A 端口 C 的使用特点。

9. 假定 8255 的 A 口为数据输出口,接 8 个发光二极管显示,工作于方式 0,B 口为输入口,接 8 个开关,也工作于方式 0。试画出电路原理图,并编写程序,采用查询方式,将 B 口读到的开关状态用 A 口所接的发光二极管显示出来。

第八章

直接存储器访问(DMA)技术

8.1　直接存储器访问技术

直接存储器访问(DMA)技术是实现大量数据高速传送的一种技术。CPU 能直接运行的程序和处理的数据都必须储存在内存中。现在,大部分 CPU 的指令系统设计时,参加运算的操作数只能有一个来自 CPU 外部(内存中的数据),其余都来自 CPU 内部寄存器。计算机内存总是有限的,除了专门的用于控制的计算机系统、智能仪器仪表等,一般的计算机系统要不断更换工作任务。因此,经常要与外部设备交换数据,特别是磁盘数据交换。前面已提到,磁盘数据是以扇区为基本单位存储的,一次传送至少上百字节。要将磁盘上的数据(其他外部设备的数据同样)传送到系统内存时,若用 CPU 指令来实现,每传送一个数据至少要用两条指令,一条将数据读到 CPU 内部寄存器(IN),另一条从 CPU 写到内存(MOV)。反之,要将处理后的结果保存到磁盘(或输出到外部设备)时,同样最少要用两条指令。如果只有少量数据传送,这样的传送是合理的;如果需要大量数据传送(比如一次要传送几千字节的数据),在整个传送过程中,尽管 CPU 仍在正常地运行,但仅起到中间传递工作。DMA 技术就是为了加速大量数据传输过程发明的技术。在DMA 期间,CPU 让出对系统总线的控制权,由 DMA 控制器负责外部设备与存储器之间的数据传送。其目的是提高大批量数据的传送速度,节约时间,尽管在数据传送过程中CPU"无事可干"。

DMA 技术直接用硬件控制外部设备和主存储器之间的数据传送。要实现 DMA 传送,CPU 首先要对 DMA 控制器进行初始化,告诉 DMA 控制器数据传送方向(从外设到内存,还是从内存到外设),数据在存储器内的起始地址,需要传送的数据个数等。

DMA 传送开始过程与中断请求与响应过程相类似。当外设准备好数据传送时,外设先向 DMA 控制器发出请求,然后 DMA 控制器向 CPU 发出占用总线请求。CPU 响应 DMA 控制器的占用总线请求后,如允许,CPU 将自己的总线驱动器关掉,使总线处在浮空状态(高阻态),并通知 DMA 控制器,可以使用总线。DMA 控制器接到 CPU 出让总线通知后,接管对总线的控制,由 DMA 控制器发出合适的读、写控制信号(与 CPU 控制信号相同),控制外设与内存之间的数据传送。数据传送完成后,DMA 控制器释放对总线的控制,将控制权交还给 CPU;CPU 在得到 DMA 控制器的数据传送结束信号后,重新恢复对总线的控制权。下面我们将看到,DMA 传送过程是完全在硬件逻辑控制下进行的数据传送过程,没有软件参与,其速度和效率都较 CPU 用执行指令的办法要高得多。

为完成 DMA 传送,DMA 控制器必须具备如下功能:

(1) 接受外设来的 DMA 请求 DREQ,并能对外设 DMA 请求发响应信号 DACK。

(2) 向 CPU 发出总线请求信号 HRQ,当接收到 CPU 的总线允许信号 HLDA 后,接管对系统总线的控制权,进入 DMA 方式。

(3) 直接对存储器寻址,并能修改地址指针。

(4) 能发出读、写等控制信号,包括存储器访问信号和 I/O 访问信号。

(5) 能决定传送的字节数,并能判断 DMA 传送是否结束。

(6) 释放系统总线,并能发出 DMA 结束信号,使 CPU 恢复对总线的控制权。

8.2　DMA 控制器 8237A

Intel 8237A 是一种高性能的可编程 DMA 控制器芯片,其引脚定义如图 8-2-1 所示。在 5 MHz 时钟频率下,传送速率可达每秒 1.6 MB。每个 8237A 芯片有 4 个独立的 DMA 通道和 4 个 DMA 控制器(DMAC)。DMA 通道具有固定的优先权,通道 0 优先级最高,通道 3 的优先级最低。DMA 传送不存在嵌套过程,因此,优先级别只是在请求 DMA 传送时,当某个通道 DMA 传送过程开始后,必须等其传送完成,其他通道才可以进行 DMA 传送。各 DMA 通道可以分别允许和禁止。8237A 有 4 种工作方式,一次 DMA 传送的数据量最多可达 64KB。

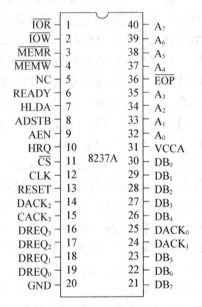

图 8-2-1　8237A 引脚定义

一、8237A 的内部结构和引脚

8237A 芯片在 DMA 传送期间作为系统总线的控制器件,它的内部结构和外部引脚都比较复杂。从应用角度看,内部结构主要由两类寄存器组成。一类是与 DMA 通道有关的寄存器,即每个通道都有的寄存器。这些寄存器有:当前地址寄存器、基地址寄存器、当前字节数寄存器和基字节数寄存器,它们都是 16 位寄存器。四个通道共用的地址暂存器(16 位)和字节计数暂存器(16 位)。另一类是控制和状态寄存器,它们是模式寄存器(6 位的寄存器,每个通道各有一个)。下面 5 个寄存器均只有一个:命令寄存器(8 位)、状态寄存器(8 位)、屏蔽寄存器(4 位)、请求寄存器(4 位)、临时寄存器(8 位)。8237A 的内部结构示于图 8-2-3。

8237A 有两种工作状态,活动状态(active)作为 DMA 控制器,控制系统总线的数据传送过程;空闲状态(ideal)作为 CPU 的一个外部功能器件,接受 CPU 的控制。在不同

的工作状态下,8237A 的某些引脚的定义也不同。8237A 引脚定义:

1. 请求和响应信号

DREQ、DACK 为 8237A 与外设之间的请求和响应联络信号。

$DREQ_0 \sim DREQ_3$（DMA Request）: DMA 通道请求信号,每个 DMA 通道一个。当外设请求 DMA 服务时,将 DREQ 信号置成有效电平,并一直保持到得到 8237A 响应。DREQ 的有效电平可以是高电平有效,也可以是低电平有效,它们可以通过对 8237A 编程进行选择。8237A 芯片初始化后为高电平有效。

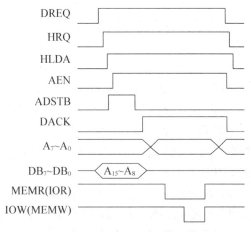

图 8-2-2　8237A 工作时序

$DACK_0 \sim DACK_3$（DMA Acknowledge）:8237A 的 DMA 通道响应信号,每个 DMA 通道一个。这是 8237A 对外设 DREQ 申请的一一对应的响应信号。当 8237A 获得 CPU 来的总线允许有效信号 HLDA 后,便在请求服务的通道产生相应的响应信号 DACK,以通知外设 DMA 过程开始。与 DREQ 一样,DACK 输出信号的有效电平极性也可通过编程选择。8237A 初始化后为低电平有效。

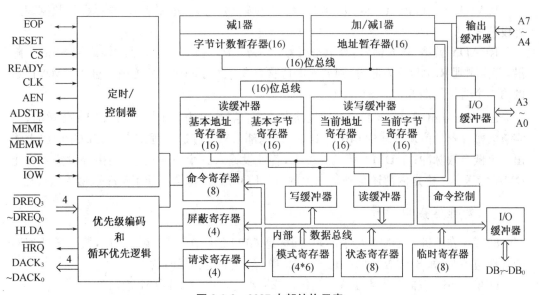

图 8-2-3　8237 内部结构示意

HRQ、HLAD 是 8237A 与 8086/8088CPU 之间的 DMA 请求与响应联络信号。

HRQ(Hold Request):8237A 向 CPU 申请使用系统总线的请求信号。高电平有效。

HLDA(Hold Acknowledge):CPU 响应信号 8237A 申请总线的应答信号。8237A 接到该信号后,表示 8237A 取得了对系统总线的控制权,系统进入 DMA 传送过程。

2．控制信号

控制信号在 DMA 传送期间，控制系统总线数据传送过程，它与 CPU 控制数据传送的信号非常类似。

$A_7 \sim A_0$（Address）地址线：三态输出总线，输出存储器的低 8 位地址。

$DB_7 \sim DB_0$（Data Bus）数据线：双向三态信号总线。它有两个作用，输出存储器的高 8 位地址；在存储器与存储器传送期间，也用作传送数据的数据总线。

ADSTB（Address Strobe）地址选通：输出，高电平有效。在 DMA 传送开始时或传送过程中，需要改变存储器的高 8 位地址时，在数据线 $DB_7 \sim DB_0$ 上输出高 8 位地址，通过 ADSTB 锁存在外部锁存器中，如图 8-2-2 所示。

AEN（Address Enable）地址允许：输出，高电平有效。允许外部地址锁存器的高 8 位地址输出到系统地址总线，与 8237A 芯片输出的低 8 位地址合成 16 位存储器地址。AEN 在 DMA 传送时也用来屏蔽系统中其他的总线驱动器。

$\overline{\text{MEMR}}$（Memory Read）存储器读：三态输出信号，低电平有效。数据从存储器读出信号。

$\overline{\text{MEMW}}$（Memory Write）存储器写：三态输出信号，低电平有效。将数据写入存储器信号。

$\overline{\text{IOR}}$（Input/Output　Read）I/O 读：三态输出信号，低电平有效。有效时，数据从外设读出信号。

$\overline{\text{IOW}}$（Input/Output　Write）I/O 写：三态输出信号，低电平有效。有效时，数据写入外设信号。

READY 就绪：输入信号，高电平有效。在 DMA 传送的第 3 个时钟周期 S_3 的下降沿，若检测到 READY 为低时，则插入等待状态 S_w，直到 READY 为高才进入 DMA 传送的第 4 个时钟周期 S_4。

$\overline{\text{EOP}}$（End of Process）DMA 过程结束：双向信号，低电平有效。在 DMA 传送时，当字节数寄存器的值从 0 减到 0FFFFH 时（即内部 DMA 传送过程结束），在 $\overline{\text{EOP}}$ 引脚上输出一个低有效脉冲；在 DMA 传送过程中，若外设输入一个 $\overline{\text{EOP}}$ 信号，则指外设要求终止 DMA 传送。不论是内部还是外部产生的有效 $\overline{\text{EOP}}$ 信号，都会终止 DMA 数据传送过程。

二、处理器接口信号

8237A 在不进行 DMA 传送时，它同样是 CPU 的一个外围接口芯片，接受微处理器的管理与控制（如 8259A、8255A）。它与 CPU 连接的有关信号为：

$DB_7 \sim DB_0$：双向三态数据总线，用于 8237A 与 CPU 进行数据交换。

$A_3 \sim A_0$：4 位输入地址总线，CPU 用以选择 8237A 内部寄存器。8237A 有 8 位地址线引脚，只有低 4 位是与 CPU 连接时的有限地址线，因此，8237A 在系统中占 16 个地址。

$\overline{\text{CS}}$（Chip　Select）：8237A 的片选信号，输入，低电平有效。

$\overline{\text{IOR}}$：IO 读，输入信号，CPU 通过它读取 8237A 内部寄存器的内容。

$\overline{\text{IOW}}$：IO 写，输入信号，CPU 通过它将信息写入 8237A 内部寄存器。

$\overline{\text{IOR}}$、$\overline{\text{IOW}}$ 有两个不同的作用，8237A 在非 DMA 期间，与其他芯片一样作为 CPU 外

部芯片,接受 CPU 管理,此时这两个信号为 CPU 对 8237A 的读、写控制信号。当 8237A 在 DMA 期间,控制系统总线,这两个信号成为对外部设备的读、写控制信号,而 $\overline{\text{MEMR}}$、$\overline{\text{MEMW}}$ 为 8237A 对存储器的读、写控制信号。8237A 有两组读写控制信号,$\overline{\text{MEMR}}$ 和 $\overline{\text{IOW}}$、$\overline{\text{IOR}}$ 和 $\overline{\text{MEMW}}$。

RESET:复位,高电平有效。复位时,除屏蔽寄存器被置位外,其余寄存器(包括命令、状态、请求、临时寄存器以及内部高低触发器等)均被清除,芯片处于空闲周期。

CLK(Clock):时钟输入信号,该信号用于产生 8237A 芯片内部操作和数据传输的时序逻辑。

8237A 在两种工作状态下的相应引脚见表 8-2-1 所示。

表 8-2-1　8237A 不同工作状态下的引脚

空闲周期(I/O芯片)与 CPU 相连的信号	活动周期(DMA 期间)与外设相连的信号
CLK, RESET, $A_3 \sim A_0$, $DB_7 \sim DB_0$, $\overline{\text{CS}}$, $\overline{\text{IOR}}$, $\overline{\text{IOW}}$, HRQ, HLDA	AEN, ADSTB, READY, EOP, $A_7 \sim A_0$, $DB_7 \sim DB_0$, $\overline{\text{MEMR}}$, $\overline{\text{MEMW}}$, $DREQ_3 \sim DREQ_0$, $DACK_3 \sim DACK_0$

8.3　8237A 的工作时序

8237A 有两种工作周期:即空闲周期和活动周期,分别对应受 CPU 控制的工作状态和进行 DMA 传送的工作状态。两种工作状态下的时序不同,图 8-3-1 为受 CPU 控制(空闲周期)的时序、图 8-3-2 为 DMA 传送(活动周期)的时序。

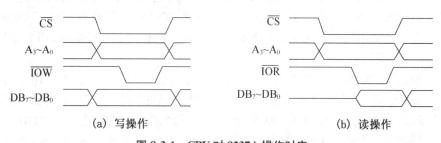

(a) 写操作　　　　　　　　(b) 读操作

图 8-3-1　CPU 对 8237A 操作时序

1. 空闲状态

8237A 复位后就处在空闲周期 S_i 状态,只要 8237A 没有外设的 DMA 请求,就始终处于 S_i 状态(Ideal Cycle)。在 S_i 状态期间,8237A 为微处理器控制的一个接口芯片。在空闲周期,CPU 可以对 8237A 进行编程、设置控制命令或读取状态信息等,即在 $\overline{\text{CS}}$、$\overline{\text{IOR}}$、$\overline{\text{IOW}}$ 信号控制下,利用地址线 $A_3 \sim A_0$ 和数据线 $DB_7 \sim DB_0$,对 8237A 内部寄存器进行相应的读写操作,时序如图 8-3-1 所示。

在空闲周期,8237A 每一个时钟周期都采样一次外设请求线 $DREQ_0 \sim DREQ_3$。

当某通道的 DREQ 电平有效(若该通道未屏蔽),表示此通道有 DMA 请求。于是

8237A 在 S_i 的上升沿使 HRQ 变为有效,向 CPU 提出 DMA 请求,8237A 自己进入 S_0 状态,如图 8-3-2 所示。

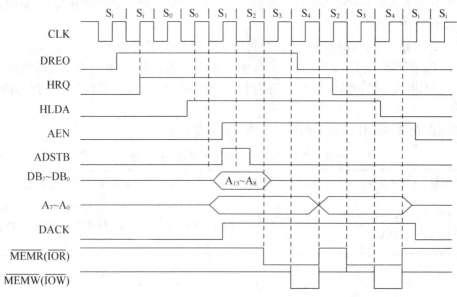

图 8-3-2 DMA 传送(活动周期)的时序

2. 有效周期

S_0:总线请求状态。8237A 向 CPU 提出 DMA 请求后,自己进入 S_0 状态,并保持在 S_0 状态。

在 S_0 状态,8237A 等待 CPU 的 HLDA 信号,此时 8237A 还未取得总线控制权,CPU 仍然能对 8237A 进行读、写等操作。直到得到 CPU 响应信号 HLDA 后,8237A 才进入 S_1 状态。当 CPU 发出 HLDA 信号时,CPU 本身已让出总线控制权(所有总线控制信号已全部成为高阻态)。

S_1:高地址锁存状态。S_1 状态时,8237A 已获得总线控制权。8237A 只用 16 根地址总线 $A_{15} \sim A_0$,因此,最多一次能传输 64K 字节数据。从 8237A 引脚信号可见,8237A 只有 8 根地址线($A_7 \sim A_0$)。与 8086/8088 微处理器不同,8237A 的数据总线($DB_7 \sim DB_0$)为高地址/数据复用总线。S_1 状态时,数据总线 $DB_7 \sim DB_0$ 上输出高 8 位地址,在 $A_7 \sim A_0$ 输出低 8 位地址,此时地址允许信号 AEN 有效,将高字节地址锁存到外部高地址锁存器中。(在后续的传送数据过程中,若高 8 位地址不变,则 S_1 状态可以省去,直接进入 S_2 状态)

S_2:ADSTB 的下降沿锁存地址 $A_{15} \sim A_8$ 及从 $A_7 \sim A_0$ 输出修改的低 8 位地址。

S_3:读数据状态。在 S_3 状态 $A_{15} \sim A_0$ 出现在地址总线上,读信号($\overline{IOR}$、$\overline{MEMR}$)有效,外设或存储器数据出现在系统数据总线上。8237A 正常工作时序,由 S_2、S_3、S_4 三个状态组成(S_1 只在高字节地址需改变时出现);8237A 还提供了一种压缩时序,如果外设和存储器的速度都足够快,并且只需更新低 8 位地址时,可以省略 S_3 状态,直接从 S_2 状态进入 S_4 状态。读信号 $\overline{IOR}$、$\overline{MEMR}$ 在压缩时序时,移到 S_4 状态产生。

S$_w$:等待状态。与 8086/8088CPU 时序类似,若外部设备或存储器的速度不够,8237A 同样在 S$_3$ 状态之后可插入 S$_w$ 状态。

S$_4$:写数据状态。S$_4$ 期间,$\overline{IOW}$ 或 $\overline{MEMW}$ 有效,完成一次数据写入。若数据块未传输完成,8237A 立即回到 S$_2$ 状态传输下一个字节。(当低字节地址从 0FFH 变为 100H 时,返回 S$_1$ 状态)

综上所述,正常时序时进行一次外设与存储器之间的 DMA 传输,要 3 个时钟周期;压缩时序只需 2 个时钟周期(S$_2$、S$_4$ 状态)。

这个过程一直继续到把规定字节的数据传送完,终止计数 TC(Terminal Counter,指当前字节数寄存器减到零之后,又减 1 到 0FFFFH);此时,一个完整的 DMA 传送过程结束,8237A 重新进入空闲周期,等待新的 DMA 请求。

DMA 传送实现了外设与存储器之间的直接数据传送。在整个传送过程中,数据既不进入 8237A 内部,也不进入 CPU。另外,DMA 控制器不提供 I/O 端口地址(地址线上总是存储器地址),进行 DMA 传送的外设应负责将数据送到接口或从接口取走数据。

8237A 除了能实现外设与存储器之间高速数据传送外,还提供了存储器不同地址之间的大量数据传送功能。

8.4　8237A 的工作方式

8237A 有 4 种 DMA 传送方式,3 种 DMA 传送类型。

一、DMA 传送方式

8237A 在有效周期内进行 DMA 传送有 4 种工作方式(也称为工作模式)。

1. 单字节传送方式

单字节传送方式是每次 DMA 传送过程仅传送一个字节。传送一个字节之后,字节数寄存器减1,地址寄存器加 1 或减 1,HRQ 变为无效,8237A 释放系统总线,将控制权还给 CPU。若传送后使字节数从 0 减到 0FFFFH,则 8237A 终止 DMA 传送过程或重新初始化。

这种传送方式在 DACK 成为有效之前,DREQ 必须保持有效。在传送方式下即使 DREQ 一直保持有效,HRQ 也会变成无效,在传送一个字节后释放总线。但 HRQ 很快再次变成有效,等到 8237A 接收到新的 HLDA 有效信号后,又开始传送下一个字节。

单字节传送方式每次只能传送一个字节,效率低,但 CPU 可重新获取总线控制权。在有些特殊的应用场合,要求 CPU 立即响应某些突发性事件,应采用这种单字节传送方式。

2. 数据块传送方式

数据块传送方式时,8237A 控制总线,连续传送数据,直到字节数寄存器从 0 减到 0FFFFH,或者由外设发 $\overline{EOP}$ 信号,终止 DMA 传送。这种方式 DMA 请求信号 DREQ 只需维持到 DACK 有效即可。数据块传送方式的特点是一次 DMA 过程能传送一个完整的数据块(最多可达 64K 字节),因此效率高。但在整个 DMA 传送期间,CPU 长时间无法获得总线。

3. 请求传送方式

这种方式下,当 DREQ 信号有效,8237A 连续传送数据;当 DREQ 信号无效,暂停 DMA 传送过程,8237A 释放系统总线,CPU 重新获得总线控制权,但 DMA 通道的地址和字节数等寄存器当时的值仍保持在相应通道的当前地址寄存器和当前字节数寄存器中。一旦外设又可以传送,使 DREQ 信号再次有效,DMA 传送可以恢复继续进行。当字节数寄存器从 0 减到 0FFFFH,或者外部发出$\overline{EOP}$信号时,终止 DMA 过程。

请求传送方式的特点是一次 DMA 传送过程可分为若干段完成,DMA 传送可由外设通过 DREQ 信号控制。它可用于外设与存储器之间有大量数据交换,但外设工作速度较慢,并且存储器容量有限的情况,例如打印机。

4. 级连方式

每一 8237A 有四个独立的 DMA 传送通道,如果仍不能满足要求时,可采用多片 8237A 组成级连系统。下一级 8237A 的 HRQ 和 HLDA 信号连到上一级 8237A 的某个通道的 DREQ 和 DACK 上。第二级芯片的优先权等级与所连的通道相对应。在这种情况下,第一级 8237A 只起优先权网络的作用。第一级除了接收级连 8237A 来的 DREQ 信号,向 CPU 输出 HRQ 信号,接收并向级连的 8237A 传送 CPU 的 DACK 外,不输出任何其他信号。实际的 DMA 传送工作由第二级芯片完成。8237A 还可进一步级连扩展。

二、DMA 传送类型

8237A 的前 3 种工作方式下,DMA 传送有 3 种类型:DMA 读、DMA 写和 DMA 校验。

1. DMA 读

数据由存储器传送到外设称为 DMA 读。用$\overline{MEMR}$从存储器读出数据,用$\overline{IOW}$将数据写到外设。

2. DMA 写

数据从外设传送到存储器。这时用$\overline{IOR}$从外设输入数据,用$\overline{MEMW}$将数据写入存储器。

3. DMA 检验

这是一种空操作,在这个过程中,8237A 像 DMA 读或 DMA 写一样产生时序、地址信号,并接收$\overline{EOP}$信号等,但是存储器和 I/O 控制线均保持无效,所以不进行数据传送。外设可以利用这样的时序进行 DMA 校验,进行器件测试。DMA 检验不能用于存储器—存储器传送。

三、存储器到存储器的传送

8237A 还可以实现存储器不同地址之间的数据传送。这时 8237A 固定使用通道 0 和通道 1。通道 0 的地址寄存器存源数据地址,通道 1 的地址寄存器存目的数据地址,通道 1 的字节数寄存器存要传送的字节数。

传送由设置通道 0 的软件请求启动。8237A 同样向 CPU 发出 HRQ 请求信号,等待 HLDA 响应后,传送开始。每传送一字节需用 8 个时钟周期,前 4 个时钟周期根据通道 0

地址寄存器从源地址读数据到8237A内部的临时寄存器;后4个时钟周期根据通道1地址寄存器将临时寄存器中的数据写入目的地址。每传送一个字节,源地址和目的地址都修改,字节数减1,直到通道1的字节数寄存器从0减到0FFFFH,终止DMA过程,并在$\overline{\text{EOP}}$端输出一个脉冲。存储器到存储器的传送过程也可以由外部$\overline{\text{EOP}}$信号停止传送过程。其时序如图8-4-1所示。

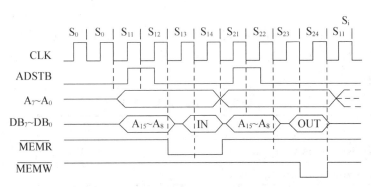

图 8-4-1　8237A 存储器—存储器传送时序

在外设与存储器之间进行DMA传送时,读信号将数据读到系统数据总线,在S_4状态,写信号有效(此时读信号仍然有效),完成写数据。DMA传送与CPU读或写数据过程不同,这里读与写信号同时有效,并且数据只出现在数据总线上,由图8-3-2的8237A工作时序也可见,传送的数据与8237A无关。

在存储器到存储器传送过程中,用的读写信号为$\overline{\text{MEMR}}$和$\overline{\text{MEMW}}$,不能同时有效,并且读写过程通过同一数据总线,因此,必须借用8237A内部寄存器(临时寄存器)完成数据传送。存储器—存储器传送数据要进入8237A内部,并且每次传送要8个状态周期,前4个称为读周期,用$S_{11}\sim S_{14}$表示,后4个称为写周期,用$S_{21}\sim S_{24}$表示,如图8-4-1所示。数据总线为(高字节)地址/数据复用总线。

四、DMA 通道的优先权方式

8237A有4个DMA通道,它们的优先权有两种方式。但不论采用哪种优先权方式,在某个通道获得服务后,其他通道无论优先权高低,均必须等待到服务结束。DMA传送不存在嵌套。

1. 固定优先权方式

4个通道的优先权是固定的,即通道0优先权最高,通道1其次,通道2再次,通道3最低。

2. 循环优先权方式

4个通道的优先权是循环变化的,最近一次得到服务的通道在下次循环中变成最低优先权,其他通道依次轮流相应的优先权。

五、自动初始化方式

所谓自动初始化方式是指每当DMA过程结束信号($\overline{\text{EOP}}$)产生时,无论是由8237A

内部计数终止产生的,还是由外设输入的,都用基地址寄存器和基字节数寄存器的内容,恢复当前地址寄存器和当前字节数寄存器的初始值,以及恢复屏蔽位,允许 DMA 请求等。这样就完成了下一次 DMA 传送的准备工作。

8.5 8237A 的寄存器

8237A 共有 10 种内部寄存器,它们由 8237A 的地址总线(也是系统总线的最低 4 位)$A_3 \sim A_0$ 区分。寄存器名称、字长与数量见表 8-5-1 所示,表 8-5-2 为各内部寄存器的地址和软件命令。

表 8-5-1 8237 内部寄存器

寄存器名	位数	寄存器数量
基地址寄存器 Base Address register	16	4
基字节计数器 Base Word Count register	16	4
当前地址寄存器 Current Address register	16	4
当前字节计数器 Current Word Count register	16	4
临时地址寄存器 Temporary Address register	16	1
临时字节计数器 Temporary Word Count register	6	1
状态寄存器 Status register	8	1
命令寄存器 Command register	8	1
临时寄存器 Temporary register	8	1
模式寄存器 Mode register	6	4
屏蔽寄存器 Mask register	4	1
请求寄存器 Request register	4	1

表 8-5-2 8237A 寄存器和软件命令的寻址

A_3	A_2	A_1	A_0	DMAC1 地址	DMAC2 地址	读操作($\overline{IOR}$)	写操作($\overline{IOW}$)
0	0	0	0	00H	C0H	通道 0 当前地址寄存器	通道 0 当前地址寄存器
0	0	0	1	01H	C2H	通道 0 当前字节数寄存器	通道 0 当前字节数寄存器
0	0	1	0	02H	C4H	通道 1 当前地址寄存器	通道 1 当前地址寄存器
0	0	1	1	03H	C6H	通道 1 当前字节数寄存器	通道 1 当前字节数寄存器
0	1	0	0	04H	C8H	通道 2 当前地址寄存器	通道 2 当前地址寄存器
0	1	0	1	05H	CAH	通道 2 当前字节数寄存器	通道 2 当前字节数寄存器
0	1	1	0	06H	CCH	通道 3 当前地址寄存器	通道 3 当前地址寄存器
0	1	1	1	07H	CEH	通道 3 当前字节数寄存器	通道 3 当前字节数寄存器
1	0	0	0	08H	D0H	读状态寄存器	写命令寄存器

A_3	A_2	A_1	A_0	DMAC1地址	DMAC2地址	读操作($\overline{IOR}$)	写操作($\overline{IOW}$)
1	0	0	1	09H	D2H	读请求寄存器	写请求寄存器
1	0	1	0	0AH	D4H	读命令寄存器	写单通道屏蔽字
1	0	1	1	0BH	D6H	读模式寄存器	写模式寄存器
1	1	0	0	0CH	D8H	置高/低触发器命令	清高/低触发器命令
1	1	0	1	0DH	DAH	读临时寄存器	主清除命令
1	1	1	0	0EH	DCH	清模式寄存器、计数器	清屏蔽寄存器命令
1	1	1	1	0FH	DEH	读所有屏蔽位	写所有屏蔽位

注:DMAC1 是 XT 机和 AT 机的主 DMA 控制器,DMAC2 是 AT 机的从 DMA 控制器。

所谓 8237A 的"软件命令"是指不需要通过数据总线写入控制字,而直接由地址和控制信号经译码实现的操作命令。

一、当前地址寄存器

保持 DMA 传送的当前存储器地址值,每次传送后这个寄存器的值自动加 1 或减 1。它的值可由 CPU 写入和读出。若 8237A 置为自动初始化方式,发出 $\overline{EOP}$ 命令的同时,将该寄存器重新置为基地址寄存器保存的值。

二、当前字节数寄存器

保持 DMA 传送的剩余字节数,每次传送后自动减 1。它的值可由 CPU 写入和读出,当它的值从 0 变为 0FFFFH 时,8237A 产生 $\overline{EOP}$ 命令。由于字节数寄存器从 0 减到 0FFFFH 时,计数才终止,所以实际传送的字节数比要写入字节数寄存器的值多 1。因此,如果需要传送 N 个字节数据,初始化编程时写入字节数寄存器的值应为 N-1。若 8237A 置为自动初始化方式,发出 $\overline{EOP}$ 命令的同时,该寄存器将重新置为基字节数寄存器保存的值。

三、基地址寄存器

存放当前地址寄存器相同的初始值。CPU 在写当前地址寄存器时,同时写基地址寄存器。基地址寄存器的值在 DMA 传输过程中既不会修改,也不能读出。在自动初始化时,用作恢复当前地址寄存器初值(最后一次 CPU 写入的值)。

四、基字节数寄存器

存放当前字节数寄存器的初始值。每当 CPU 写当前字节数寄存器时,同时写基字节数寄存器。与基地址寄存器相同,在 DMA 传输过程中基字节数寄存器既不会自动修改,也不能读出。它也是在自动初始化时,用作恢复当前字节数寄存器的初始值(最后一次 CPU 写入的值）。

8237A 的地址寄存器和字节数寄存器都是 16 位寄存器。8237A 内部有一个高/低触发器，它控制读写 16 位寄存器的高字节或低字节。当触发器为 0 时，对低字节操作；为 1 时，对高字节操作。软、硬件复位之后，该触发器被清为零。每当 16 位的寄存器进行一次操作（读/写 8 位）后，该触发器自动改变状态。对 16 位寄存器的读出或写入要分两次连续进行。

清除 8237A 高/低触发器软件命令（$A_3A_2A_1A_0 = 1100$），使高/低触发器清零。

8237A 主清除软件命令（$A_3A_2A_1A_0 = 1101$）也可使高/低触发器清零，同时该软件命令还清除命令、状态、请求、临时寄存器等，置屏蔽寄存器为全 1（即屏蔽状态），使 8237A 成为空闲周期。主清除命令与硬件的 RESET 信号具有相同的功能，也就是软件复位命令。

五、模式寄存器

每一 DMA 通道有一模式寄存器，存放该通道的方式控制字。四个模式寄存器共用一个地址，通过该地址设置各个 DMA 通道的工作方式。方式控制字的格式参见图 8-5-1，其中最低 2 位选择 DMA 通道，D_2、D_3 设置通道工作方式，D_4 设置通道初始化方式，地址修改位 D_5 是指一个数据传送完后，当前地址寄存器的值是加 1 修改还是减 1 修改。D_6、D_7 设置通道的工作模式。

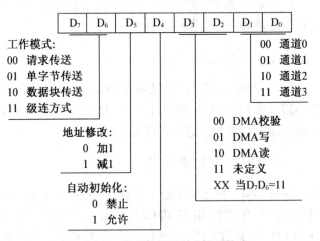

图 8-5-1 模式寄存器方式控制格式

六、命令字寄存器

命令字格式如图 8-5-2 所示。8237A 只有一个 8 位的命令字寄存器，设置 8237A 芯片的操作方式，复位时命令寄存器清零。它影响所有 DMA 通道，其中，$D_2 = 0$ 时，8237A 才可以作为 DMA 控制器工作，控制 DMA 传送，当 $D_2 = 1$ 时，8237A 不能进行 DMA 传送。

$D_0 = 1$ 时，允许存储器到存储器的传送方式。此时，通道 0 的地址寄存器存放源地址。若 D_1 也置位，则在整个存储器到存储器的传送过程中，始终保持同一个源地址，实现将目的存储区域用相同值填充的功能，它比用指令填充速度更快。

若存储器和外设的速度允许，为获得更高的传输效率，置位 D_3，8237A 能将每次传输时间从 3 个时钟周期的正常时序变为 2 个时钟周期的压缩时序。在正常时序时，命令字的 D_5 位选择滞后写或扩展写。其不同之处滞后写是写信号在 S_4 状态有效，扩展写是写

信号扩展到 S_3 状态就有效。D_6、D_7 两位分别设置请求信号与响应信号的有效电平。

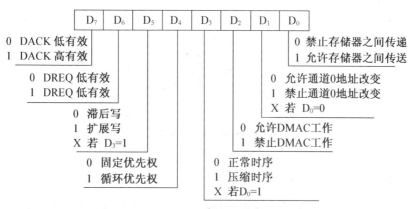

图 8-5-2　命令字格式

七、请求寄存器

8237A 除了可以通过硬件 DREQ 信号提出 DMA 请求外,在数据块传送方式时也可以通过软件发出 DMA 请求。若是存储器到存储器传送,则必须由软件请求启动通道 0。

请求寄存器存放软件 DMA 请求。CPU 通过写请求寄存器,如图 8-5-3 所示,其中 D_1,D_0 决定写入的通道,D_2 决定是置位(请求)还是复位。每个通道的软件请求位分别设置,是非屏蔽的;它们的优先权同样受优先权逻辑的控制。它们可由内部 TC(终止计数)或外部的 $\overline{EOP}$ 信号复位,RESET 复位信号使整个寄存器清除。$D_7 \sim D_3$ 未定义。

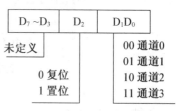

图 8-5-3　请求字格式

八、屏蔽寄存器

屏蔽寄存器设置通道的硬件 DMA 请求 DREQ 是否能被响应(0 为允许),各个通道互相独立。屏蔽寄存器的写入有 3 种方法:

(1) 单通道屏蔽字命令($A_3 A_2 A_1 A_0 = 1010$),对单个 DMA 通道屏蔽位设置,命令字格式如图 8-5-4(a)所示。

(2) 主屏蔽字命令($A_3 A_2 A_1 A_0 = 1111$),一条命令同时对 4 个 DMA 通道屏蔽位设置,命令字格式如图 8-5-4(b)所示。

(3) 总清屏蔽寄存器命令($A_3 A_2 A_1 A_0 = 1110$),同时清零屏蔽寄存器 4 个通道,都允许 DMA 请求。

8237A 芯片复位时 4 个通道全置为屏蔽状态。当一个通道 DMA 过程结束,如果不是工作在自动初始化方式,这一通道的屏蔽位也被置位,必须再次清该屏蔽位,才能进行下一次 DMA 传送。

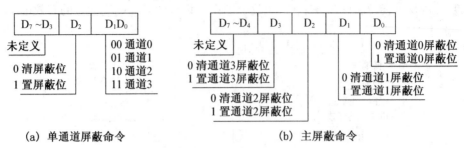

(a) 单通道屏蔽命令　　　　(b) 主屏蔽命令

图 8-5-4　屏蔽命令格式

九、状态寄存器

8237A 中有一个 CPU 可读的状态寄存器。它的低 4 位反映通道是否产生过 TC(为 1,表示该通道传送结束),高 4 位反映每个通道的 DMA 请求情况(为 1,表示该通道有请求),参见图 8-5-5。复位、总清或被读出后,状态寄存器被清零。

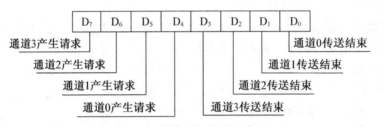

图 8-5-5　状态字格式(为 1 表示)

十、临时寄存器

在存储器到存储器的传送方式下,由于系统只有一条地址总线,不能同时访问两个存储器单元。存储器到存储器传送必须用两个传送周期,8237A 中设计了临时寄存器,保存第一个传送周期从源存储单元读出的数据,在第二个传送周期,将该数据写到目的存储单元。当 DMA 过程结束时,临时寄存器保留的是最后一个字节数据。复位时临时寄存器被清零。

8.6　8237A 的软件命令

8237A 有若干个软件命令。8237A 将表 8-5-2 中 A3＝1 对应的操作定义为软件命令。所谓软件命令是指不需要通过数据线写控制字,而直接由地址和控制信号(读或写)编码产生的用来对一些特殊的端口地址进行操作的命令。软件命令只要四位地址(A3～A0)是规定的值,就能产生相应的作用,在这样的指令中,输出的数据不起作用,可以是任意值,见表 8-5-2 所示。软件命令是通过地址与控制线编码产生特定的动作,因此,读命令不一定是真正的读操作,如置高/低触发器命令。当地址码为 1100 时,对 8237A 读,不是读高/低触发器状态。执行该软件命令时,将高/低触发器置位,下一次从高 8 位开始进行读写操作。

表 8-6-1 软件命令编码

操 作	A3	A2	A1	A0	$\overline{IOR}$	$\overline{IOW}$
读状态寄存器	1	0	0	0	0	1
写命令寄存器	1	0	0	0	1	0
(读请求寄存器)	1	0	0	1	0	1
写请求寄存器	1	0	0	1	1	0
(读命令寄存器)	1	0	1	0	0	1
写单个屏蔽位	1	0	1	0	1	0
(读模式寄存器)	1	0	1	1	0	1
写模式寄存器	1	0	1	1	1	0
(置高/低触发器)	1	1	0	0	0	1
清高/低触发器	1	1	0	0	1	0
读临时寄存器	1	1	0	1	0	1
总 清	1	1	0	1	1	0
(清模式寄存器、计数器)	1	1	1	0	0	1
清屏蔽寄存器	1	1	1	0	1	0
(读全部屏蔽位)	1	1	1	1	0	1
写全部屏蔽位	1	1	1	1	1	0

注:部分 8237A 芯片不支持无括号中的软件命令

1. 主清除命令

地址码为 1101,该命令的功能和 RESET 信号相同,它将命令寄存器、状态寄存器、请求寄存器、临时寄存器以及高/低触发器等清零,并使屏蔽寄存器全 1(全屏蔽状态),8237A 处于空闲状态。

2. 清屏蔽寄存器命令

地址码为 1110。该命令将 4 个通道的屏蔽位全部清除,允许所有通道接受 DMA 请求。

3. 置、清高/低触发器命令

地址码为 1100,当 $\overline{IOR}$ 有效时,不是读信息,而是置高低触发器,其后对 8237A 中 16 位寄存器操作为读高字节。而当 $\overline{IOW}$ 有效时,不是写操作,而是清高/低触发器,其后对 8237A 中 16 位寄存器操作为读低字节。每次对寄存器操作后,高/低触发器状态自动翻转。为确保操作正确,可在进行 16 位寄存器操作前,先用此命令。

4. 清模式寄存器计数器

8237A 每一通道都有一模式寄存器(6 位),在置模式寄存器时,用写入 8 位数据的最低两位区别写哪个通道模式寄存器,但无法通过数据线指明要读哪个模式寄存器。本命令清模式寄存器的计数器,然后可依次读通道 0、1、2、3 的模式。

8.7 8237A 的编程

8237A 的编程分两步。

8327A 芯片的初始化:只需要写命令寄存器。必要时,可以先输出主清除命令,对 8237A 进行软件复位,然后再写命令字。

DMA 通道的传送编程,需要多个写入操作:

第一步 存储器起始地址写入地址寄存器(如果地址采用减法修改,则应写入最高地址)。

第二步 传送的数据个数写入字节数寄存器(由于在减为 0 后,还会传送一个字节,因此,传送数据个数要减 1)。

第三步 通道的工作方式写入模式寄存器。

第四步 写屏蔽寄存器,允许 DMA 请求。

若非软件请求启动传送,则在完成编程后,等待通道的有效请求信号 DREQ 启动 DMA 传送过程。若用软件请求启动,则写请求寄存器,触发 DMA 传送。DMA 传送过程不需要软件,完全由 DMA 控制器用硬件实现。

凡要进行 DMA 传送的通道都需上述编程过程。如果不是采用自动初始化方式,则每次 DMA 传送也都需要上述的编程过程。

8237A 有两种方法来反映 DMA 过程结束,查询状态寄存器的低 4 位和$\overline{\text{EOP}}$信号,其中$\overline{\text{EOP}}$信号需结合 DACK 响应信号来确定哪个通道。应用程序可以采用软件查询状态字后进一步处理 DMA 过程结束后的操作,也可以采用硬件中断在中断服务程序中处理。

例 8-7-1 用 8237A 进行内存数据拷贝。

将内存 8000H 开始的 100H 个字节数据拷贝到 8800H 开始的内存单元,假定 8237A 的地址为 9000H。

```
BlockFrom equ 08000h    ;块开始地址
BlockTo   equ 08800h    ;块结束地址
BlockSize equ 100h      ;块大小
CLEAR_F equ    900ch    ;F/L 触发器
CH0_A   equ    9000h    ;通道 0 地址
CH0_C   equ    9001h    ;通道 0 计数
CH1_A   equ    9002h    ;通道 1 地址
CH1_C   equ    9003h    ;通道 1 计数
MODE    equ    900bh    ;模式
CMMD    equ    9008h    ;命令
MASKS   equ    900fh    ;屏蔽
REQ     equ    9009h    ;请求
```

```
STATUS    equ      9008h      ;状态
code      segment
          assume cs:code
FillRAM   proc     near
          mov      bx,  BlockFrom
          mov      ax, 10h
          mov      cx,  BlockSize
FillLoop：
          mov      [bx], al
          inc      al
          inc      bx
          loop     FillLoop
          ret
FillRAM endp

TranRAM proc    near
          mov    si, BlockFrom
          mov    di, BlockTo
          mov    cx, BlockSize
          mov    dx, CLEAR_F
          out    dx, al
          mov    ax, si         ;编程开始地址
          mov    dx, CH0_A
          out    dx, al
          mov    al, ah
          out    dx, al
          mov    ax, di         ;编程结束地址
          mov    dx, CH1_A
          out    dx, al
          mov    al, ah
          out    dx, al
          mov    ax, cx         ;编程块长度
          dec    ax             ;调整长度
          mov    dx, CH1_C
          out    dx, al
          mov    al, ah
          out    dx, al
          mov    al, 88h        ;编程 DMA 模式
```

```
                mov    dx，MODE
                out    dx，al
                mov    al，85h
                out    dx，al
                mov    al，1              ;块传输
                mov    dx，CMMD
                OUT    dx，al
                mov    al，0eh            ;通道 0
                mov    dx，MASKS
                out    dx，al
                mov    al，4
                mov    dx，REQ
                out    dx，al            ;开始 DMA 传输
                ret
TranRAM         endp

Start           proc   near
                mov    ax，0
                mov    ds，ax
                mov    es，ax
                call   FillRAM
                call   TranRAM
                jmp    $                ;打开数据窗口,检查传输结果
Start           endp
                code   ends
                end    Start
```

习 题

1. 8237A 在什么情况下处于空闲周期和有效周期？

2. 单字节传送、请求传送、块传送方式在 DMA 请求、传送过程中有何差别？

3. 8237A 有哪些内部寄存器？各有什么功能？初始化编程要对哪些寄存器进行预置？

4. 8237A 有几种对其 DMA 通道屏蔽位操作的方法？

5. DMA 有几种工作类型？一次存储器到存储器传输要几个总线周期？存储器与 I/O 之间传输要几个总线周期？

6. 8237A 在 DMA 传输期间怎样与被控设备实现总线联络？联络线是什么？

7. DREQ 有几种生成方式？各有什么用途？

8. 8237A 各通道之间的优先级是如何控制的?

9. 8237A 传输结束有哪几种方式? 如何通知 CPU?

10. 利用 8237A 在存储器的两个区域 BUFl 和 BUF2 间直接传送 100 个数据,采用连续传送方式,传送完毕后,不自动预置。试写出程序。

第九章

🖥️)) 定时器计数器

定时在计算机系统的应用中具有极为重要的作用。例如,微机控制系统中常需要定时检测被控对象的状态、定时修改调节控制作用等。多用户、多任务计算机系统中,任务和进程调度等都需要定时器的配合。IBM PC 机中的日期、时钟、DRAM 的刷新,扬声器的音调控制等,也都需要采用定时技术。微机系统中实现定时功能主要有三种方法。

(1) 软件延时:微处理器执行每条指令都有固定的时间。采用循环程序,通过精心计算循环次数和循环体中每条指令的执行时间,微处理器每执行一次这个程序段,就产生一个延时时间。其优点是不需硬件,缺点是占用 CPU 时间,并且不容易实现精确定时。不同的系统时钟频率,同一个软件延时程序的定时时间也会相去甚远。尽管软件定时精确度不高,但由于实现方便,仍得到了广泛的应用。特别对延时时间小,不需精确定时的应用场合,如等待模数变换结果、拓展脉冲宽度等。

(2) 不可编程的硬件定时器:采用数字分频电路,如用 74 系列、4000 系列逻辑电路,对时钟分频产生需要的定时信号;也可以采用单稳器件或简易定时电路(如常用的 74LS123 单稳态触发器、555 时基电路等),由外接电阻、电容元件组成定时器。这样的定时电路的缺点仍是易受元器件影响,定时精度差,调试过程复杂。

(3) 可编程的硬件定时器电路:用专用的可编程定时器芯片构成定时电路,这是目前微机系统中最常用的方法。这种方法不仅定时精度高,定时范围可用程序确定和改变,而且具有多种工作方式,其中 Intel 公司的 8253 和 8254 等是常见的可编程定时器芯片。

该定时器芯片内部由数字计数电路构成。当对时钟输入信号计数,输出准确的时间间隔信号,这种工作方式称为定时器。如果计数电路用来计数随机性的脉冲信号,则称为计数器。两种功能实现技术完全相同,常将这类芯片统称为定时计数器芯片。

9.1　8253/8254 的内部结构和引脚

Intel 8253 是可编程间隔定时器(Programmable Interval Timer),同样也是事件计数器(Event Counter)。每一个 8253 芯片有 3 个完全相同的、独立的 16 位计数器,每个计数器有 6 种工作方式,可以按二进制或十进制(BCD 码)计数。

Intel 8254 是 8253 的改进型,内部工作方式和外部引脚与 8253 完全相同,只是增加了一个读回命令和状态字的功能。所以后面主要介绍 8253 芯片,它们同样适用于 8254

芯片。

8253/8254 芯片采用 24 引脚双列直插式封装,内部结构如图 9-1-1 所示,分为两个部分,计数器部分和处理器接口与控制逻辑部分。

1. 计数器部分

8253 有 3 个相互独立的计数器,各计数器的结构完全相同。每一个计数器都有一个 16 位的减法计数器、一个 16 位预置寄存器和输出锁存器,如图 9-1-1 右边所示。计数初值写入减法计数器时,同时写入预置寄存器中。在计数过程中,减法计数器的值不断递减,而预置寄存器中的值保持不变。输出锁存器用于在执行锁存命令时,锁定减法计数器当时的计数值。

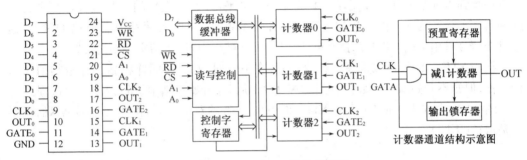

图 9-1-1　8253/8254 结构示意图

8253 的每个计数器都有 3 个与外界的接口线:

➤ CLK:时钟输入信号,此引脚上每一个脉冲信号的下降沿,计数器的值减 1。该信号受到门控信号 GATE 的控制。

➤ GATE:门控输入信号,计数器的外部控制信号,在不同的工作方式下,其作用不同,可分成电平控制和上升沿控制两种类型。

➤ OUT:计数器输出信号,当一次计数过程结束(即计数值减为 0 时),OUT 引脚上将产生一个输出信号,输出信号的波形取决于工作方式。

2. 处理器接口

处理器接口部分的引脚有数据线 $D_7 \sim D_0$,读信号 $\overline{RD}$,写信号 $\overline{WR}$,地址信号 A_1、A_0 和片选信号 $\overline{CS}$,其功能见表 9-1-1 所示,表中还给出了 8253 在 PC 机中的端口地址。

表 9-1-1　8253 端口选择

$\overline{CS}$	A_1	A_0	PC 机 I/O 地址	读操作($\overline{RD}$)	写操作($\overline{WR}$)
0	0	0	40H	读计数器 1	写计数器 1
0	0	1	41H	读计数器 2	写计数器 2
0	1	0	42H	读计数器 3	写计数器 3
0	1	1	43H	—	写控制字

9.2　8253/8254 的工作方式

8253/8254 有 6 种工作方式,由方式控制字确定,每种工作方式大致相同,如下所述:

1. 方式 0:计数结束中断

当计数器设置为方式 0 后,其输出 OUT 信号随即变为低电平。在初始值计数装入减 1 计数器后,在下一时钟周期,计数初值装入减 1 计数器,然后开始计数。OUT 输出仍保持低电平。若此时 GATE 为高电平,计数器开始减法计数,CLK 引脚上每一个时钟信号的下降沿,计数器的计数值减 1。当计数值减为 0,计数结束,OUT 端变为高电平,并且一直持续到重新装入新计数值,OUT 端变为低电平,开始一次新的计数过程。整个计数脉冲为 N+1,N 为输入的计数初值。由于计数结束时,OUT 端发生从低到高的跳变,这个跳变信号可用来向 CPU 请求中断,所以方式 0 被称为"计数结束中断"方式。

在 GATE=0 时,可以重写计数值,并且在下一时钟周期,同样将新的计数初值写入计数器,但暂不开始减一计数。直到 GATE=1 后,才开始按新值进行减一计数过程。

图 9-2-1 为方式 0 时 CLK、GATE 和 OUT 三者的对应关系,图中写信号 $\overline{WR}$ 的波形仅是示意(下同)。

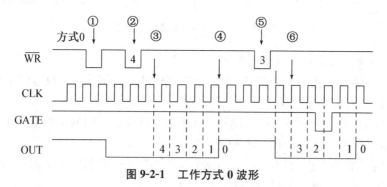

图 9-2-1　工作方式 0 波形

第一步　设置工作方式 0 后,计数器输出 OUT 变低;

第二步　初始化计数值=4;

第三步　若门控信号 GATE 为高,从下一时钟周期开始减 1 计数;

第四步　减到 0,计数通道输出 OUT 变高,并且维持高电平;

第五步　重新初始化计数值=3;

第六步　在计数过程中,若门控信号 GATE 变低,停止计数,等到门控信号 GATE 恢复高,继续减 1 计数,直到为 0,计数通道输出 OUT 变高。

门控输入信号 GATE 可控制计数过程,高电平时,允许计数;低电平时,暂停计数。当 GATE 重新为高电平时,接着当前的计数值继续计数;在计数期间,若计数器装入新值,则在写入新计数值后,从新值开始计数。工作方式 0 为一次性计数。

2. 方式 1:硬件触发一次计数

方式 1 中,门控信号的电平不影响计数过程,而是由门控信号的上升沿触发计数过程。写入方式 1 的控制字之后,OUT 输出为高(若 OUT 原为低,则由低变高;若原已为高,则继续保持高)。写入计数值后,并不开始计数,而是等待门控脉冲 GATE 的上升沿启动。CLK 的下降沿开始计数,同时输出 OUT 变低。在整个计数过程中,OUT 都维持为低电平,直到计数值为 0,输出 OUT 变为高。因此,OUT 端输出一个宽度等于计数值乘时钟周期的负脉冲,相当于一个单稳态触发器芯片的工作过程。在计数过程中写入新计数值,不影响当前计数过程。计数过程结束后,若再次 GATE 触发,则计数器装入新的计数值,并开始按新值计数。在计数过程中,GATE 信号电平由高变低,不影响计数过程。但若 GATE 由低变高(上升沿),再次触发启动,恢复计数初值,开始一个新的单稳脉冲过程,如图 9-2-2 所示。

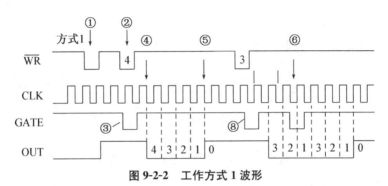

图 9-2-2　工作方式 1 波形

第一步　设置工作方式 1,输出 OUT 变高;

第二步　初始化计数值,此时并不开始计数,而是等待门控信号 GATE 启动;

第三步　门控信号的上升沿启动减法计数,在门控信号出现后的第一个时钟脉冲的下降沿,输出 OUT 变低;

第四步　在每个时钟脉冲的下降沿进行计数,直到计数值从 1 减为 0 时,输出变高,并保持高电平;

第五步　停止计数,等待下一门控信号启动,开始新一次计数;

第六步　若在计数过程中,出现门控信号下跳,不影响计数过程,若在计数过程中,出现门控信号上跳,则立即恢复初始计数值,并重新开始计数。

如果在计数过程中,不断有触发脉冲,则输出永远处于低电平(暂态),因此,工作方式一就像一个单稳态触发器。

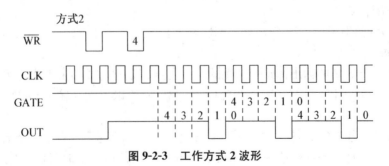

图 9-2-3　工作方式 2 波形

3. 方式2：频率发生器（分频器）

设置方式 2 控制字后，输出 OUT 将为高。写入计数初值后，计数器即开始对输入时钟 CLK 计数。在计数过程中，OUT 始终保持为高。直到计数器减为 1 时，OUT 变低，持续一个 CLK 周期时间，OUT 恢复为高，并开始一个新的计数过程，如图 9-2-3 所示。方式 2 的特点是能够连续工作。如果计数值为 N，则 CLK 端每出现 N 个脉冲，OUT 就输出一个负脉冲。这种方式像一个频率发生器或分频器。

在计数过程中，若重写入新计数值，不影响当前的计数。但从下个周期开始，将按新计数值计数，如图 9-2-4 所示。

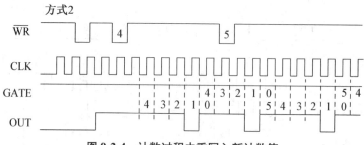

图 9-2-4　计数过程中重写入新计数值

GATE 信号控制计数过程。计数过程中，若 GATE 为低电平，停止计数。当 GATE 恢复高电平后，计数器将重新装入预置计数值，开始计数过程，如图 9-2-5 所示。

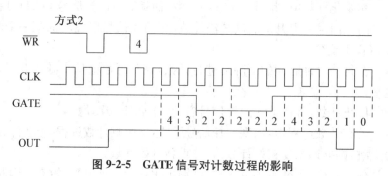

图 9-2-5　GATE 信号对计数过程的影响

若在输出负脉冲期间，GATE 出现低电平，输出立即变高，当 GATE 变高后，重新装入初值，开始计数。

方式 2，计数值不能为 1，为连续周期性输出。

4. 方式3：方波发生器

方式 3 和方式 2 的输出都是周期性的。其主要区别是方式 3 在计数过程中，输出信号 OUT 有一半时间为高电平，另一半时间为低电平，所以方式 3 输出 OUT 为一个方波信号。

设置方式 3 控制字后，输出 OUT 为高电平。写入计数值后，自动开始计数，输出仍保持高电平。当计数到计数值的一半时，输出变为低。计数到 0 时，输出又变高，重新开始计数，如图 9-2-6 所示。当计数值为偶数时，前半周期输出为高电平，后半周期输出为低电平。如果计数值为奇数,前半周期多一个时钟脉冲的时间输出为高,随后输出为低,如图 9-2-7 所示。

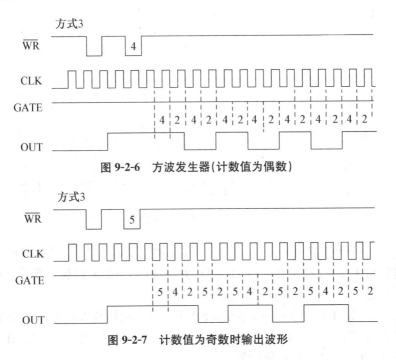

图 9-2-6 方波发生器(计数值为偶数)

图 9-2-7 计数值为奇数时输出波形

门控信号控制计数过程。计数过程中,若门控信号变低,停止计数。若这时输出 OUT 为低电平,立即变高。当门控信号恢复高电平后,从初始值重新开始产生方波输出。

若计数过程中写入新计数值,不影响当前计数过程,下一计数过程将用新计数值。若写入新计数值后,出现门控信号(GATE=0),分两种情况,若门控信号出现在输出 OUT 为高电平期间,门控信号结束后,下一时钟周期将从新值开始重新工作。若门控信号出现在输出 OUT 为低电平期间,则直到本次计数结束,下一周期才从新值开始重新工作。

方式 3,8253 计数器每次进行减二操作。对偶数计数值,每次输出发生变化时,重新装入计数值,并进行减二计数。对奇数计数值,将初值装入后或每次输出发生高跳变时,第一次减一,以后每次减二;而当输出发生低跳变时,重新装入计数值后,下一时钟周期执行一次减三操作,然后每次执行减二操作。这样高电平的持续时间比低电平多一个时钟周期。

方式 3 的典型应用是作为波特率发生器。

5. 方式 4:软件触发模式

方式 4 的工作过程与方式 0 类似,也是软件触发,一次计数,只不过输出端信号形式不同,如图 9-2-8 所示。写入方式 4 后,输出立即变高电平,计数过程中输出保持高电平。计数值减为 0 时,输出一个时钟周期的负脉冲,停止计数。写入新计数初值后,重新开始一次计数。

第一步 写入方式 4 的控制字后,输出 OUT 为高。

第二步 写入计数初值后,并不开始计数。

第三步 在下一时钟脉冲下降沿开始计数(软件启动),计数过程中 OUT 保持高。

第四步 当计数值减为 0 时,OUT 变低,保持一个 CLK 时钟周期后,OUT 重新变高,并停止计数。

第五步 只有再次输入新的计数值后,才开始新的一次计数,如图 9-2-8 所示。

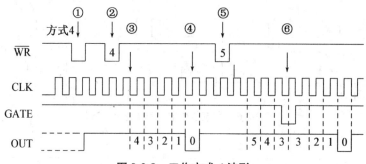

图 9-2-8 工作方式 4 波形

第六步 在计数过程中,若门控信号 GATE 变低,停止计数;等到门控信号 GATE 恢复高,继续减 1 计数,直到为 0,OUT 变低,并保持一个 CLK 时钟周期后,OUT 重新变高,并停止计数。门控信号不影响输出状态。

第七步 计数过程中写入新计数值,将在下一时钟周期装入新值,开始计数。若要写两字节计数值,写第一个字节时,不影响当前计数过程,写入第二个字节后,在下一时钟周期,装入新计数值,并从新值开始计数。

6. 方式 5:硬件触发选通

方式 5 与方式 1 的工作过程类似,也是输出信号不同。门控信号的电平不影响方式 5 计数过程。

第一步 设置方式 5 控制字后,输出 OUT 为高。

第二步 写入计数初值,输出仍保持高电平。

第三步 由门控信号 GATE 的上升沿启动计数过程(硬件触发)。

第四步 在下一个 CLK 脉冲的下降沿开始计数,并且在整个计数过程中输出仍保持高电平。

第五步 直到计数到 0 时,OUT 变低,经过一个 CLK 脉冲时间,OUT 恢复为高,并停止计数,如图 9-2-9 所示。

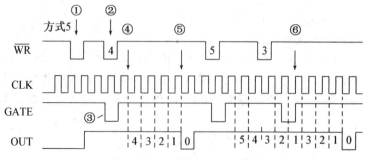

图 9-2-9 工作方式 5 波形

第六步　计数过程中装入新计数值,不影响当前计数。当计数过程中,又有门控 GATE 触发信号(上升沿),计数器重新装入计数初值,并在下一 CLK 下降沿开始重新计数。

7. 工作方式小结

8253 有 6 种工作方式,它们具有不同的特点。每种工作方式都在装入计数值 N 后,才能计数。不同的工作方式,输出信号 OUT 也不尽相同,在计数过程中写入新计数值,将引起输出波形的改变,各种方式总结见表 9-2-1 所示。

表 9-2-1　6 种工作方式计数值 N 与输出波形

方式	计数值 N 与输出波形的关系	改变计数值对计数过程的影响
0	设置工作方式后输出 OUT 变低,写入计数值 N 后,立即开始计数,经 N+1 个 CLK 脉冲后,输出变高	写入计数值 N 后,下一个 CLK 脉冲立即有效
1	设置工作方式后,输出立即变高,单稳脉冲的宽度为 N 个 CLK 脉冲时间,计数期间输出 OUT 保持低,计数结束输出变高	写入计数值后,不开始计数,门控信号 GATE 的上升沿启动计数过程,计数过程出现门控信号,装入计数初值,重新开始计数
2	设置工作方式后,输出立即变高,计数过程中,OUT 保持高,每 N 个 CLK 脉冲后,OUT 输出宽度为一个 CLK 周期的负脉冲	计数到 1 后有效
3	前半周期高,后半周期低的方波	门控信号触发或计数到 0 后有效
4	设置工作方式后,输出立即变高,写入 N 后,OUT 继续持续 N 个 CLK 周期高后,输出宽度为 1 个 CLK 周期的负脉冲	写入计数器后,下一个 CLK 脉冲立即有效
5	门控信号电平无影响,上升沿触发,门控信号触发后,OUT 持续 N 个 CLK 周期高后,输出宽度为 1 个 CLK 周期的负脉冲	门控信号触发后有效

门控信号 GATE 在不同工作方式下的作用见表 9-2-2 所示。

表 9-2-2　门控信号作用

方式	低或变低	上升沿	高
0	禁止计数	—	允许计数
1	—	启动计数,下一个 CLK 脉冲使输出变低	—
2	禁止计数,输出立即为高	重新装入计数值,启动计数	允许计数
3	禁止计数,输出立即为高	重新装入计数值,启动计数	允许计数
4	禁止计数	—	允许计数
5	—	启动计数	—

9.3 8253 编程

8253 没有复位信号,上电后工作方式不确定。为了使 8253 正常工作,微处理器必须对其进行初始化编程(写入控制字和计数初值)。8253 在计数过程中,还可以读取计数值。

一、写入方式控制字

8253 有两根地址线,因此,一片 8253 在系统中需 4 个字节地址。一片 8253 有三个相同的计数器,每一计数器占一个地址。三个计数器共用一个控制字地址,$A_1 A_0 = 11$。控制字格式如图 9-3-1 所示。

D_7 D_6	D_5 D_4	D_3 D_2 D_1	D_0
计数器选择	读写格式	工作方式选择	数制
00 计数器0	00 计数器锁存命令	000 方式0	0 二进制
01 计数器1	01 只读写低字节	001 方式1	1 十进制
10 计数器2	10 只读写高字节	X10 方式2	
11 无定义	11 先读写低字节	X11 方式3	
	后读写高字节	100 方式4	
		101 方式5	

图 9-3-1 8253 控制字格式($A_1 A_0 = 11$)

1. 计数器选择(D_7、D_6)

控制字的最高两位决定当前控制字是哪一个计数器的控制字。在 8253 中,$D_7 D_6 = 11$ 的编码是非法,而 8254 利用它作为读回命令。

2. 读写格式(D_5、D_4)

8253 的数据线为 8 位,一次只能进行一个字节的数据交换,但计数器是 16 位的,所以 8253 设计了几种不同的读写计数值的格式。

如果只需要读写 0~255 之间的计数值,则只用 8 位计数器即可,这时可以令 $D_5 D_4 = 01$,只读写低 8 位,高 8 位自动置 0。若是 16 位计数,但低 8 位无要求,则可令 $D_5 D_4 = 10$,只读写高 8 位,低 8 位自动置 0。若令 $D_5 D_4 = 11$,则先读写低 8 位,后读写高 8 位。$D_5 D_4 = 00$ 是锁存命令,用于把当前计数值锁存进"输出锁存器"。

3. 工作方式(D_3、D_2、D_1)

这三位决定 8253 每个计数器的 6 种工作方式。

4. 数制设定(D_0)

8253 计数器有两种计数制:二进制和十进制(BCD 码)。

二、写入计数值

每个计数器都有对应的计数器 I/O 地址,见表 9-1-1 所示,按方式控制字设置的格式写入计数值。8253 计数器是先减 1,再判断是否为 0,所以写入 0 实际上代表最大计数值。在用二进制计数时,代表 65536,十进制(BCD 码)计数时,计数值范围为 0000~ 9999,因此,写入 0,实际代表最大值 10000。

三、读取计数值

8253 计数值需要分两次读出。在两次读取计数值的过程中,计数值可能已经发生了变化。如果计数过程允许暂停,可在读取计数值时,通过门控 GATE 信号,暂时停止计数器工作。8253 还提供了锁存计数值的功能,如图 9-1-1 所示。若不允许暂停计数过程,可以先锁存当前计数值,然后分两次读取锁存的计数值。过程如下:

向 8253 写入锁存命令(方式控制字 $D_5D_4 = 00$,用 D_7D_6 选择要锁存的计数器,其他位没有作用)。将计数器的当前计数值(16 位)锁存进输出锁存器,计数器可继续计数。然后,CPU 读取锁存的计数值。一旦读取计数值后或对计数器重新编程,将自动解除锁存状态。

四、8253 编程和工作过程

第一步　写方式控制字,设定工作方式。

第二步　写预置寄存器,设定计数初值。

第三步　对方式 1 和方式 5,需要硬件启动,在 GATE 端发出一个上升沿信号(若原为低电平,则改为高电平;若原为高电平,则输出一负脉冲)。其他工作方式不需要这一步,直接进入第四步。

第四步　下一个时钟信号 CLK 的下降沿,8253 将预置寄存器的计数初值送入减 1 计数器。

第五步　计数开始,当 GATE 为高电平时,CLK 端的每一个下降沿,计数器减 1;当 GATE 为低电平时,暂停计数(方式 1、5 除外)。

第六步　当计数值减至 0,一次计数过程结束。通常 OUT 端在计数值减至 0 时发生改变(方式 3 输出的是方波信号,在计数值减到一半时即发生改变),表示一次计数过程完成。

对方式 0 和方式 4,如果不重新设定计数初值,计数器就停止计数过程。方式 1 和方式 5,由 GATE 端的硬件启动信号,开始新一次计数过程。对方式 2 和方式 3,计数值减至 0 后,8253 自动将预置寄存器的计数初值送入减 1 计数器,不断重复计数过程。在计数过程中,写入新的方式控制字,下一个计数过程将按新值进行。

计数过程中,重写预置寄存器,对方式 0 和方式 4,立即从新值重新开始计数。方式 1、方式 2、方式 3 和方式 5,不影响当前计数过程。

计数过程中,GATE 端出现低电平,方式 0 和方式 4 停止计数,GATE 端变高电平后,继续计数。方式 1 和方式 5,在 GATE 端变高电平的上升沿,减 1 计数器重置为预置寄存器的值,重新开始计数过程。方式 2 和方式 3 停止计数,GATE 端变高电平的上升沿,减 1 计数器重置为预置寄存器的值,开始计数过程。

需要注意:处理器写入 8253 的初始计数值时,只是写入了预置寄存器,随后到来的第一个输入脉冲下降沿(需先由低电平变高,再由高变回低),才将预置寄存器的初值送到减

1计数器中。因此,第二个CLK信号的下降沿,计数器才真正开始减1计数。若设置计数初值为N,则从输出指令写计数初值到计数结束,CLK信号的下降沿有N+1个,但从第一个下降沿到最后一个下降沿之间正好又是N个完整的CLK信号。

9.4　8253应用举例

例9-4-1 用8253的两个定时器产生频率为5 K的PWM波形。PWM为脉宽调制的简写,其基本原理是一个频率固定而占空比可变的周期信号。这种信号在控制系统中具有广泛的用途。如D/A变换、电机调速控制等。图9-4-1显示了用8253产生PWM信号的电路示意图。

设置定时器1工作于方式2,频率发生器的OUT1波形如图9-2-4所示,每个周期结束时产生一负脉冲。定时器0工作于方式1,硬件触发一次性计数。在计数过程中OUT0输出保持低电平,通过反相器变为高电平,计数结束成高电平,等待定时器0的下一次触发信号。定时器1确定PWM信号的周期(频率),而定时器0确定PWM信号的高电平时间(占空比)。

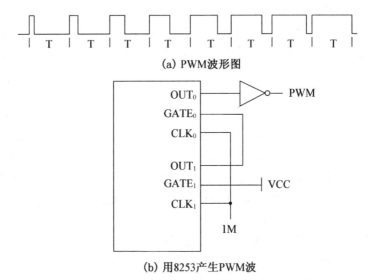

(a) PWM波形图

(b) 用8253产生PWM波

图9-4-1　应用举例

 习　题

1. 什么是定时器,什么是计数器?

2. 定时器/计数器8253各计数器的CLK、GATE信号各有什么作用?

3. 8253通道有几种工作方式? 简述这些工作方式的主要特点。

4. 设8253控制端口地址为8003H,定时器0地址为8000H,定时器1地址为8001H,编程序实现定时器0为方式3(方波),定时器1为方式2(分频),定时器0的输出脉冲作为定时器 1 的时钟输入,CLK0 连接时钟频率为 2 M,要求定时器 1 输出为 1 秒。

5. 8253 的 6 种工作方式。若加到 8253 上的时钟频率为 4 M,则一个计数器最长的定时时间是多少? 若要求 2 秒产生一次定时中断,试提出解决方案,并画出电路原理简图。

6. 频率测定:定时器 0 的输入为 256 K,定时器 1 输入频率不知,编程序实现测量定时器 1 的输入频率。

7. 编写通用程序,实现输出以下频率,假定定时器 0 的输入为 256 K。

音阶　1:65.4;2:130.8;3:196.2;4:261.6;5:327.0;6:392.4;
　　　7:457.8;8:523.2;9:588.6;10:654.0;11:719.4;
　　　12:784.8;13:850.2;14:915.6;15:981.0;16:1046.4。

第十章

串行通信接口

10.1 串行通信基本概念

第七章介绍了数据的并行传送模式。在并行传送时,每一位数据用一根数据线,传输速度快,但为了协调收、发双方同步工作,还需若干根控制信号线。如 8255A 工作模式 1,要附加三根控制线,两根用于与外设同步,一根用于向 CPU 请求中断。而模式 2,需要附加 5 根控制线,因此,并行传输采用通信线较多。并行传输距离短,基本上用于系统内部数据传输,如 CPU 与内存、并行接口芯片 8255A、DMA 控制器 8237A 等之间的数据传送,或短距离外部设备之间的数据通信,如与并口打印机、绘图仪等的连接。串行通信采用的通信线少,相对通信速度慢,但通信距离长,经常用于远距离系统之间通信。由于串行通信连线少,硬件控制相对简单,因此,也常用于一些不需要高速数据传送的应用场合。随着计算机接口技术和数据通信技术的发展,新的串行通信接口不断出现。

一般并行通信强调速度,而串行通信更强调距离。当距离大后,减少通信线数量成为主要问题。所谓串行数据传送,是说所有要传送的信息,都在同一根传输线上传送的方法。因此,在完成通信的过程中只需一根数据线和一根地线(从电回路看也至少要两根线)。为了减少通信线数量,串行数据传送不设专门的控制线,所有的通信控制信号也必须通过这根信号线传送。因此,串行通信与并行通信相比,数据传送和控制相对更复杂。

计算机系统内部为了提高处理速度都采用并行传送。为了实现串行通信,必须进行并行-串行、串行-并行两次数据格式的转换。另外,采用一根信号线逐位传送数据,要求收发双方必须遵守相同的通信约定:

> 约定采用何种数据格式(帧格式)(以及包含的控制信息的定义);
> 通信双方以怎样的速度进行数据的发送和接收(波特率);
> 接收方如何得知数据的开始和结束(帧同步);
> 接收方如何从数据流中正确地判断每一位数据(位同步);
> 接收方如何判断收到数据的正确与否(数据校验);
> 当通信出现错误时,如何处理(出错处理)等。

数字通信双方必须有相同的时钟频率和相位。接收方使时钟脉冲在频率和相位上与发送方保持一致的机制称为同步,实现这种同步的技术称为同步模式。根据在接收方获取同步信号的方法不同,同步模式分为字符同步模式和位同步模式,也称为异步传输模式和同步传输模式。

1. 串行异步通信

串行异步通信协议规定的数据传送格式如图 10-1-1 所示。每个数据帧传送一个字符,它由起始位、数据位、奇偶校验位和停止位等部分组成。两数据帧之间的间隔时间不定,但必须大于约定的最小间隔时间。

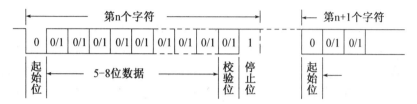

图 10-1-1 异步通信采用的信息格式

(1) 起始位:串行异步通信协议规定,通信线上没有数据传送时,处于逻辑"1"状态。当发送方要发送数据时,首先发出一个逻辑"0"电平信号,称为起始位。接收方检测到这个逻辑"0"电平后,开始准备接收数据位信号。这里,起始位的作用就是使接收方与发送方"同步"。

(2) 数据位:起始位后,紧接着就是数据位。数据位可以有 5、6、7 或 8 位几种格式,传送双方应事先约定。IBM PC 机经常采用 7 位或 8 位数据格式。数据从最低有效位开始发送。

(3) 奇偶校验位:数据位之后,根据事先约定,可以有奇偶校验位,也可以没有校验位,所谓的"无校验"是说不存在该位传送时间(现在还可以约定在校验位发送一个固定的 0、1 或空等)。若有奇偶校验位,双方事先也要约定校验模式,如果选择偶校验,那么数据位和奇偶校验位中逻辑 1 的个数必须是偶数;如果选择奇校验,那么逻辑 1 的个数必须是奇数。

(4) 停止位:在奇偶校验位或数据位(当无奇偶校验时)之后是停止位。停止位表示一个字符数据发送完成,停止位可以设为 1 位、1.5 位或 2 位,实际上 1 位、1.5 位或 2 位的意思是线路上至少要保持发送 1 位数据、1.5 位数据或 2 位数据的时间空闲的逻辑"1"电平才能发送下一个字符帧。停止位规定了异步传输中两个字符帧间的最小的发送时间间隔。

(5) 波特率:传送一位二进制数据的持续时间(宽度)的倒数称波特率。计算公式如下:

波特率＝1/信号持续时间

在串行异步通信中,接收设备和发送设备必须保持相同的传送波特率。

为保证串行异步通信工作正常,通信双方必须预先约定波特率、数据位数、是否带奇偶校验、校验模式以及停止位个数等。

在串行异步通信中,起始位和停止位起着重要的作用,起始位标志着字符的开始,停止位标志着字符的结束。由于串行异步通信采用起始位作为同步信号,接收方在每个起始位进行一次重新定位。由于异步传送每一帧只传送一个字符,数据位数少,只要保证收发双方积累误差不大于一位数据持续时间,就可以正确传输。所以异步传送的发送器和接收器对时钟信号的要求相对较低,双方不必用同一个时钟信号,可以各有各的局部时钟,只要有同一个标称频率即可。

串行异步通信简单,容易实现,但每传送一个字符必须有一个起始位和至少一个停止位,因此效率低。

2. 串行同步通信

串行同步通信与串行异步通信在通信线路物理形式上相同,只是同步模式不同。串行异步通信以字符为最小单位进行同步,而串行同步通信以二进制“位”(bit)为同步单位。它利用数据编码机制,把时钟信息和数据放在一起发送给接收端,以保证每一位的正确性。因此,串行同步通信将传送的报文数据转换为二进制位流。这个二进制位流同样称为“帧”。也就是说,串行同步通信一帧可以传送若干字符。在通信过程中,不能区分出一个个字符。由于同步通信一帧中有许多字符,并且不能区分,为了正确传送,串行同步通信同样需要双方按事先约定的方式发送和接收。在一帧数据接收中的累积误差同样不允许超过1位时间。因此,串行同步通信比串行异步通信对时钟同步要求高得多。串行同步通信同样需要确定通信开始和结束。同步通信中,发送方在一组数据前附加1个或2个特殊的约定代码,称为同步字符,通知接收方数据报文的第一位何时到达。同步通信字符之间不能有间隙,必须以连续的形式发送,每个时钟周期发送一位数据,数据信息后是错误校验字符。接收方在收到同步字符后,按事先约定的长度(5、6、7 或 8 位)从二进制位流中逐个提取字符。根据同步通信采用的同步手段和同步字符的个数不同,有不同的格式结构,如图 10-1-2 所示。具有一个同步字符的叫作单同步格式。有两个同步字符的叫作双同步格式。另外,根据对同步字符检测的模式不同,分内同步与外同步,如图 10-1-2(c)所示。

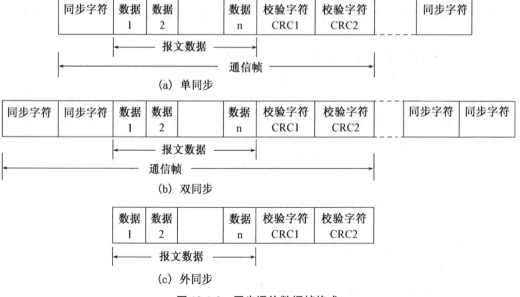

图 10-1-2   同步通信数据帧格式

3. 数字编码

最简单的数字编码是用二电平脉冲序列表示。如图 10-1-3 中不归 0 电平（NRZ）编码,0 和 1 用两种电平一一对应。没有电压的情况,代表二进制的 0,用一个恒定的正电平代表二进制的 1（在通信线路上一般采用负逻辑,因此,更常见的情况是用一个负电平代表二进制数 1）。不归零 1 制（NRZI）是 NRZ 的改进。检测每位数据传送起始时有没有跳变,没有,为 0;若有（无论从低到高,还是从高到低）,都为 1。NRZI 的一个优点是在有噪声的情况下,将信号值与门限值直接比较,检测信号的跳变更为可靠。曼彻斯特编码中,每位数据传送周期的中央都存在一个跳变。下跳代表 0,上跳代表 1。跳变不仅表示数据,还提供了定时机制。差分曼彻斯特编码中央位置的跳变只用于提供定时机制。在每个数据起始时有跳变,表示 0;在数据的起始位置没有跳变,表示 1。由于两种曼彻斯特编码在每位数据传送的中间时刻有一跳变,它恰好代表了发送时钟,接收方可用来进行同步。因此,曼彻斯特编码在串行同步通信中广泛采用。串行同步通信是数字（数据）通信的基础,在这里不再讨论。

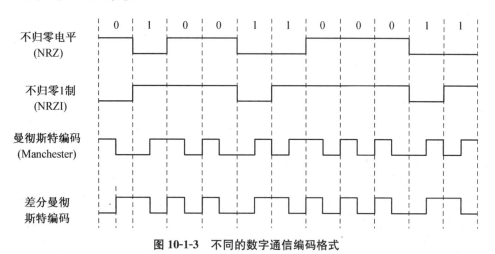

图 10-1-3 不同的数字通信编码格式

4. 传输制式

串行异步通信,按照在同一时刻数据流的方向可分为三种基本传送制式:单工传送、半双工传送和全双工传送,如图 10-1-4 所示。

所谓单工传送是仅支持在一个方向传送数据的模式,从设备 A 传送到设备 B,如图 10-1-4（a）所示。在这种传送模式中,A 只能作为发送方,B 只能作为接收方。

半双工传送支持在设备 A 和设备 B 之间两个方向传送数据,即设备 A 可以发送数据到设备 B,设备 B 也可以发送数据到设备 A,但 A、B 之间仅有一条数据传

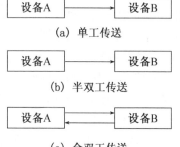

图 10-1-4 三种串行传送方式

送线,如图 10-1-4（b）所示。因此,尽管可以进行两个方向数据传送,但必须在时间上分开（分时）,不能同时传送。

全双工传送支持数据在两个方向同时传送。在设备 A 发送数据到设备 B 的同时,设备 B 也可以发送数据到设备 A,如图 10-1-4(c)所示。因此,全双工传送至少需两条数据线。

5. 传送速率

异步通信的传送速率是指每秒钟传送的二进制位数,也称为波特率。国际上规定了标准波特率系列,最常用的标准波特率是 110 波特、300 波特、600 波特、1 200 波特、1 800 波特、2 400 波特、4 800 波特、9 600 波特和 19 200 波特等。

例如,在某个异步串行通信系统中,假定波特为 9 600,定义传送的格式为 1 位起始位、8 位数据位、无校验位和 1 位停止位,则最多可传送 960 字符/秒。

前面已讲过,串行异步通信时,通信双方根据波特率来确定各自的发送数据时钟和接收数据时钟,并且它们采用各自的时钟源。由于双方时钟频率不一定完全相同,并且一般相位也不会同步,但只要两者在 1 个字符(帧)的传送时间内,误差不超过一位时间,就可以正确通信。由于这个特点,异步串行通信在传输数据量不大的情况下获得了广泛的应用。

10.2　串行通信的校验

由于种种原因,数据传送过程可能出现某些错误,如发出的"1"在接收方变成"0",或发出的"0"在接收方变成"1"。为了防止这种错误的出现,在传送信息中加入一些附加信息,能检测出是否有错误(校验),或当发现有错误时,恢复成正确数据(纠错)。常用的串行通信校验方法有奇偶校验、纵横校验及循环冗余码校验等。

1. 奇偶校验

发送数据时,数据位后增加 1 位奇偶校验位,根据发送数据中"1"的个数,自动将该位置"1"或清"0"。当设置为奇校验时,数据中 1 的个数加校验位之和为奇数个 1;当设置为偶校验时,数据中 1 的个数与校验位之和为偶数个 1。如表 10-2-1 中第一行数字,D7～D0 为发送的数据各位,10110110,C 列为校验位,采用偶校验,因此 C＝1,将 C 一起发送。接收方收到的数据,按同样的设置进行校验,并与 C 位比较(校验),两者相同,传送正确。表 10-2-1 中第七行数字,发送方 D7～D0＝10111100(括号中的数),生成的校验位 C＝1(括号中)。由于传输错误,接收方收到的数据 D7～D0＝10101100,因此 C＝0,发送的校验位与接收数据校验位不同,说明传送过程中出现了差错。若第七行有两位数字错,则在接收方校验仍为正确。因此,奇偶校验可以发现奇数个位的错误,但不能发现偶数个位的错误,并且当发现错误后也不知道哪一位数据错。

2. 纵横校验

所谓纵横校验是指发送方将所发送的数据不仅按字节进行奇偶编码,并且将数据块逐个字节也按位形成一个字节的校验字符,附加到数据块末尾发送。接收方按校验字符生成的算法,对接收到的数据块,包括附加的校验字节进行运算,将所得结果与发送方的"校验和"进行比较。若相同,则无差错,否则有差错。例如,将传送的数据按每 8 个字节为一块,纵向进行奇偶运算,得到校验字节。当有错时,它发生在纵横交叉点上。采用纵横校验,不仅能校验错误,在许多情况下还可以纠正错误。

表 10-2-1 中,$D_7 \sim D_0$ 为发送的数据,C 列为横校验位,数据块中,第 9 字节为纵校验字节。括号中为发送方生成的校验码,不带括号的为接收方校验的结果。从表中可见第 7 个字符在传输过程中出现错误,采用奇偶校验可发现错,但无法确定是哪一位错。采用纵横校验,第 4 列结果不同,表示数据传送中第四列发生错误。因此,可以确定错误发生在交叉点。将交叉点数据取反,即可恢复原数据(纠正错误)。所以纵横校验不仅能校验错误,并且在有些情况下能纠正错误。

表 10-2-1　纵横校验示意

D_7	D_6	D_5	D_4	D_3	D_2	D_1	D_0	C
1	0	1	1	0	1	1	0	(1)　1
1	1	0	0	1	0	0	0	(1)　1
0	1	0	1	0	0	0	0	(0)　0
0	1	1	1	1	0	0	0	(0)　0
1	1	0	0	0	1	0	0	(1)　1
0	1	1	0	1	0	0	1	(0)　0
1	0	1	0(1)	1	1	0	0	(1)　1
1	0	1	0	0	0	0	0	(0)　1
$C_7(1)$ 1	$C_6(1)$ 1	$C_5(1)$ 1	$C_4(0)$ 1	$C_3(0)$ 1	$C_2(1)$ 1	$C_1(1)$ 1	$C_0(1)$ 1	$E(0)$ 1

通信芯片的硬件中一般都带有奇偶校验位,因此,横校验可通过设置由硬件自动完成。纵校验一般要通过程序实现。常用的校验算法是对传输字节进行异或运算。

3. 循环冗余码校验(CRC 校验)

循环冗余码校验是目前一种最常用的,也是最有效的差错检测编码。对一个 k 比特的数据块(或称报文),发送方生成一个 n 比特的序列,称为帧检验序列(FCS),这个序列与原 k 比特的数据块组成一个长度为 k + n 比特的新序列(帧),如图 10-2-1 所示,一起发送。当接收方收到这个 k + n 比特的帧后,进行校验。

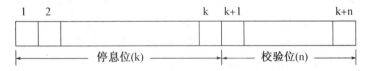

图 10-2-1　循环冗余校验码的报文编码格式

这个特定的多项式称为"生成多项式"。发送方采用数据报文整除生成多项式,得到帧检验序列,附加到发送数据报文之后。这个过程称为"生成"。

接收方对接收到的报文用同样的生成多项式,再次进行整除,这个过程称为"校验"。若除后余数为 0(即能整除),表示接收的数据块正确,否则,表示接收数据有错。上述 CRC 校验只能发现错误,而不能纠正错误。

CRC 校验能够：

(1) 检查出全部一位错；

(2) 能检查出全部离散的二位错；

(3) 能检查出全部奇数个数错；

(4) 能检查出全部长度小于或等于 n 位的突发错(n 为生成多项式的阶次)；

(5) 能以 $1-(1/2)^{n-1}$ 的概率检查出长度为 n+1 位的突发错。

例如，如果 k=16，则该 CRC 校验码能全部检查出小于或等于 16 位长度的突发错，并能以 $1-(1/2)^{n-1}=99.997\%$ 的概率检查出长度为 17 位的突发错，漏检概率为 0.003%。

因此，CRC 校验的校验效率很高，是现代通信技术中使用最多的方法。要达到上述校验效率，生成多项式是关键。常用的生成多项式有：

CRC‑12 $P(x)=x^{12}+x^{11}+x^3+x^2+x^1+x^0$

CRC‑16 $P(x)=x^{16}+x^{15}+x^2+x^0$

CRC‑CCITT $P(x)=x^{16}+x^{12}+x^5+x^0$

CRC‑32 $P(x)=x^{32}+x^{26}+x^{23}+x^{22}+x^{16}+x^{12}+x^{11}+x^{10}+x^8+x^7+x^5$
$+x^4+x^2+x^1+x^0$

CRC 校验可用硬件电路实现，其逻辑如图 10-2-2 所示，其中相加点为异或逻辑，方框为移位寄存器，位数与帧检验序列相同。

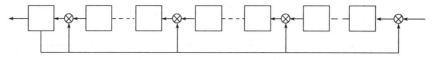

图 10-2-2   CEC 校验逻辑示意

CRC 校验也可比照图 10-2-3，采用软件实现，其中多项式整除采用按位除(不带进位)，即运算过程采用异或、移位操作完成。用程序实现 CRC 校验序列生成的过程如下：

第一步   首先在数据报文后添入与帧检验序列位数相同个数的 0。从数据序列头部开始，与生成多项式进行异或运算。

第二步   根据数据序列最高位的状态，若为 1，进行异或运算；若为 0，不进行异或运算，然后将整个数据报文(连同添加的 0 一起)左移一位，移出的数据自动丢失。

第三步   对剩余的报文继续执行第二步运算和左移过程，直到添加的 0 也经异或运算完成，产生的余数即为生成的 CRC 校验码序列，将它作为报文的添加字节，一起发送。

CRC 校验的计算方法与生成过程中第二、三步相同，直到报文最后一位(连同发送端添加 CRC 校验码序列在内)，若结果余数为 0，表示正确，否则接收到的报文有错。

例 10-2-1   CRC 校验过程。

假定发送数据序列为：1010001101，CRC 生成多项式为：$P(x)=x^5+x^4+x^2+1=110101$

发送数据序列 $\times 2^5$：101000110100000

运算：

101000 110100000

```
⊕  110101                              ;最高位为1,进行异或运算
       011101 110100000
      0 111011 10100000                ;左移一位,首位 0(斜体丢弃)
⊕  110101                              ;最高位仍为1,进行异或运算
       001110 10100000
      0 0111010 100000                 ;左移一位,首位 0(斜体丢弃)
                                       ;最高位为 0,不进行异或运算
      0 111010   100000                ;继续左移一位
    ⊕   110101                         ;最高位为1,进行异或运算
       001111 100000
    00   111110 0000                   ;左移一位,首位 0(斜体丢弃),再左移一位,首位
                                          0(斜体丢弃)
⊕  110101
       001011 0000                     ;同上连续左移两位
    00  101100 00
⊕  110101
       011001 00
      0 110010 0
⊕  110101
       000111 0
      0  0 001110
```

将余数 01110 附在原数据序列中,得发送数据序列 10100011010**01110**

接收校验过程:

```
  101000110101110                      101100110101110
⊕ 110101                             ⊕ 110101
  0111011                              0110011
⊕ 110101                             ⊕ 110101
   00111010                            000110101
   ⊕ 110101                           ⊕ 110101
    00111110                            00000001110
    ⊕ 110101                          有差错
     00101111
     ⊕ 110101
      0110101
      ⊕ 110101
       000000
      没有差错
```

10.3   通用串行接口芯片——8251A

Intel 8251A 是一种通用的可编程同步/异步接收/发送器芯片,能够以单工、半双工或全双工模式进行通信。8251A 还提供了一些基本的控制信号,可以方便地与 MODEM 连接。

在同步模式下,8251A 可以按 5～8 位形式传送字符;可以选择奇校验或偶校验,也可选择无校验(无校验位);支持内同步模式和外同步模式;能自动插入同步字符等。在异步通信模式下,8251A 同样可以按 5～8 位形式传送字符,选择校验模式,设置波特率系数及停止位的位数等。8251A 的内部结构如图 10-3-1(a)所示。

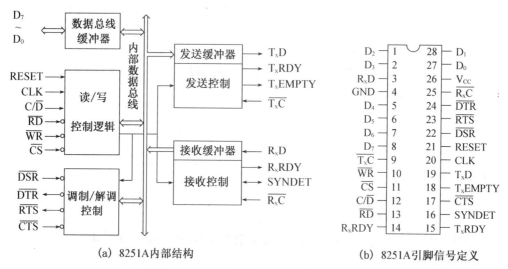

(a) 8251A内部结构   (b) 8251A引脚信号定义

图 10-3-1   8251A 内部结构示意及引脚信号

8251A 为双缓冲锁存结构,发送寄存器和接收寄存器都为双寄存器形式,其中,发送端一个寄存器称为发送(缓冲)寄存器,另一个称为发送移位寄存器。接收端一个寄存器称为接收(缓冲)寄存器,另一个称为接收移位寄存器。

发送时,其中一个发送寄存器将系统数据总线来的并行数据转为串行数据,从 T_xD 脚逐位发出;另一个用来保存下一个要发送的数据。这样,8251A 正在发送数据的同时,就可以接收下一个待发送的数据。

同样接收时,一个接收寄存器接收从 R_xD 脚来的串行数据,并转为并行数据,然后送到接收寄存器,等待 CPU 读取。在 CPU 还未读走该数据时,8251A 就可以接收 R_xD 脚来新的数据。

由于数据的串行发送与接收速度远远低于 CPU 处理速度,采用双缓冲锁存结构,提高了系统效率。由于只有双缓冲锁存,无论是发送还是接收,只能容纳两个数据,当第三个数据到达时,8251A 将会置错误标志,并且丢失最先接收的数据。

10.3.1　8251A 的引脚

8251A 为 28 个引脚双列直插式封装,如图 10-3-1(b)所示,各引脚的功能如下:

➢ T_xD:串行数据发送端,输出。

➢ T_xRDY:发送寄存器就绪信号,输出。$T_xRDY=1$,表示发送寄存器空;$T_xRDY=0$,发送寄存器满。当 $T_xRDY=1$,$T_xEMPTY=1$ 且 $\overline{CTS}=0$ 时,8251A 已做好发送准备,CPU 可以往 8251A 传输下一个数据。当采用中断模式时,该信号作为中断请求信号接 8259A 外部中断输入引脚。当用查询模式时,CPU 可从 8251A 的状态寄存器的 D_0 位检测这个信号,判断发送寄存器的状态。

➢ T_xEMPTY:发送移位寄存器状态信号,输出。$T_xEMPTY=0$,发送移位寄存器满;$T_xEMPTY=1$,发送移位寄存器空。在串行同步通信时,若 CPU 来不及输出新字符,当 $T_xEMPTY=1$,发送器在输出线上自动插入同步字符,以填充传送间隙。

➢ T_xC:发送时钟信号,输入。串行同步模式时,T_xC 的时钟频率等于发送数据的波特率。异步模式时,波特率可以通过软件设置等于 T_xC、T_xC 的 1/16 或 1/64。

➢ R_xD:串行数据接收端,输入。

➢ R_xRDY:接收寄存器满信号,输出。$R_xRDY=1$,表示接收寄存器中有新接收的数据;$R_xRDY=0$,表示接收寄存器空。当 CPU 取走数据后,该标志自动清零。若采用中断模式,该信号作为向 CPU 的中断请求信号(接 8259A 外部中断输入引脚)。若用查询模式,可从 8251A 的状态寄存器 D_1 位检测这个信号。

➢ SYNDET/BRKDET:双功能检测信号,高电平有效,双向信号,只用于同步通信模式。SYNDET 是同步检测信号,该信号既可工作在输入状态,也可工作在输出状态。复位时置为输出。

当 8251A 工作在内同步工作模式时,该信号为输出。当 SYNDET=1 时,表示 8251A 已经监测到所要求的同步字符,已同步。若为双同步格式,该信号在第二个同步字符的最后一位的中间变高,表明已经同步。当进入读操作状态,SYNDET 自动复位。

外同步工作时,该信号为输入。SYNDET 端的上升沿,使接收电路从下一 R_xC 上升沿开始组装数据。当进入"同步"后,SYNDET 高电平可撤消。编程为外同步检测时,内同步检测被禁止。

在异步通信模式时,该引脚定义为 BRKDET(间断检测),输出信号。当接收器持续接到低电平,输出变高,表示接收到对方发来的间断码。在异步通信模式,每接收一个字符帧,必须有一停止位(高电平),可以通过状态字查询该信号状态。

➢ R_xC:接收时钟信号,输入。同步模式时,R_xC 的时钟频率等于数据的波特率。异步模式时,由软件定义接收时钟。波特率可以通过软件设置等于 R_xC、R_xC 的 1/16 或 1/64。

➢ RESET:芯片的复位信号,输入。当该信号处于高电平时,8251A 各寄存器处于复位状态,收、发线路均处于空闲状态。通常该信号与系统的复位线相连。

➢ $\overline{CS}$:片选信号,低电平有效,输入。

➢ $C/\overline{D}$:命令/数据信号,输入。根据 $C/\overline{D}$ 信号是 1 还是 0,区别数据总线上的信息是控制字还是数据。当 $C/\overline{D}=1$ 时,总线上传送的是命令、控制、状态等控制字;当 $C/\overline{D}=0$ 时,总线上传送的是数据信息。$C/\overline{D}$ 一般接系统地址总线的 A0,因此,8251A 在系统中占用两个单元。

➤ $\overline{RD}$、$\overline{WR}$:读、写控制信号,输入,均为低电平有效。

➤ CLK:时钟信号,输入。8251A 内部工作时序信号,与芯片的输入、输出信号无关,但该时钟信号必须高于所设置波特率 30 倍以上。

此外,8251A 还设计了一组用于调制/解调器连接的控制信号:

➤ $\overline{DTR}$:数据终端准备好信号,输出,低电平有效。通常用于 MODEM 控制。

➤ $\overline{DSR}$:数据装置准备好信号,输入,低电平有效。通常用于检测 MODEM 的状态。

➤ $\overline{RTS}$:请求发送信号,输出,低电平有效。通常用作 MODEM 控制信号。

➤ $\overline{CTS}$:清除发送信号,输入,低电平有效,表示接收方做好接收数据的准备,允许 8251A 发送数据。通常用于检测 MODEM 状态。

➤ $\overline{DTR}$,$\overline{DSR}$,$\overline{RTS}$,$\overline{CTS}$ 为两对控制与状态信息。这组信号除了可用来控制调制/解调器工作外,也可根据需要做其他控制目的用。

10.3.2　8251A 的工作模式

8251A 必须通过软件设置后才能正常工作,设置的参数有同步/异步模式、波特率、字符位数、停止位位数、奇/偶/无校验。在同步模式时,还要选择内同步还是外同步字符。图 10-3-2 为 8251A 典型的数据块组成格式。8251A 上电后或复位后进入设置模式状态。紧随模式指令后,都为写入控制指令状态和数据状态。控制指令可在数据块传送的任何时间插入。若要回到模式指令格式,必须对 8251A 复位。可以采用硬件复位模式,也可以通过命令指令中的主复位位,产生一内部复位操作,使 8251A 返回模式指令格式。

$C/\overline{D}=1$	模式指令
$C/\overline{D}=1$	同步字符 1
$C/\overline{D}=1$	同步字符 2
$C/\overline{D}=1$	命令指令
$C/\overline{D}=0$	数据
$C/\overline{D}=1$	命令指令
$C/\overline{D}=0$	数据
$C/\overline{D}=1$	命令指令

仅同步模式

在异步方式时,没有同步字符。
单同步方式时,无第二个同步字符

图 10-3-2　为 8251A 典型的数据块组成格式

1. 异步模式发送

在异步模式下发送数据时,当收到 CPU 来的字符后,8251A 自动添加上一个起始位("0")发送,然后依低位在前的模式发出字符,并根据设定紧跟字符后插入奇校验或偶校验位(若为无校验时,则没有该位),最后是停止位。停止位可定义为 1 位、1.5 位或 2 位。T_xD 发送波特率可设置为发送时钟(T_xC 引脚)频率的 1、1/16 或 1/64。

2. 异步模式接收

异步模式下接收数据时,当检测到 R_xD 上的"0",表示数据开始,按事先约定的波特率,读 R_xD 状态以及校验位,并自动滤除起始位和进行奇偶校验,通知 CPU 接收数据就绪,然后进入等待状态,直到检测到 R_xD 上的下一个起始位,开始接收新字符。接收波特率为接收时钟(R_xC 引脚)频率的 1、1/16 或 1/64。在异步模式下,发送端与接收端有各自的时钟。

异步模式以字符为单位,以起始位作为"同步"信号。其传输过程如图 10-3-3 所示。其中,字符位可以是 5、6、7 或 8 位(bit)。

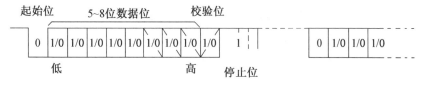

图 10-3-3　异步模式下数据传输过程

3. 同步模式发送

在同步模式时,T_xD 一直保持高电平,直到 8251A 开始发送第一个字符,一般为同步字符(SYNC)。当第一个字符发完,$\overline{CTS}$ 变低。每一 T_xC 的下降沿开始发送一位数据,一旦开始发送,数据必须以 T_xC 的速率连续发送。若 CPU 不能在 8251A 发送完当前数据前提供下一个数据,为了保证收发双方的同步,8251A 自动插入同步字符(若是双同步模式,则每次要插入两个)。在这时,T_xEMPTY 变高,表示 8251A 发送移位寄存器空。只要 CPU 没有新的数据,8251A 一直发送 SYNC。在发送 SYNC 时,T_xEMPTY 保持高。当写入新字符后 T_xEMPTY 复位,如图 10-3-4 所示。

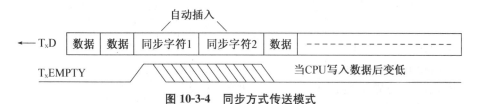

图 10-3-4　同步方式传送模式

4. 同步模式接收

同步字符接收可以采用外同步或内同步模式。若编程为内同步模式,在写第一个命令指令中必须包括进入搜索(ENTER HUNT)命令。随后在 R_xC 脚的上升沿采样 R_xD 脚上的数据。在每接收一位后与接收寄存器中的内容比较,直到与 SYNC 匹配(若为双同步模式,直到两个 SYNC 匹配),退出搜索,进入字符同步状态。SYNDET 脚变高,读状态字后自动复位。

外同步模式,在 SYNDET 施加高电平,使 8251A 退出搜索状态,这个高电平可以在一个 R_xC 周期后撤消。当失去同步时,CPU 可命令 8251A 进入搜索模式。

CPU 送来 5~8 位/字符

数据字符串

组装并由 T_xD 发出的串行数据

同步字符1	同步字符 2	数据字符串

由 R_xD 端接收的串行数据

同步字符 1	同步字符 2	数据字符串

CPU 读取的恢复后的数据

数据字符串

图 10-3-5　同步通信模式

同步模式,由于字符之间没有间隔,在发送端由 8251A 根据设置将数据打包发送。接收端再由 8251A 将各字符拆包恢复。

10.3.3　8251A 控制字及初始化

8251A 有两个控制字：工作模式控制字、操作命令控制字和一个状态字。状态字反映 8251A 的状态。8251A 只有一个命令口（C/$\overline{D}$脚），因此，必须按顺序写入两个控制字。先写工作模式控制字，在写入工作模式控制字后，8251A 一直处于写操作命令控制字状态。8251A 可以随时修改操作命令控制字。将操作命令控制字的 D_6 位（IR）置 1，可回到写工作模式控制字状态。

1. 工作模式控制字

工作模式控制字设置 8251A 工作模式，包括同步模式还是异步模式、每个字符位数、是否带校验、若有是奇校验还是偶校验。此外，异步模式时，还设置停止位的位数和传送速率等。同步模式时，指定双同步还是单同步，内同步还是外同步等。工作模式控制字各位的定义如图 10-3-6 所示。

B_2、B_1 两位有两个作用，一是确定通信模式是同步模式还是异步模式。若是异步通信模式时，确定数据传送速率。例如 ×64 表示时钟频率是发送或接收波特率的 64 倍，×16 表示时钟频率是发送或接收波特率的 16 倍。

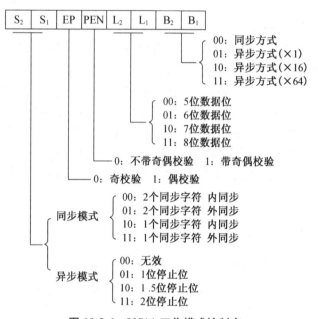

图 10-3-6　8251A 工作模式控制字

S_2、S_1 根据通信模式有不同定义，异步模式时用来指定停止位个数。同步模式时，S_1 确定内同步还是外同步，S_2 确定同步字符个数。

2. 操作命令控制字

操作命令控制字各位的定义如图 10-3-7 所示。

➤ T_xEN、R_xE：分别设置是否允许 T_xD 线向外发送和是否允许 R_xD 线接收外部输入的串行数据。

➤ $\overline{DTR}$、$\overline{RTS}$：启动调制解调控制电路与外设的握手信号。当 8251A 作为接收数据方，并已准备好接收数据时，DTR 位为 1，使$\overline{DTR}$引线端输出有效信号。当 8251A 作为发送数据方并已准备好发送数据时，RTS 位为 1，使$\overline{RTS}$引线端输出有效信号。

➤ SBRK：发送断缺字符值。若 SBRK＝1，T_xD 线上一直发 0 信号，即输出连续的空号；SBRK＝0，恢复正常工作。正常通信时，SBRK 位应为 0。

➤ ER：清除错误标志位。该位是针对状态控制字的 PE、OE、FE（D_3、D_4 和 D_5）位进行操作的。D_3、D_4 和 D_5 位分别表示奇偶错、帧错和溢出错。

➢ EH:同步字符检测允许(异步模式时无意义)。当采用同步工作模式时,若 $R_xE=1$、EH＝1,R_xD 线开始接收数据的同时,接收器开始搜索同步字符的工作,以确定何时接收真正的数据。

➢ IR:内部复位信号。IR＝1,迫使 8251A 复位,使 8251A 回到接收模式,并处于写工作模式控制字状态。

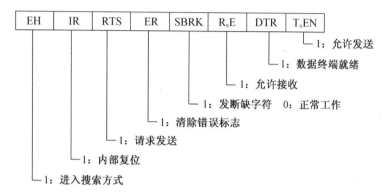

图 10-3-7　8251A 操作命令控制字

3. 状态字

8251A 状态寄存器为只读寄存器。状态字各位所代表的意义如图 10-3-8 所示。

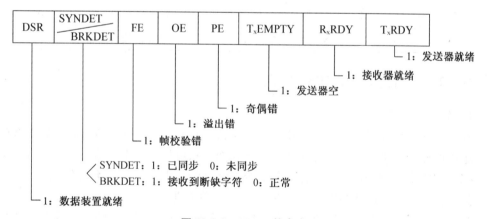

图 10-3-8　8251A 状态字

➢ T_xRDY:发送就绪标志,它与引线 T_xRDY 符号相同,但意义不一样。状态标志位由当前发送寄存器的状态而决定,若为空,T_xRDY＝1;而 T_xRDY 引线端有效(高电平)是在发送寄存器空、操作命令控制字中 T_xEN＝1(允许发送)和外设或调制解调器可以接收下一个数据($\overline{CTS}＝0$)三个条件同时满足的情况下,T_xRDY 引线端才为1。T_xRDY 接 8259A 的某一中断输入引脚,向 CPU 发出中断请求。

➢ R_xRDY:接收数据就绪。它与引线 R_xRDY 符号相同,作用也相同。当 R_xRDY＝1,表明接收缓冲器满。引线端 R_xRDY 为高,也表明接收缓冲器满。此条件可供 CPU 查询,而引线端 R_xRDY 可作为对 CPU 的中断请求信号。

➢ T_xEMPTY 位和 SYNDET/BRKDET 位：与 8251A 的引线端的状态完全相同，可供 CPU 查询。

➢ PE、OE、FE：分别为奇偶错、溢出错和帧校验错标志位。三个标志位可通过操作命令控制字的 ER 位复位。

➢ DSR：数据装置状态。该位反映输入线 $\overline{DSR}$ 是否有效，用来检测调制解调器或外设是否准备好。

4. 数据总线缓冲器

数据总线缓冲器为三态 8 位双向缓冲器，是 8251A 与 CPU 交换数据信息的通道，8251A 的 8 条数据线 $D_7 \sim D_0$ 与系统数据总线相连。所有发送和接收的数据、控制命令、状态信息等均通过数据总线缓冲器。

读/写控制电路接收 CPU 来的控制信号，控制数据在 8251A 内部总线上的传送。$\overline{CS}$、$C/\overline{D}$、$\overline{RD}$ 和 $\overline{WR}$ 信号的操作，见表 10-3-1 所示。

表 10-3-1 8251A 端口操作

$\overline{CS}$	$C/\overline{D}$	$\overline{RD}$	$\overline{WR}$	操作	信息流向
0	0	0	1	读数据	CPU←8251A
0	0	1	0	写数据	CPU→8251A
0	1	0	1	读状态字	CPU←8251A
0	1	1	0	写控制字	CPU→8251A
1	X	X	X	未选中	数据总线高阻态

10.3.4 8251A 的工作过程

1. 发送控制

发送寄存器和接收寄存器是与外设交换信息的通道。发送寄存器由发送数据寄存器和发送数据移位寄存器组成双寄存器，对 CPU 而言只可见一个寄存器。工作过程如下：

CPU 用软件对 8251A 初始化后，将命令控制字的 T_xEN 位置 1，允许发送。

第一步 8251A 接到要发送的数据后，存入发送数据寄存器。

第二步 当数据存入发送数据寄存器后，引脚 T_xRDY 变为低电平，表示发送缓冲器满。同时检查发送数据移位寄存器的状态，若为空，则数据立即传到发送移位寄存器，并且引脚 T_xRDY 变为高电平（发送数据寄存器空），表示 8251A 可以接收下一个数据。（实际上，数据还未发送完成）

第三步 若 8251A 接有调制解调器，初始化后，调制解调器使 8251A 的 $\overline{CTS}$ 脚有效，表示可以接收数据。

第四步 满足以上第二步、第三步条件并且 T_xEN 位为高（处于允许发送的状态）时，8251A 控制发送数据移位寄存器，从数据输出线 T_xD 逐位输出起始位、字符位、校验位、停止位。

第五步 移位寄存器数据发送完毕，若发送数据寄存器非空，则数据立即传入发送移位寄存器,并置 T_xRDY 为高。若发送数据寄存器也为空,置 T_xEMPTY 有效,这时数据才真正发送完成。

2. 接收控制

接收寄存器由接收数据寄存器和接收移位寄存器组成,同样对 CPU 而言只可见一个寄存器。接收数据过程如下:

第一步　当控制命令字的"允许接收"(R_xE)和"数据终端就绪"(DTR 有效)时,接收器开始监视数据输入线 R_xD。

第二步　外设数据从 R_xD 端逐位进入接收移位寄存器,对同步和异步两种模式采用不同的接收过程。

同步模式时,每出现一个数据位就把它移一位,并将移位寄存器中的数据与程序设定的存于同步字符寄存器中的同步字符相比较。若不相等,重复上述过程。一旦找到同步字符,使 SYNDET=1,表示已达到同步。这时,在接收时钟 R_xC 的同步下开始接收数据,R_xD 线上的数据逐位送入移位寄存器,并按规定的位数将它组装成并行数据,送至接收数据寄存器。

异步模式时,当检测到 R_xD 线上的电平由高变低时,认为起始位到达,接收器开始按帧(字符)接收信息并进行校验,删除起始位和停止位,转换为并行数据,送入接收数据寄存器。当接收数据校验错,置 PE 标志,但数据仍送接收数据寄存器。在异步通信模式,当接收帧最后没有收到停止位,则置 FE 标志。

第三步　当接收数据寄存器接收数据后,发出"接收准备就绪"(R_xRDY)信号,通知 CPU。

第四步　当数据送到接收数据寄存器后,接收移位寄存器可开始接收下一个数据。

当接收移位寄存器又接收到一个数据,送入接收数据寄存器时,CPU 还未将前一数据读走,则溢出错(OE)标志置位,并且前一数据"丢失"。

10.4　RS-232C 接口

RS-232C 接口是为了用电话网络进行数据通信而制定的标准。通过调制器将表示逻辑"1"和"0"的高、低电平转换成高和低两个频率在电话网络中传递。在接收端再用解调器把频率变成一系列高、低的电平,以表示"1"和"0"。自 20 世纪 80 年代以来随着微机的发展,微机之间以及微机与一些外部设备的近距离连接也直接采用 RS-232C 接口。

RS-232C 接口采用 EIA 电平。它规定:高电平为 +3 V~+15 V,低电平为 -3 V~-15 V。实际 RS-232C 可承受 ±25 V 的信号电压,应用中常采用 ±12 V 或 ±15 V。此外,要注意 RS-232C 数据线 T_xD 和 R_xD 使用负逻辑,即高电平表示逻辑"0",低电平表示逻辑"1"。联络信号线为正逻辑,高电平有效,为 ON 状态;低电平无效,为 OFF 状态。

由于 RS-232C 的 EIA 电平与微机的逻辑电平(TTL 电平或 CMOS 电平)不兼容,所以两者间必须进行电平转换。传统的转换器件有 MC1488、MAX1488(完成 TTL 电平到 EIA 电平的转换)和 MC1489、MAX1489(完成 EIA 电平到 TTL 电平的转换)等芯片。目前已有更为方便的电平转换芯片,例如 MAX232 等。

1. RS-232C 总线引脚说明

由于 RS-232C 接口最初是为了用电话网络通过调制/解调器进行数据通信而制定的标准,定义了完整的调制/解调器接口控制信号。完整的 RS-232C 标准规定为 25 条连线,采用 25 芯 D 型插座,定义了 21 根信号线。图 10-4-1 为 EIA RS-232C 的标准管脚图。PC 微机利用 RS-232C 口与近距离外设进行数据传送,因此,仅用了其中 9 根信号线,并规定可采用 25 芯和 9 芯两种 D 型插座,其引脚信号定义如图 10-4-2 所示。

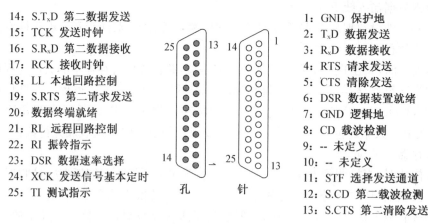

14: S.T$_x$D 第二数据发送
15: TCK 发送时钟
16: S.R$_x$D 第二数据接收
17: RCK 接收时钟
18: LL 本地回路控制
19: S.RTS 第二请求发送
20: 数据终端就绪
21: RL 远程回路控制
22: RI 振铃指示
23: DSR 数据速率选择
24: XCK 发送信号基本定时
25: TI 测试指示

孔   针

1: GND 保护地
2: T$_x$D 数据发送
3: R$_x$D 数据接收
4: RTS 请求发送
5: CTS 清除发送
6: DSR 数据装置就绪
7: GND 逻辑地
8: CD 载波检测
9: -- 未定义
10: -- 未定义
11: STF 选择发送通道
12: S.CD 第二载波检测
13: S.CTS 第二清除发送

图 10-4-1 标准 RS-232C 接口引脚定义

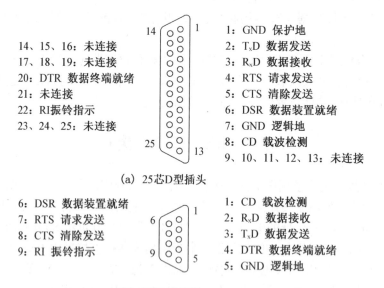

14、15、16:未连接
17、18、19:未连接
20:DTR 数据终端就绪
21:未连接
22:RI 振铃指示
23、24、25:未连接

1: GND 保护地
2: T$_x$D 数据发送
3: R$_x$D 数据接收
4: RTS 请求发送
5: CTS 清除发送
6: DSR 数据装置就绪
7: GND 逻辑地
8: CD 载波检测
9、10、11、12、13:未连接

(a) 25芯D型插头

6:DSR 数据装置就绪
7:RTS 请求发送
8:CTS 清除发送
9:RI 振铃指示

1: CD 载波检测
2: R$_x$D 数据接收
3: T$_x$D 数据发送
4: DTR 数据终端就绪
5: GND 逻辑地

(b) 9芯D型插头

图 10-4-2 PC 机串行口引脚定义

➤ T$_x$D:发送数据线,输出。

➤ R$_x$D:接收数据线,输入。

➤ RTS:请求发送信号,输出,高电平有效。RTS=1,表示终端要向 MODEM 或其他通信设备发送数据。

➢ CTS:清除发送信号,输入,高电平有效。当MODEM或外设准备好接收数据时CTS＝1,通知终端可以开始发送数据,也可以认为是对请求发送信号RTS的回答信号。

➢ DTR:数据终端准备就绪信号,输出,高电平有效。DTR＝1,表示终端已准备好接收来自MODEM或其他设备的数据。

➢ DSR:数据装置准备就绪信号。输入,高电平有效,表示MODEM或其他设备准备好发送数据,实际上是对DTR的回答信号。

➢ CD:载波信号检测,输出。高电平有效CD＝1,表示MODEM已接收到通信线路另一端MODEM送来的信号。

➢ RI:振铃指示,输入,高电平有效。RI＝1,表明MODEM收到了交换台送来的振铃信号,用来通知终端。

➢ GND:地线。

其中仅T_xD、R_xD用来发送和接收数据,地线用来构成信号回路外,其他信号线都用作通信状态和控制。根据不同的通信约定,RS－232C可以有不同的连线方式,图10-4-3为计算机中常见的RS－232C接口的几种互连模式。如图中(a)除了数据发送线、数据接收线和地线外,还用了4根控制线,(b)将请求发送与清除发送线短接,因此只需5根线。请求发送与清除发送线短接实际意义是表示接收方永远就绪。(c)进一步如果认为数据终端永远就绪,可以将6与20短接,只需三根线就可以实现双工通信。上面几种连线方式在过去的设备连接中常见。由于(c)连线最少,所以是现在最常用的连线模式。由于发送方不管接收方的状态,因此,要求接收方自动跟随发送方接收数据。

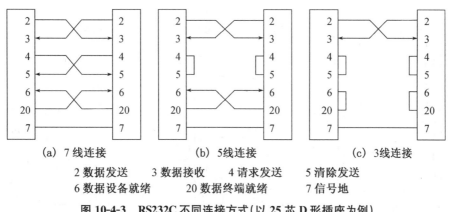

(a) 7线连接　　　(b) 5线连接　　　(c) 3线连接

2 数据发送　　3 数据接收　　4 请求发送　　5 清除发送
6 数据设备就绪　　20 数据终端就绪　　7 信号地

图 10-4-3　RS232C 不同连接方式(以 25 芯 D 形插座为例)

2. RS－232C 接口的电气特性

数字电路和计算机内部接口芯片中大部分为TTL或CMOS电平,而RS－232C为两台设备或计算机与外部设备的接口电路。为了实现较远距离的数据传送,提高传送数据的可靠性,RS－232C定义了较宽的工作电平范围并规定采用负逻辑。电压范围可达±25 V。在实际应用中,常用±12 V或±15 V电平。

8251A输出信号为TTL电平,与RS－232C定义不同,并且驱动能力小,要外接电平转换和驱动接口电路。早期常用的RS－232C接口芯片有通用的1488线驱动器和1489线接收器,图10-4-4为MAXIM公司的1488和1489芯片。

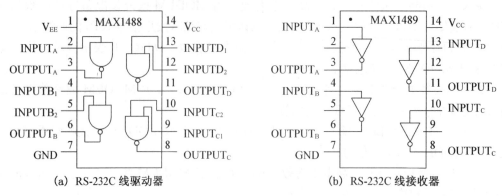

(a) RS-232C 线驱动器　　　　　　　　　(b) RS-232C 线接收器

图 10-4-4　RS‐232C 线驱动器和线接收器

　　每一 1488 芯片有 4 路独立的驱动器,1489 芯片有 4 路独立的接收器。MAX1488 的 V_{EE} 外接电压不低于 − 14 V, V_{CC} 外接电压不高于 + 14 V,输出电平可达 ± 12 V。 MAX1489 V_{CC} 外接电压不高于 + 7 V,但接收端可承受超过 ± 12 V 的电压。1488、1489 为早期的线驱动器和线接收器,每一芯片中有四个独立的发送器、接收器。为实现双向数 据传输,通信双方各需要一片 1488 和一片 1489。在不需要握手信号时,如图 10-4-3(c) 所示,不能充分利用芯片资源。此外 1488 芯片还要专门的正、负驱动电源,因此,在有些 应用中使用不便。目前常用的 RS‐232C 接口芯片还有 MAX232E 芯片等,如图 10-4-5 所示。

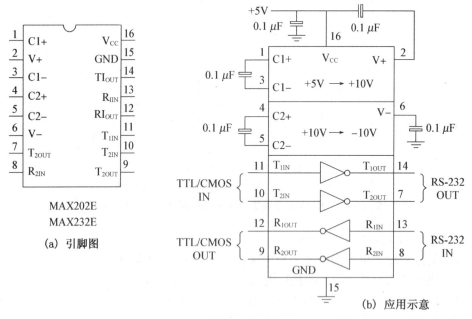

(a) 引脚图　　　　　　　　　　　　　　　(b) 应用示意

图 10-4-5　MAX232E 芯片

　　MAX232E 芯片内集成了两路发送器和两路接收器,片内还集成了电源倍压电路和 负电源产生电路,只需单 + 5 V 电源供电。通信双方各只需一片 MAX232E 芯片。

10.5 RS－423A、RS－422A、RS－485 接口

RS－232C 接口标准是最早的数据通信接口协议,采用单端驱动模式,信号的参考点为公共地线,如图 10-5-1 所示。当通信双方的地电位不同时,就有可能发生通信失败。为此 EIA RS－232C 标准定义了较高的电平范围,标准规定保证的通信距离为 50 英尺(约 16.7 米)。为了克服 RS－232C 的缺点,又产生了 RS－423A、RS－422A 和 RS－485 等串行通信标准协议。

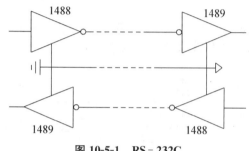

图 10-5-1 RS－232C

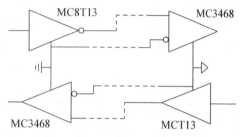

图 10-5-2 RS－423A 接口驱动逻辑

RS－423A 是对 RS－232C 接口的改进。它的发送端仍采用单端模式,而接收端采用差分模式,如图 10-5-2 所示。当采用差分接收,提高了系统抗干扰能力。因此,RS－423A 提高了通信速度和通信距离,但增加了通信线根数。实现全双工通信,要 5 根通信线。

RS－422A 标准规定了差分平衡式电气接口,如图 10-5-3 所示。收发两端均采用差分模式,取消了收发双方的公共参考点(地线),抗共模干扰的能力进一步提高。传送电平降为 5 V,并进一步提高了通信速度和通信距离。用 RS－422A 实现全双工通信,要 4 根通信线。

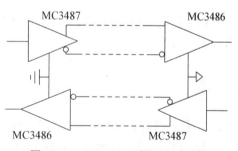

图 10-5-3 RS－422A 接口驱动逻辑

RS－232C、RS－423A、RS－422A 通信协议均可以实现全双工通信,它们还有一个共同的特点,一个发送器对应一个接收器,即点对点通信。因此,如果有三个点要求相互通信,就需要 6 个发送器和 6 个接收器。若系统中要求相互通信的点更多时,发送器和接收器的数量迅速增加。

RS－485 是为克服这个问题而提出的一种通信标准。它是一种总线式通信协议,如图 10-5-4 所示。它将同一节点的输出反接到输入端,组成一回路,因此,只需两根线就可以实现双向通信。但同一时刻,如果有两个节点同时发送数据,则会发生冲突,因此,是半双工通信。采用 RS－485 协议,若要增加通信点,只需要将收发器挂到通信总线上就可以。在 RS－485 总线上,任一时间只能有一个发送器处于发送状态。其他收发器均处于

接收状态。图 10-5-5 为 MAX485E 芯片及
应用示意。(a)为 MAX485 芯片引脚,(b)为
应用示例。A,B 为平衡式数据通信总线接
口,其中 A 为同相端,B 为反相端。RO 为串
行数据接收端,输出,它与 8251A 的 R_xD 脚
连接。DI 为串行数据发送端,输入,与
8251A 的 R_xD 脚连接。MAX485 具有三态
输出功能,$\overline{RE}$ 为接收使能端,当 $\overline{RE}$ 为高,RO
为高阻态,DE 为发送器输出使能端,当 DE

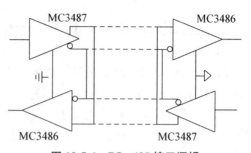

图 10-5-4　RS‑485 接口逻辑

为低时,发送器输出为高阻态(断开)。图 10-5-5(b)中的电阻 R_t 为终端匹配电阻,用来吸
收总线上的能量(只需要在总线两端的节点加,其他节点不需要,也不能加)。

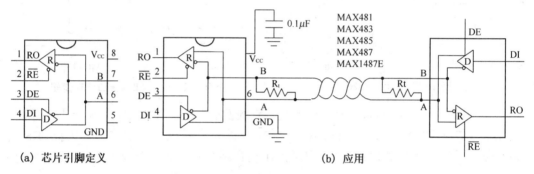

(a) 芯片引脚定义　　　　　　　　　　　　　　　(b) 应用

图 10-5-5　MAX485 芯片引脚及应用

　　根据芯片的功率消耗、通信速度等,RS‑232C、RS‑485、RS‑422A、RS‑423A 芯片
都有许多可选型号。

　　1. 串行通信有什么特点? 与并行通信的主要区别是什么?

　　2. 试说明 8251A 的模式选择命令字、工作命令字和工作状态字的格式与含义,以及
它们之间的关系。在对 8251A 进行编程时,应按什么顺序向它的命令口写入控制字?

　　3. 若 8251A 采用如下模式工作:串行异步传送,数据格式为 1 位起始位,7 位数据
位,1 位奇校验和 2 位停止位,允许发送和接收。试写出初始化程序段(设芯片地址为
A000H)。

　　4. 在异步通信中,为什么要使接收端的采样频率是传输波特率的若干倍(如 16 倍,
64 倍)? 异步通信如何保证通信正确性?

　　5. 8251A 和 CPU 之间有哪些连接信号? 各有什么作用?

　　6. 异步通信中,紧跟在起始位后面的是数据的最低位还是最高位? 起始位和停止位
分别是什么电平?

　　7. RS‑232C 总线的逻辑电平是如何定义的? 使用 RS‑232C 总线应注意什么

问题？

8. RS-422A，RS-485 标准有何区别。

9. 设异步通信一帧字符有 8 个数据位，无校验，1 位停止位，若波特率为 9600，则每秒最多能传送多少字符？

第十一章

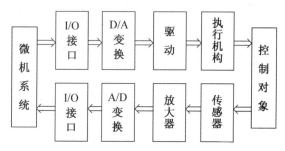 数模变换和模数变换

所谓数模（D/A）和模数（A/D）变换是指模拟量与数字量之间的转换过程，它是计算机系统很重要的一种接口电路，在现代计算机检测和控制系统中有广泛的应用。图 11-0-1 所示的是典型的计算机控制系统结构。在工业生产过程中，为了稳定生产，必须对生产过程的压力、流量、速度、温度等进行检测和控制。它们都是非电类的物理量，并且它们都具有连续性的特点。若要用计算机进行检测和控制，必须先用各种传感器将

图 11-0-1　计算机控制系统示意

这些非电类物理量转换成电量信号，再经过标准化调理后（滤波、放大、整形），成为统一规格的电信号。这样的电信号（可以是电压，也可以是电流）称为模拟信号。模拟信号再通过模数转换电路，转换成数字信号才能被数字计算机所接受和处理。而计算机处理后的结果仍是数字信号，同样不能直接作用于控制对象上，必须再转化为模拟信号，才能施加到控制对象上。数字信号转化为模拟信号的过程称为数模变换。

11.1　DAC（数模变换）原理

1. 加权电流法

加权电流法 D/A 变换原理如图 11-1-1 所示。图中运算放大器接成典型的比例运算形式，V_{ref} 为某一基准（精密）电压源，图中有四个开关，它们受 $b_3 \sim b_0$ 状态控制，当 $b_i = 1$ 时，电阻接基准电压，当 $b_i = 0$ 时，电阻接地。在模拟电路课程中，我们已知，当图中开关都接电源时，输出电压 V_{out} 与 V_{ref} 之间有：

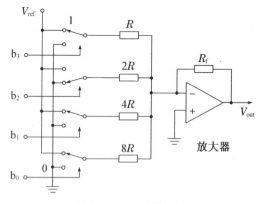

图 11-1-1　加权电流法

$$V_{\text{out}} = - R_{\text{f}} \left(\frac{1}{R} + \frac{1}{2R} + \frac{1}{4R} + \frac{1}{8R} \right) V_{\text{ref}} \qquad (11\text{-}1\text{-}1)$$

如果电阻值如图中所示,并且 $R_{\text{f}} = R$,则式(11-1-1)成为

$$V_{\text{out}} = - \left(1 + \frac{1}{2} + \frac{1}{4} + \frac{1}{8} \right) V_{\text{ref}} \qquad (11\text{-}1\text{-}2)$$

即输出电压与参考电压 V_{ref} 成二进制比例关系。输出电压大小由开关状态确定,图 11-1-1 中,开关有 16 种状态组合,因此,共有 16 种不同的电压输出值。若采用更多的开关,配以上述比例的电阻,则可以有更多的不同电压的输出。比如八个开关,有 2^8 种组合,有 256 个电压等级。

这种方法输出的模拟电压的值,除了要求参考电压 V_{ref} 精确外,还与电阻的比例关系严重相关。为了保证输出电压精确,要求网络中电阻值有精确的比例关系。开关越多,电阻种类越多,并且阻值范围很大,很难做到高精度比例关系,因此,这种方法实际上很少采用。

2. 梯形网络法

梯形网络法通过改变电阻网络的结构来减少电阻的种类,如图 11-1-2 所示。电阻网络的一个输出端(如 I_{o1})接运算放大器的输入,另一个输出端(如 I_{o2})接地。

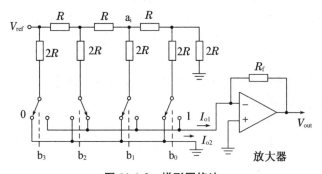

图 11-1-2 梯形网络法

从电阻网络中的任意一节点,比如 a_i 看,它与前一节点的阻抗均为 $R:R$,因此,从右到左,每一个节点的电位均是它前一节点的 $1/2$。网络中所用电阻只有两种(R 和 $2R$),因此,这种电阻网络的精度可以做得很高,是 DAC 和 ADC 中最常用的变换方法。

11.2 D/A 变换器的主要性能指标

1. 分辨率

D/A 变换器的分辨率是指输入数据最低有效位(LSB)发生变化时,对应的输出的变化量,即 DAC 最小的输出当量。分辨率通常用二进制位数表示,如分辨率为 8 位的 DAC 能给出满量程电压的 1/256 的分辨能力,若 $V_{\text{ref}} = 10 \text{ V}$,则分辨率为 $10 \text{ V}/256 \approx 39 \text{ mV}$,12 位的 DAC 能给出满量程电压的 1/4 096 的分辨能力,分辨率为 $10 \text{ V}/4 096 \approx 3 \text{ mV}$。D/A 变换器的位数越多,分辨率越高。

2. 精度

D/A 变换器的精度是指实际输出值与理论输出值之间存在的最大偏差,它表明 D/A 变换器的精确程度。影响精度的原因有失调误差、增益误差、线性误差和微分线性误差等。

失调误差:当输入数字量全部为 0 时,D/A 变换器理论输出值应为 0,但它的实际输出不等于 0,而是为一很小的电压值,这个与理论输出值之间的偏差称为失调误差。失调误差可通过外部调整电路进行补偿。例如假定 D/A 变换器输出范围为 0~10 V,当输入数字量为 0 时,输出应等于 0 V,它可以通过调零电路来消除。

➢ 增益误差:当输入数字量全部为 1 时,D/A 变换器的实际输出值与理论输出值之间的偏差。增益误差也可通过外部调整电路进行补偿。

➢ 线性误差:理论上 D/A 变换器输入从全 0 到全 1 时,输出应是以分辨率为台阶的一条阶梯形直线。线性误差是指实际输出与理想输出之间的最大偏差,一般要求小于 1/2 LSB。

➢ 线性误差 = (|实际值 - 理想值|)/分辨率。

➢ 微分线性误差:理论上,任何两个相邻的数字量所对应的输出值之差等于 1 LSB,实际上由于误差的存在,它们并不都等于 1 LSB,而是有的大于 1 LSB,有的小于 1 LSB。微分线性误差指的是变换器输入从全 0 到全 1 变化时,出现的这种偏差的最大值。

➢ 量化误差:D/A 变换器分辨率的 1/2 所对应的电压。

3. 建立时间

指从 D/A 变换器输入数字量开始,到 D/A 输出端达到稳定值所需要的时间。它反映了 D/A 变换器的速度。

4. 温度系数

温度系数是指在规定的温度范围内,温度每变化 1 ℃时,失调、增益、线性度等参数的变化量。

芯片手册上给出的各种标准参数都是在 25 ℃标准下测定的。

11.3 DAC0832 简介及应用

11.3.1 DAC0832 结构及引脚信号

DAC0832 是采用 CMOS 工艺制成的 8 位分辨率的 D/A 变换器。其特点为:

(1) 电流输出型 D/A 变换器;

(2) 数字量输入具有双缓冲功能,且可有双缓冲、单缓冲或直通三种工作方式;

(3) 输入数据的逻辑电平满足 TTL 电平规范;

(4) 与微处理器可直接接口;

(5) 分辨率为 8 位,满量程误差为 1 LSB,转换时间(建立时间)1 μs,参考电压 10 V。单电源 + 5 V~ + 15 V 工作,功耗 20 mW。

DAC0832 的内部结构和外部引脚分别如图 11-3-1(a)和(b)所示。DAC0832 内部由二级缓冲寄存器(一个 8 位输入寄存器和一个 8 位 DAC 寄存器)和一个 D/A 变换器(T 型电阻解码网络及变换控制电路)组成。二级缓冲寄存器可以分别选通,从而使 DAC0832 实现双缓冲工作方式,即从 CPU 来的数据先写入输入寄存器,在需要进行转换时,再将它送到 DAC 寄存器并转换成模拟量输出。这种工作方式称为双缓冲工作方式。

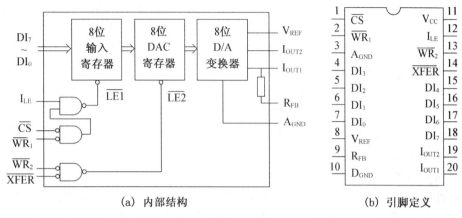

(a) 内部结构　　　　　　　　　　　　　(b) 引脚定义

图 11-3-1　DAC0832 内部结构与引脚图

DAC0832 的引脚如图 11-3-1(b)所示,引脚定义如下:

➢ I_{LE}:输入锁存器允许信号,输入,高电平有效。

➢ $\overline{CS}$:片选信号,输入,低电平有效。它和输入锁存允许信号 I_{LE} 共同确定数据写入 8 位输入寄存器的条件。

➢ $\overline{WR_1}$:8 位输入寄存器写信号,输入,低电平有效。由 I_{LE}、$\overline{CS}$ 和 $\overline{WR_1}$ 逻辑组合,产生输入寄存器控制信号 LE_1。当 LE_1 为低电平时,输入寄存器的内容跟随数据线的变化;当 LE_1 为高时,将数据锁存到输入寄存器,此时数据线的变化不再影响寄存器。

➢ $\overline{XFER}$:数据传送信号,输入,低电平有效。

➢ $\overline{WR_2}$:DAC 寄存器写信号,输入,低电平有效。$\overline{XFER}$ 和 $\overline{WR_2}$ 逻辑组合产生 DAC 寄存器的锁存信号 $\overline{LE_2}$。当 $\overline{LE_2}$ 为低时,输入寄存器数据送入 DAC 寄存器,并开始 D/A 转换。$\overline{LE_2}$ 为高,锁存 DAC 寄存器。

➢ V_{REF}:基准电源输入端,它实际上就是 D/A 变换器电阻网络参考电压。

➢ R_{FB}:反馈信号输入端。它是外接电流-电压变换器的反馈端,DAC0832 片内集成了反馈电阻 R_f。

➢ I_{OUT1}:电流输出 1 端(接外部电流-电压变换器的反相端)。电路值随 DAC 寄存器内容线性变化。当输入数据全为 0 时,I_{OUT1} 等于 0;当输入数据全为 1 时,I_{OUT1} 等于最大值。

➢ I_{OUT2}:电流输出端 2,通常接地。$I_{OUT1} + I_{OUT2}$ = 常数。

➢ V_{CC}:电源输入端。

➢ A_{GND}:模拟信号接地端。

➢ D_{GND}:数字信号接地端。

11.3.2 DAC0832 的工作方式

1. 双缓冲工作方式

双缓冲工作方式是指两个寄存器分别受到控制,当 I_{LE}、$\overline{CS}$ 和 $\overline{WR_1}$ 信号均有效时,8 位数字量写入输入寄存器,而未写入 DAC 寄存器。当 $\overline{XFER}$ 和 $\overline{WR_2}$ 信号均有效时,才将输入寄存器的数据写入 DAC 寄存器,并开始 D/A 转换。双缓冲工作方式主要用于需要多路同步输出的情况。比如要产生三个相同频率,并且相位有严格要求的正弦信号。

2. 单缓冲工作方式

单缓冲工作方式是指将一个寄存器的有关控制信号预先设置成永远有效,使之直通,而只对另一个寄存器控制,完成 D/A 转换;或将两个寄存器的控制信号连在一起,将两个寄存器作为一个来使用。这种工作方式,控制相对简单,如果各个 D/A 输出没有严格的时间要求,常用这种工作方式。

3. 直通工作方式

直通工作方式是指两个寄存器的有关控制信号都设置为永远有效,两个寄存器都处于直通状态,只要数字量送到输入端,就立即开始 D/A 转换。此时,只要输入数字量发生变化,输出就会变化。实际上很少使用这种工作方式。

4. 单极性和双极性电压输出

DAC0832 是电流输出型 D/A 转换器,负载能力很小。需外加 I/V 转换电路产生模拟电压,如图 11-3-2 所示。图(a)为单极性电压输出电路,其原理可参考图 11-1-2。图(b)为双极性电压输出电路,由两级运算放大器组成模拟电压输出电路。

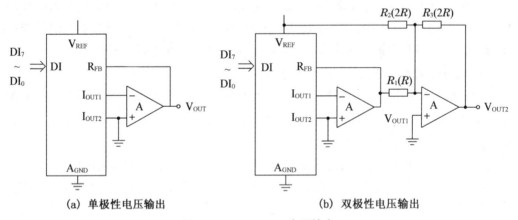

(a) 单极性电压输出   (b) 双极性电压输出

图 11-3-2 DAC0832 电压输出

(1) 单极性输出电路输出电压为

$$V_{OUT} = -I_{OUT} \times R_{fb} = -(V_{REF}/R) \times (D/2^8) \times R_{fb} = -V_{REF} \times (D/256)$$

(反馈电阻阻抗与电阻网络阻抗相同)

$$V_{OUT} = -(D/256) \times V_{REF}$$

因为 I_{OUT1} 接运算放大器的反相输入端,所以式中有一个负号。如果基准电压 V_{REF} = -5 V,当输入 0~255 时,图(a)的输出电压为 0~4.98 V。

（2）双极性输出电路的输出电压：

选择 $R_2 = R_3 = 2R_1$，可以得到

$V_{OUT2} = -(2V_{OUT1} + V_{REF}) = -\{-2 \times [(D/256) \times V_{REF}] + V_{REF}\} = [(D - 128)/128]V_{REF}$

$V_{OUT2} = (D - 128)/128 \times V_{REF}$

在上面的电路中，如果基准电压 $V_{REF} = 5V$，当 $D = 0$ 时，V_{OUT2} 的电压为 -5 V；当 $D = 128$ 时，V_{OUT2} 的电压为 0 V；当 $D = 255$ 时，V_{OUT2} 的电压为 $+4.96$ V。

> **注意**：若要求当输入从小到大变化，输出电压也从低到高变化，对单运放 I/V 变化，V_{ref} 应接负电源；而双极性输出，V_{ref} 应接正电源。为了得到稳定和准确的输出电压，基准电压 V_{ref} 要采用精密压电源。

11.3.3 DAC0832 与微机系统的连接

DAC0832 与 8088 芯片的接口电路如图 11-3-3 所示。

DAC0832 没有地址线，用片选信号和数据传送信号区别对两个寄存器的操作。当各路 D/A 转换器之间没有严格的时间关系时，采用单缓冲的工作方式。将两个寄存器的控制信号 $\overline{WR_1}$ 和 $\overline{WR_2}$ 连在一起，同时将片选信号 $\overline{CS}$ 和数据传送信号 $\overline{XFER}$ 连在一起。某某几路 D/A 转换器之间有严格的时间关系时，$\overline{CS}$ 作为各片的片选，各片的 $\overline{XFER}$ 连接在一起，用另一片选，同时选通启动 D/A 转换。

基准电压为 -12 V 时，DAC0832 的

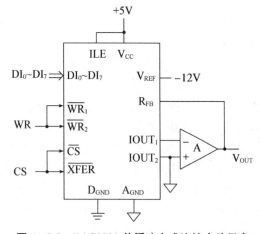

图 11-3-3　DAC0832 单缓冲方式连接电路示意

满量程输出电压为 $+12$ V，若采用 -10 V 基准电压，满量程输出电压变为 $+10$ V。图中数字地与模拟地分别连接，目的是防止数字信号地上的噪声影响模拟（连续）输出。当要求不高时也可直接连接。一般要求地线尽量宽，以防地电流干扰。

11.4　A/D 变换原理

1. 计数器式 A/D 变换器

计数器式 A/D 变换器原理如图 11-4-1(a)所示。计数器的输出作为数模变换器的输入。计数器由零开始计数，随着计数值的增大，D/A 变换器输出一个逐步升起的梯形电压，如图 11-4-1(b)所示，未知的模拟电压和 D/A 变换器的输出电压分别接到比较器的两个输入端，如图 11-4-1(a)所示。当 D/A 变换器的输出电压低于未知模拟电压时，比较器

输出保持高电平;随着计数值的增加,D/A变换器的输出电压不断升高,直到超过模拟电压,比较器输出变为低电平。该信号停止计数器的计数,同时作为变换结束信号。此时,D/A变换器的输出电压就是未知模拟电压的近似值,误差在1LSB内,计数器的值即为模拟电压的数字值。

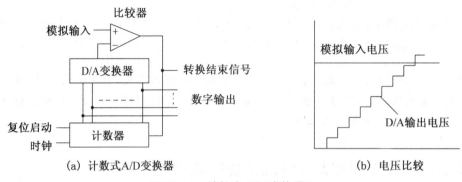

图 11-4-1 计数式 A/D 变换原理

计数器式 A/D 变换器原理简单,但每次都要从"0"开始计数,并且转换时间与输入未知电压相关。

2. 逐次逼近式 A/D 变换器

图 11-4-2 所示为逐次逼近式 A/D 变换器,它的基本结构与计数器式 A/D 变换器十分相像,只是转换结束信号不是取自比较器输出,并且用寄存器代替计数器。变换开始时,将寄存器清 0。然后,首先将寄存器的最高位(即 D/A 变换器的最高位)置 1,D/A 输出为满量程电压的 1/2。用它与被测的模拟输入电压比较,如果 D/A 输出"低于"模拟电压,比较器输出为高,则寄存器最高位"1"被保留;如果 D/A 输出"高于"模拟电压,比较器输出为低,则寄存器最高位清"0"。然后将寄存器的次高位置"1",相当于在上次比较结果的基础上加上满量程电压的 1/4(此时根据上次结果 D/A 有两种输出电压,满量程的 3/4 或满量程的 1/4)。再次比较,决定保留本位"1",还是清"0",……逐位进行比较,直至最低位。此时,寄存器中的数值就是 A/D 转换的结果。

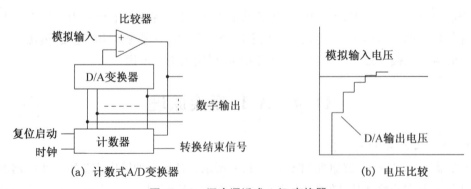

图 11-4-2 逐次逼近式 A/D 变换器

计数器式和逐次逼近式都属于反馈比较型 A/D 变换器。计数器式采用以最低位为增量单位的逐步计数法,而逐次逼近式采用从最高位开始的逐位试探法。对 n 位 A/D 变换器来讲,逐次逼近式只要 n 次比较,就可完成转换。而计数器式的比较次数不固定,最多可能需要 2^n 次计数,平均要 2^{n-1} 次,相对速度较慢。当然,逐次逼近式是 A/D,内部结构也相对复杂些。逐次逼近式是 A/D 变换器的主流产品。

3. 双积分式 A/D 变换器

双积分式 A/D 变换器的转换过程分为两个积分阶段:① 固定积分时间对输入模拟电压 V_{IN} 进行积分阶段;② 固定斜率对反极性的标准电压 V_{REF} 进行积分阶段,参见图 11-4-3(b)。每次转换开始时,控制逻辑使开关接向 I_{IN} 端。I_{IN} 是电压/电流变换器的输出电流,它正比于输入电压 V_{IN}。此电流使积分电容器的两电极右正左负地被充电,积分电路的输出电压 V_C 逐渐升高。此正斜率持续一个固定时间 T_1 后,控制逻辑使开关接向基准电流 I_{REF} 输出端,计数器重新开始对时钟计数 T_2。I_{REF} 是参考电压 V_{REF} 经电压/电流变换后的输出,它的大小是固定的。V_{REF} 极性与 V_{IN} 的极性相反,故 I_{REF} 是反向充电电流,即积分电容的放电电流。当电容电压 V_C 越过零点时,比较器的输出改变,使计数器停止计数。这时计数器的计数值与模拟输入电压的幅值成正比,就是输入电压的数字量。

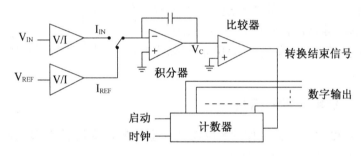

(a) 双斜率积分式A/D变换器

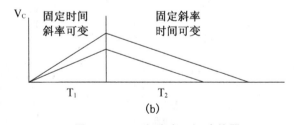

(b)

图 11-4-3　双积分式 A/D 变换器

双积分式 A/D 变换器不用 D/A 变换器,不需要高精度电阻网络,可以相对低的成本实现高分辨率。此外,双积分式 A/D 变换器的实质是电压/时间变换过程,测量的输入电压是在一定时间内的平均值,所以对常态干扰有很强的抑制作用,尤其对正负波形对称的干扰信号,如交流干扰信号,抑制效果更好。但是,二次积分过程使它的转换时间较长。一般每秒转换次数为几十次。

4. 并行式 A/D 变换器

并行式 A/D 变换器采用直接比较法。参考电压 V_{REF} 经电阻分压器直接给出 $2^N - 1$

个量化电平。转换器需要 $2^N - 1$ 个比较器,每个比较器的一端接某一级量化电平。输入电压 V_{IN},同时送到比较器的另一端,$2^N - 1$ 个比较器同时比较,比较结果由编码器编成 N 位数字码。图 11-4-4 为三位输出的并行式 A/D 变换器示意图。

由于各个比较器参考量化电平总是存在的,转换时间仅仅是比较器和编码器的延迟时间,因此,转换速度极快。N 位转换器需要 2^N 个电阻和 $2^N - 1$ 个比较器,而且每增加 1 位输出,比较器和电阻网络的数目就要增加一倍,编码电路更复杂。因此,这种 A/D 变换器的成本随分辨率的提高而迅速增加。其工作速度能达上百兆,而精度相对较低,如 6 位、8 位、10 位二进制。

上面介绍了常见的 A/D 变换器的原理。逐次比较法速度较快,有许多不同精度的产品,价格较高。双积分式 A/D 变换器可在较高精度上,保持低的价格,抗干扰性能好,但速度较低,在不要求高速度的某些仪器仪表(如数字万用表、数字面板表等)上广泛采用;而并行 A/D 变换器,其速度极高,在高速应用场合(如实时图像采集等)获得应用。

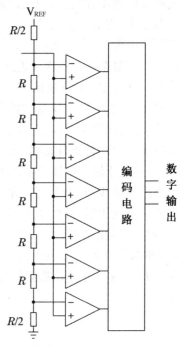

图 11-4-4　并行式 A/D 变换器

11.4.1　ADC0809 芯片

ADC0809 是 CMOS 工艺制作的 8 位逐次逼近式 A/D 变换器,转换时间为 $100\,\mu s$,其内部结构和引脚定义如图 11-4-5 所示。

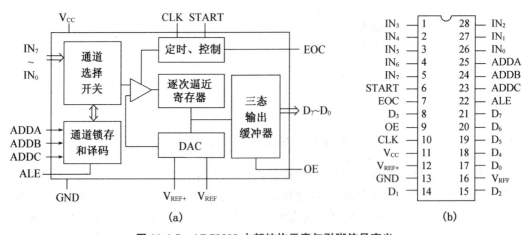

图 11-4-5　ADC0809 内部结构示意与引脚信号定义

1. ADC0809 引脚信号
➤ $IN_7 \sim IN_0$:模拟量输入通道。一片 ADC0809 可接 8 个模拟量输入,由内部通道选择开关确定哪一路转换。

➢ ADDA、ADDB、ADDC：模拟通道选择，输入。

➢ $D_7 \sim D_0$：数字量输出，具有三态功能，接系统数据总线。

➢ ALE：通道锁存信号，输入，高电平有效，用于将选择通道锁存到内部寄存器。

➢ START：启动转换，输入，高电平有效。

➢ EOC：工作状态标志，输出。低电平，正在转换；高电平，转换结束。可用于查询ADC0809 工作状态，也可作为 CPU 的中断信号。

➢ OE：输出允许，输入，高电平有效。有效时 A/D 变换的结果出现在数字量输出引脚端。

➢ CLK：芯片转换时钟，输入，频率范围 10 kHz～1 280 kHz，典型值为 640 kHz。

➢ $V_{REF(+)}$，$V_{REF(-)}$：参考电压。要求 $V_{REF(+)}$ 不高于 $V_{CC}(+0.3\text{ V})$，$V_{REF(-)}$ 不低于地电位，一般情况，它接模拟地。

➢ V_{CC}：电源＋5 V。

➢ GND：地线。

2. ADC0809 的模拟输入

ADC0809 的模拟输入部分由一个 8 通道的多路开关和寻址逻辑组成，可以接 8 个模拟输入电压，其中 $IN_7 \sim IN_0$ 是 8 个模拟电压输入端，ADDA、ADDB 和 ADDC 是模拟通道选择线（地址线），地址锁存信号 ALE 的上升沿用于锁存选择的通道，通过译码选中模拟输入通道。START 启动 AD 转换。EOC 信号为低电平，转换结束，EOC 成高电平。OE 信号有效时，结果出现在数据总线，如图 11-4-6 所示。通道的选择可以在转换前，也可以将通道选择信号 ALE 和启动转换信号 START 短接，用一条输出指令完成既选择模拟通道又用启动转换，这时图 11-4-6 中 START 与 ALE 相同。

3. ADC0809 的转换时序

ADC0809 工作时序如图 11-4-6 所示，转换进程由时钟脉冲 CLOCK 控制。转换过程由正脉冲信号 START 启动，脉冲的高电平持续时间不小于 200ns。START 信号的上升沿将内部逐次逼近寄存器复位，在 START 上升沿后 2 μs＋8 个时钟周期内，EOC 将变低，表示正在转换。START 的下降沿启动 A/D 转换。如果在转换过程当中，若 START 再次有效，则终止正在进行的转换过程，重新开始转换。转换结束 EOC 成高电平。它可用作向 CPU 的中断请求信号，CPU 也可查询该信号，确定变换是否完成。

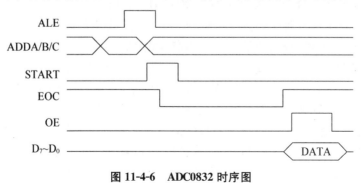

图 11-4-6　ADC0832 时序图

4. ADC0809 的数字输出

ADC0809 内部对转换后的数字量具有锁存能力,数字量输出端 $D_7 \sim D_0$ 具有三态功能。当输出允许信号 OE 为高电平时,锁存缓冲器中的数字量出现在 $D_7 \sim D_0$ 引脚上。

11.4.2 ADC0809 应用

图 11-4-7(a)IR_2 为最简单的单路 ADC0809 应用示意图,图中连接为选择通道 0,EOC 接到 8259A 的 IR_2,向 CPU 申请中断。译码电路确定 ADC0809 在计算机系统中的地址,在这里只需一个地址,它与读信号组合产生输出允许信号,与写信号组合产生启动转换信号。图 11-4-7(b)为 ADC0809 多路变换应用示意图。CPU 采用查询方式工作,因此,译码电路要产生两个地址,一个用来查询变换是否结束(EOC),另一个用来读变换结果和启动 A/D 变换,此外,8 个模拟电压通道要通过三个地址译码产生。

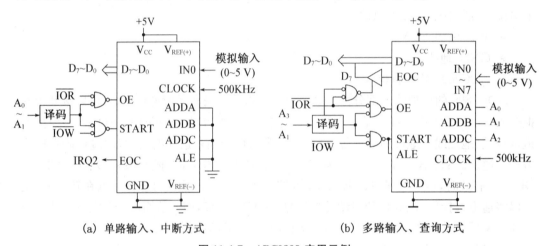

(a) 单路输入、中断方式　　　　(b) 多路输入、查询方式

图 11-4-7　ADC0809 应用示例

习题

1. 说明 T 型电阻解码网络 D/A 变换的工作原理。
2. 什么是 A/D、D/A 变换器?常见的有几种类型,它们各自的特点是什么?
3. A/D 变换器和 D/A 变换器的分辨率和精度有何区别?
4. DAC0832 有哪几种工作方式?每种工作方式适合于什么场合?
5. ADC0809 中的转换结束信号(EOC)起什么作用?
6. 试说明双积分型、逐次逼近型 A/D 变换器的工作原理。
7. D/A 变换器有哪些主要参数,各个参数反映了 D/A 变换器的什么性能?
8. A/D 变换器有哪些主要参数,各个参数反映了 A/D 变换器的什么性能?
9. 有几种方法解决 A/D 转换器和微机接口的时间配合问题?各有何特点?
10. 设有数据锁存器的 8 位 D/A 变换器芯片(DAC0832),假定其地址为 260H,画出接口电路图(包括地址译码电路),并编写将满量程范围均分成 15 个台阶的正向阶梯波的控制程序。

　　11. 利用 DAC0832 输出周期性的方波、三角波、正弦波。画出原理图并写出程序。

　　12. 修改图 11-4-7(b)，采用中断方式，多路输入。

🖳⁾⁾ MCS - 51 指令集

Hex Code	Number of Bytes	Mnemonic	Operands	Hex Code	Number of Bytes	Mnemonic	Operands
00	1	NOP		1A	1	DEC	R2
01	2	AJMP	code addr	1B	1	DEC	R3
02	3	LJMP	code addr	1C	1	DEC	R4
03	1	RR	A	1D	1	DEC	R5
04	1	INC	A	1E	1	DEC	R6
05	2	INC	data addr	1F	1	DEC	R7
06	1	INC	@R0	20	3	JB	bit addr, code addr
07	1	INC	@R1	21	2	AJMP	code addr
08	1	INC	R0	22	1	RET	
09	1	INC	R1	23	1	RL	A
0A	1	INC	R2	24	2	ADD	A, #data
0B	1	INC	R3	25	2	ADD	A, data addr
0C	1	INC	R4	26	1	ADD	A, @R0
0D	1	INC	R5	27	1	ADD	A, @R1
0E	1	INC	R6	28	1	ADD	A, R0
0F	1	INC	R7	29	1	ADD	A, R1
10	3	JBC	bit addr, code addr	2A	1	ADD	A, R2
11	2	ACALL	code addr	2B	1	ADD	A, R3
12	3	LCALL	code addr	2C	1	ADD	A, R4
13	1	RRC	A	2D	1	ADD	A, R5
14	1	DEC	A	2E	1	ADD	A, R6
15	2	DEC	data addr	2F	1	ADD	A, R7
16	1	DEC	@R0	30	3	JNB	bit addr, code addr
17	1	DEC	@R1	31	2	ACALL	code addr
18	1	DEC	R0	32	1	RETI	
19	1	DEC	R1	33	1	RLC	A

Hex Code	Number of Bytes	Mnemonic	Operands	Hex Code	Number of Bytes	Mnemonic	Operands
34	2	ADDC	A，♯data	59	1	ANL	A，R1
35	2	ADDC	A，data addr	5A	1	ANL	A，R2
36	1	ADDC	A，@R0	5B	1	ANL	A，R3
37	1	ADDC	A，@R1	5C	1	ANL	A，R4
38	1	ADDC	A，R0	5D	1	ANL	A，R5
39	1	ADDC	A，R1	5E	1	ANL	A，R6
3A	1	ADDC	A，R2	5F	1	ANL	A，R7
3B	1	ADDC	A，R3	60	2	JZ	code addr
3C	1	ADDC	A，R4	61	2	AJMP	code addr
3D	1	ADDC	A，R5	62	2	XRL	data addr，A
3E	1	ADDC	A，R6	63	3	XRL	data addr，♯data
3F	1	ADDC	A，R7	64	2	XRL	A，♯data
40	2	JC	code addr	65	2	XRL	A，data addr
41	2	AJMP	code addr	66	1	XRL	A，@R0
42	2	ORL	data addr，A	67	1	XRL	A，@R1
43	3	ORL	data addr，♯data	68	1	XRL	A，R0
44	2	ORL	A，♯data	69	1	XRL	A，R1
45	2	ORL	A，data addr	6A	1	XRL	A，R2
46	1	ORL	A，@R0	6B	1	XRL	A，R3
47	1	ORL	A，@R1	6C	1	XRL	A，R4
48	1	ORL	A，R0	6D	1	XRL	A，R5
49	1	ORL	A，R1	6E	1	XRL	A，R6
4A	1	ORL	A，R2	6F	1	XRL	A，R7
4B	1	ORL	A，R3	70	2	JNZ	code addr
4C	1	ORL	A，R4	71	2	ACALL	code addr
4D	1	ORL	A，R5	72	2	ORL	C，bit addr
4E	1	ORL	A，R6	73	1	JMP	@A＋DPTR
4F	1	ORL	A，R7	74	2	MOV	A，♯data
50	2	JNC	code addr	75	3	MOV	data addr，♯data
51	2	ACALL	code addr	76	2	MOV	@R0，♯data
53	3	ANL	data addr，♯data	77	2	MOV	@R1，♯data
54	2	ANL	A，♯data	78	2	MOV	R0，♯data
55	2	ANL	A，data addr	79	2	MOV	R1，♯data
56	1	ANL	A，@R0	7A	2	MOV	R2，♯data
57	1	ANL	A，@R1	7B	2	MOV	R3，♯data
58	1	ANL	A，R0	7C	2	MOV	R4，♯data

（续表）

Hex Code	Number of Bytes	Mnemonic	Operands	Hex Code	Number of Bytes	Mnemonic	Operands
7D	2	MOV	R5，#data	A1	2	AJMP	code addr
7E	2	MOV	R6，#data	A2	2	MOV	C，bit addr
7F	2	MOV	R7，#data	A3	1	INC	DPTR
80	2	SJMP	code addr	A4	1	MUL	AB
81	2	AJMP	code addr	A5		reserved	
82	2	ANL	C，bit addr	A6	2	MOV	@R0，data addr
83	1	MOVC	A，@A+PC	A7	2	MOV	@R1，data addr
84	1	DIV	AB	A8	2	MOV	R0，data addr
85	3	MOV	data addr，data addr	A9	2	MOV	R1，data addr
86	2	MOV	data addr，@R0	AA	2	MOV	R2，data addr
87	2	MOV	data addr，@R1	AB	2	MOV	R3，data addr
88	2	MOV	data addr，R0	AC	2	MOV	R4，data addr
89	2	MOV	data addr，R1	AD	2	MOV	R5，data addr
8A	2	MOV	data addr，R2	AE	2	MOV	R6，data addr
8B	2	MOV	data addr，R3	AF	2	MOV	R7，data addr
8C	2	MOV	data addr，R4	B0	2	ANL	C，/bit addr
8D	2	MOV	data addr，R5	B1	2	ACALL	code addr
8E	2	MOV	data addr，R6	B2	2	CPL	bit addr
8F	2	MOV	data addr，R7	B3	1	CPL	C
90	3	MOV	DPTR，*data	B4	3	CJNE	A，*data，code addr
91	2	ACALL	code addr				
92	2	MOV	bit addr，C	B5	3	CJNE	A，data addr，code addr
93	1	MOVC	A，@A+DPTR				
94	2	SUBB	A，*data	B6	3	CJNE	@R0，*data，code addr
95	2	SUBB	A，data addr				
96	1	SUBB	A，@R0	B7	3	CJNE	@R1，*data，code addr
97	1	SUBB	A，@R1				
98	1	SUBB	A，R0	B8	3	CJNE	R0，*data，code addr
99	1	SUBB	A，R1				
9A	1	SUBB	A，R2	B9	3	CJNE	R1，*data，code addr
9B	1	SUBB	A，R3				
9C	1	SUBB	A，R4	BA	3	CJNE	R2，*data，code addr
9D	1	SUBB	A，R5				
9E	1	SUBB	A，R6	BB	3	CJNE	R3，*data，code addr
9F	1	SUBB	A，R7	BC	3	CJNE	R4，*data，code addr
A0	2	ORL	C，/bit addr				

（续表）

Hex Code	Number of Bytes	Mnemonic	Operands	Hex Code	Number of Bytes	Mnemonic	Operands
BD	3	CJNE	R5，＊data，code addr	DD	2	DJNZ	R5，code addr
				DE	2	DJNZ	R6，code addr
BE	3	CJNE	R6，＊data，code addr	DF	2	DJNZ	R7，code addr
				E0	1	MOVX	A，@DPTR
BF	3	CJNE	R7，＊data，code addr	E1	2	AJMP	code addr
C0	2	PUSH	data addr	E2	1	MOVX	A，@R0
C1	2	AJMP	code addr	E3	1	MOVX	A，@R1
C2	2	CLR	bit addr	E4	1	CLR	A
C3	1	CLR	C	E5	2	MOV	A，data addr
C4	1	SWAP	A	E6	1	MOV	A，@R0
C5	2	XCH	A，data addr	E7	1	MOV	A，@R1
C6	1	XCH	A，@R0	E8	1	MOV	A，R0
C7	1	XCH	A，@R1	E9	1	MOV	A，R1
C8	1	XCH	A，R0	EA	1	MOV	A，R2
C9	1	XCH	A，R1	EB	1	MOV	A，R3
CA	1	XCH	A，R2	EC	1	MOV	A，R4
CB	1	XCH	A，R3	ED	1	MOV	A，R5
CC	1	XCH	A，R4	EE	1	MOV	A，R6
CD	1	XCH	A，R5	EF	1	MOV	A，R7
CE	1	XCH	A，R6	F0	1	MOVX	@DPTR，A
CF	1	XCH	A，R7	F1	2	ACALL	code addr
D0	2	POP	data addr	F2	1	MOVX	@R0，A
D1	2	ACALL	code addr	F3	1	MOVX	@R1，A
D2	2	SETB	bit addr	F4	1	CPL	A
D3	1	SETB	C	F5	2	MOV	data addr，A
D4	1	DA	A	F6	1	MOV	@R0，A
D5	3	DJNZ	data addr，code addr	F7	1	MOV	@R1，A
D6	1	XCHD	A，@R0	F8	1	MOV	R0，A
D7	1	XCHD	A，@R1	F9	1	MOV	R1，A
D8	2	DJNZ	R0，code addr	FA	1	MOV	R2，A
D9	2	DJNZ	R1，code addr	FB	1	MOV	R3，A
DA	2	DJNZ	R2，code addr	FC	1	MOV	R4，A
DB	2	DJNZ	R3，code addr	FD	1	MOV	R5，A
DC	2	DJNZ	R4，code addr	FE	1	MOV	R6，A
				FF	1	MOV	R7，A

参考文献

[1] 尹建华.微型计算机原理与接口技术[M].第2版.北京:高等教育出版社,2008.

[2] 王晓萍.微机原理与接口技术[M].杭州:浙江大学出版社,2015.

[3] 彭虎.微机原理与接口技术[M].第4版.北京:电子工业出版社,2016.

[4] 牟琦.微机原理与接口技术[M].第3版.北京:清华大学出版社,2018.

[5] 李继灿.微机原理与接口技术[M].北京:清华大学出版社,2011.

[6] 王克义.微机原理[M].北京:清华大学出版社,2014.

[7] 何小海,严华主.微机原理与接口技术[M].第2版.北京:科学出版社,2019.

[8] 李珍香.微机原理与接口技术[M].第2版.北京:清华大学出版社,2018.

[9] 洪永强.微机原理与接口技术[M].第3版.北京:科学出版社,2018.

[10] 李芷.微机原理与接口技术[M].第4版.北京:电子工业出版社,2015.

[11] 楼顺天,周佳社,张伟涛.微机原理与接口技术[M].第2版.北京:科学出版社,2018.

[12] 王晓萍.微机原理与接口技术习题解析[M].杭州:浙江大学出版社,2017.

[13] 钱晓捷.微机原理与接口技术·基于IA-32处理器和32位汇编语言[M].第5版.北京:机械工业出版社.

[14] 朱红,刘景萍.微机原理与接口技术[M].北京:清华大学出版社,2011.

[15] 黄玉清,刘双虎,杨胜波.微机原理与接口技术[M].第2版.北京:电子工业出版社,2015.